"十四五"全国高等教育网络空间安全产业人才培养系列丛书
"互联网+"新一代战略新兴领域新形态立体化系列丛书
"一带一路"高等教育网络空间安全产教融合校企合作国际双语系列丛书

U0287686

Linux 服务器安全管理高级运维

贾如春　总主编

陶晓玲　杨　冰　何新洲　主　编

华　漫　杨　帆　钟永利　副主编

傅　强　杨炳年　主　审

电子工业出版社

Publishing House of Electronics Industry

北京·BEIJING

内 容 简 介

Linux 是全球流行的服务器平台，本书从 Linux 系统安全加固、运维故障排查、自动化运维、服务器集群架构等方面讲解如何构建大规模和高性能 Linux 服务器集群所需的技术、工具、方法、技巧及安全配置。本书内容由浅入深，全面且系统地与实践紧密结合，所有理论知识、方法、技巧和案例都来自实际环境。书中涵盖了从基本操作、服务器安全加固、基本网络应用到高级网络服务器运维集群和自动化运维知识体系，方便读者结合自己的实际工作场景进行学习。

本书适合作为高校计算机相关专业，特别是网络空间安全、信息安全管理、网络工程等专业有关课程的教学用书，也适合作为 Linux 初学者和爱好者、程序员，以及从事网络安全管理、系统架构、安全运维等工作的技术人员的参考用书。

图书在版编目（CIP）数据

Linux 服务器安全管理高级运维 / 陶晓玲，杨冰，何新洲主编. -- 北京：电子工业出版社，2025. 2.

ISBN 978-7-121-49804-6

Ⅰ．TP316.85

中国国家版本馆 CIP 数据核字第 2025WX1321 号

责任编辑：刘　洁

印　　刷：三河市华成印务有限公司

装　　订：三河市华成印务有限公司

出版发行：电子工业出版社

　　　　　北京市海淀区万寿路 173 信箱　　　　邮编：100036

开　　本：787×1092　　1/16　　印张：19.25　　字数：492.8 千字

版　　次：2025 年 2 月第 1 版

印　　次：2025 年 2 月第 1 次印刷

定　　价：64.80 元

凡所购买电子工业出版社图书有缺损问题，请向购买书店调换。若书店售缺，请与本社发行部联系，联系及邮购电话：（010）88254888，88258888。

质量投诉请发邮件至 zlts@phei.com.cn，盗版侵权举报请发邮件至 dbqq@phei.com.cn。

本书咨询联系方式：（010）88254178，liujie@phei.com.cn。

网络空间安全产业系列丛书编委专委会

(排名不分前后，按照笔画顺序)

主任委员：贾如春

委　　员：(排名不分先后)

戴士剑	李小恺	陈　联	陶晓玲	黄建华	覃匡宇	曹　圣
高　戈	覃仁超	孙　倩	延　霞	陈　颜	黄　成	吴庆波
张　娜	刘艳兵	杨　敏	孙海峰	何俊江	孙德红	张亚平
孙秀红	单　杰	孙丽娜	王　慧	梁孟享	朱晓颜	王小英
魏俊博	王艳娟	徐　莉	解姗姗	易　娟	于大为	于翠媛
殷广丽	姚丽娟	尹秀兰	朱　婧	李慧敏	李建新	韦　婷
胡　迪	吴敏君	郑美容	冯万忠	冯　云	杨宇光	杨昌松
梁　海	陈正茂	华　漫	吴　涛	周吉喆	田立伟	孔金珠
韩乃平	周景才	孙健健	郭东岳	韦　凯	孙　倩	徐美芳
乔　虹	虞菊花	王志红	张　帅	马　坡	牟　鑫	谭良熠
何　峰	苏永华	陈胜华	丁永红	井　望	王　婷	张洪胜
金秋乐	张　睿	尹然然	朱　俊	高　戈	万　欣	丁永红
范士领	杨　冰	高大鹏	杨　文			

专家委员会

主任委员：刘　波

委　　员：(排名不分先后)

林　毅	李发根	王　欢	杨炳年	傅　强	陈　敏	张　杰
赵韦鑫	胡光武	王　超	路　晶	吴庆波	张　娜	史永忠
刘艳兵	许远宁	杨　敏	孙海峰	何俊江	何　南	罗银辉
朱晓彦	孙健健	白张璇	韩云翔	陈　亮	李光荣	谢晓兰
杨　雄	陈俊强	郭剑岚	庄伟锋	袁　飞		

顾问委员会

青年强则国强

网络空间的竞争，归根到底是人才的竞争!

人类社会经历了农业革命、工业革命，正在经历信息革命。数字化、网络化、智能化快速推进，经济社会运行与网络空间深度融合，从根本上改变了人们的生产生活方式，重塑了社会发展的新格局。网络信息安全代表着新的生产力、新的发展方向。在新一轮产业升级和生产力飞跃过程中，人才作为第一位的资源，将发挥关键作用。

从全球范围来看，网络安全带来的风险日益突出，并不断向政治、经济、文化、社会、国防等领域渗透。网络安全对国家安全而言，牵一发而动全身，已成为国家安全体系的重要组成部分。网络空间的竞争，归根到底是人才的竞争。信息化发达国家无不把网络安全人才视为重要资产，大力加强网络安全人才队伍的建设，满足自身发展要求，加强网络空间国际竞争力。建设网络强国需要聚天下英才而用之，要有世界水平的科学家、网络科技领军人才、卓越工程师、高水平创新团队提供智力支持。在这个关键时期，能否充分认识网络安全人才的重要性并付诸行动，关系着我们能否抓住信息化发展的历史机遇，充分发挥中国人民在网络空间领域的聪明才智，实现网络强国战略的宏伟目标，实现中华民族伟大复兴的中国梦。

网络空间已成为国家继陆、海、空、天四个疆域之后的第五疆域，与其他疆域一样，网络空间也必须体现国家主权，保障网络空间安全就是保障国家主权。没有网络安全就没有国家安全，没有信息化就没有现代化。当前，网络在飞速发展的同时，给国家、公众及个人安全带来巨大的威胁。建设网络强国，要有自己的技术，有过硬的技术；要有丰富、全面的信息服务，有繁荣发展的网络文化；要有良好的信息基础设施，形成实力雄厚的信息经济；要有高素质的网络安全和信息化人才队伍。人才建设是长期性、战略性、基础性工作，建立网络安全人才发展整体规划至关重要。对国家网络安全人才发展全局进行系统性的超前规划部署，才能争取主动，建设具有全球竞争力的网络安全人才队伍，为网络强国建设夯实基础。

以经济社会发展和国家安全需求为导向，加强人才培养体系建设工作的前瞻性和针对性，建立贯穿网络安全从业人员学习工作全过程的终身教育制度，提高网络安全人才队伍的数量规模和整体能力，加大教育培训投入和工作力度，既要利用好成熟的职业培训体系，快速培养网络安全急需人才；也要在基础教育、高等教育和职业院校中深入推进网络安全教育，积极培养网络安全后备人才；全面优化教育培训的内容、类别、层次结构和行业布局，着力解决网络安全人才总量不足的突出问题；分类施策建设网络安全人才梯队，针对社会对网络安全基层人员的需求开展规模化培养，尽快解决当前用人需求；针对卓越工程师和高水平研究人才的需求，在工程和科研项目基础上加强专业化培训，打造网络安全攻坚团队和骨干力量；对于网络安全核心技术人才和特殊人才的需求，探索专项培养选拔方案，塑造网络安全核心关键能力；结合领域特点推进网络安全教育培训供给侧改革，探索网络安全体系化知识更新与碎片化学习方式的结合、线下系统培训和线上交互培训的结合、理论知识理解和实践操作磨练的结合、金字塔层次化梯队培养和能揭榜挂帅的网络专才选拔的结合，创新人才培养模式，深化产教融合，贯通后备人才到从业人员的通道。网络安全是信息技术的尖端领域，是智力最密集、最需要创新活力的领域，要坚持以用为本、急用先行的原则，加快网络安全人才发展体制机制创新，制定适应网络安全特点的人才培养体系。

"十四五"全国高等教育网络空间安全产业人才培养系列丛书明确了适用专业、培养目标、培养规格、课程体系、师资队伍、教学条件、质量保障等各方面要求；是以《普通高等学校本科专业类教学质量国家标准》为基本依据，联合全国高校及国内外知名企业共同编撰而成的校企合作教程，充分体现了产教深度融合、校企协同育人，实现了校企合作机制和人才培养模式的协同创新。

本系列丛书将理论与实践相结合，结构清晰，以信息安全领域的实用技术和理论为基础，内容由浅入深，适用于不同层次的学生，适用于不同岗位专业人才的培养。

签名：倪光南

二〇二五年二月二十日

随着网络虚拟化、云计算时代的来临，Linux 系统得到迅速发展，在服务器领域已经占据重要地位。然而，基于 Linux 系统的运维也面临着新的挑战：面对越来越复杂的业务、越来越多样化的用户需求，以及不断扩展的应用，需要合理的模式来保障 Linux 系统灵活便捷、安全稳定地持续提供服务。这种模式中的保障因素就是 Linux 系统运维。从初期的几台服务器发展到庞大的云计算数据中心，仅靠人工已经无法满足技术、业务、管理等方面的要求，因此标准化、自动化、架构优化、过程优化等降低运维成本的因素越来越受到人们的重视。其中，以自动化运维代替人工操作为出发点的需求已经得到广泛研究和应用。

本书以 Linux 服务器安全加固、安全运维、高可用集群为核心内容，从多方面深入地讲解如何构建高性能、高可用、安全、稳定的 Linux 服务器。全书以实战性为导向，所有内容都来自编者多年实践经验的总结，以及从社区中收集的大量具有代表性的 Linux 系统运维人员遇到的疑难问题，并给出了优秀的解决方案，将一些经典案例和技巧进行进一步归纳总结，实践指导意义极强。本书基于项目化教学过程中"Linux 系统""Linux 网络管理""Linux 安全运维"等课程的多年教学改革成果，并与四川聚比特科技有限责任公司深度合作，同时参考众多优秀教材编写而成。书中观点得到了奇虎 360、安恒信息、蓝盾、永信至诚、易霖博等国内知名网络安全公司的充分认可，内容由浅入深，适合 Linux 初学者和爱好者、程序员，以及从事网络安全管理、系统架构、安全运维等工作的技术人员阅读，也可以作为高校计算机相关专业，特别是网络空间安全、信息安全管理、网络工程等专业有关课程的教学用书。

本书作为"'十四五'高等教育网络空间安全产业人才培养系列丛书"之一，是一本由众多开设网络空间安全、信息安全、信息对抗技术等专业的高校和国内外知名企业共同编写而成的校企合作教材，充分体现了产教深度融合、校企协同育人，实现了校企合作机制和人才培养模式的协同创新。

本书特点

（1）本书采用任务驱动、案例引导的写作方式，从工作过程和项目角度出发，以现代办公应用为主线，通过"提出问题""分析问题""解决问题""总结提高"4 部分内容展开介绍；突破以知识点的层次递进为理论体系的传统模式，将行业典型工作过程系统化，以工作过程为基础，按照工作过程来组织和讲解知识，旨在培养学生的综合应用技能和思政素养。

（2）本书根据读者的学习特点适当拆分案例，对知识点进行分类介绍。考虑到学生的基础参差不齐，可能增加教师的授课难度，编者在写作过程中将内容分为多个任务，每个任务又分为多个小任务。以"做"为中心，围绕"做"展开"教"和"学"，以学中做、做中学的方式完成知识学习和技能训练，从而提高学生的自主学习能力。

（3）本书体例采用项目、任务形式，将每个项目分为若干个任务。本书内容由易到难、由简单到复杂，内容循序渐进。学生能够通过项目学习，掌握相关知识并进行技能训练。本书的每个项目都基于企业工作流程，具有典型性和实用性。

（4）本书增加了学习的趣味性、实用性，使学生能学以致用，保证每个项目、任务都能顺利完成。本书的讲解风格比较口语化，旨在让学生易学、乐学，在轻松的环境中理解知识、掌握技能。

（5）紧跟行业技能发展。计算机技术发展迅速，本书着重介绍当前行业的主流技术和新技术，与行业联系密切，确保所有内容与行业技术发展同步。

本书打破传统的学科体系结构，将知识点与操作技能恰当地融入各个项目、任务中，突出了产教融合的特征，符合高校学生认知规律，有助于实现有效教学，提高教学的效率、效益和效果。

本系列丛书由贾如春担任总主编，由多年从事网络安全领域的专家陶晓玲、杨冰、何新洲担任主编，由企业网络安全专家及网络空间安全专业带头人王欢、华漫、杨帆、钟永利、黄建华、张晓、曹圣、王宏、谭良熠、农色兵、梁孟享、凌屹、杨冰、路晶、韦婷、林毅、谭卫东、张鑫、杨文等专家共同编写而成。本书可作为高等学校各专业的计算机程序设计、网络空间安全、信息安全管理等专业的教材，也可以作为广大程序设计开发者、爱好者的参考用书，对从事计算机安全运维、系统、程序化自动设计的工作者有很大的参考价值。本书适用于高校计算机相关专业，特别是网络空间安全、信息安全管理、网络工程等专业，也可作为 Linux 初学者、爱好者、程序员或者从事网络安全管理、安全运维、Linux 服务器维护等的专业技术人员人员的参考用书。

由于编者水平有限，书中难免存在不妥之处，请读者批评指正。

编者

目 录

项目 1　Linux 服务器安全运维

项目导读

Linux 系统作为一个开源的操作系统，由于不属于某一家厂商，因此没有厂商宣称对它提供安全保证，用户只能自己解决其安全问题。对运维人员来说，安全问题可以分为本地服务器安全运维和网络安全运维两部分。

学习目标

- 了解 Linux 系统账户和登录安全的原理
- 了解 Linux 系统的文件系统原理
- 了解 Linux 后门入侵检测工具的使用方法
- 了解服务器遭受攻击后的处理流程

能力目标

- 掌握 Linux 系统账户和登录安全的方法
- 掌握 Linux 系统文件系统安全管理的方法
- 掌握 Linux 后门入侵检测工具 Rootkit 的使用方法

相关知识

任务 1　账户和登录安全

1.1.1　删除特殊的用户和用户组

Linux 系统的账号分为系统账号和用户账号，不同的账号属于不同的用户组。Linux 对账号和用户组的管理是通过 ID 号来实现的。useradd 命令可以创建用户，groupadd 命令可以创建用户组，userdel 和 groupdel 命令可以删除用户和用户组，passwd 命令可以修改用户和用户组的密码。以上命令均需要管理员权限。

Linux 系统在安装完成后会提供不同角色的系统账号。对我们来说，很多用户和用户组是不必要的。如果不使用某些用户或用户组，则应该立即删除它们。这是因为系统中的用户越多，就越有可能被黑客利用，系统就越不安全。

在 Linux 系统中，可以删除的默认用户和用户组大致如下。

可以删除的用户：adm、lp、sync、shutdown、halt、news、uucp、operator、games、gopher 等。

可以删除的用户组：adm、lp、news、uucp、games、dip、pppusers、popusers、slipusers 等。

例如，删除 adm 用户和用户组。

删除 adm 用户：

```
[root@localhost ~]# userdel adm
```

删除 adm 用户组：

```
[root@localhost ~]# groupdel adm
```

有时，某些用户账号不需要登录功能，而仅进行进程调用或用户组调用，此时可以禁止这些用户的登录系统。

例如，禁止 nagios 用户的登录功能。

```
[root@localhost ~]# usermod -s /sbin/nologin nagios
```

删除哪些用户和用户组没有固定要求，可以根据服务器的用途来决定。如果服务器用于 Web 应用，那么无须删除系统默认的 apache 用户和用户组；如果服务器用于数据库应用，并不涉及 Web 应用，那么可以删除系统默认的 apache 用户和用户组。

1.1.2 关闭系统不需要的服务

Linux 系统中的"服务"（Daemon）实际上是一种后台进程，在系统后台始终处于运行状态，随时等待被调用。Linux 系统中服务名称的最后一般带有字母 d，如 vsftpd、httpd、sshd 等。对网络服务器来说，大多数服务都要开放对应的端口，用来提供网络服务。

在安装完 Linux 系统后，系统会绑定很多服务，这些服务默认是自动启动的，但其中有些对我们来说是无用的。对服务器来说，运行的服务越多，开放的端口就越多，系统就越不安全，而运行的服务越少，系统的安全性就越高。因此关闭一些不需要的服务，对系统安全有很大的帮助。

具体关闭哪些服务，需要根据服务器的用途来决定。在一般情况下，我们可以认为系统本身不需要的服务都是不必要的服务。

例如，某台 Linux 服务器仅用于 WWW 应用，那么除了 HTTPD 服务和系统运行，其他服务都可以被关闭。

在一般情况下，以下服务是不需要的，可以选择关闭。

anacron、auditd、autofs、avahi-daemon、avahi-dnsconfd、bluetooth、cpuspeed、firstboot、gpm、haldaemon、hidd、ip6tables、ipsec、isdn、lpd、mcstrans、messagebus、netfs、nfs、nfslock、nscd、pcscd portmap、readahead_early、restorecond、rpcgssd、rpcidmapd、rstatd、sendmail、setroubleshoot、yppasswdd ypserv。

关闭服务自动启动的方法很简单，可以通过 chkconfig 命令来实现。例如，要关闭 bluetooth 服务，执行下面的命令即可。

```
chkconfig --level 345 bluetooth off
```

对所有需要关闭的服务都执行上面的操作后，重新启动服务器即可。

为了系统能够正常、稳定地运行，建议保留以下服务。

acpid：电源管理。

apmd：高级电源能源管理，可以监控电池性能。

kudzu：检测硬件变化。

crond：自动运行进程，对运维人员很有用。

atd：计划任务，与 crond 服务类似。

keytables：装载镜像键盘。

iptables：Linux 系统内置的防火墙。

xinetd：网络服务核心进程。

xfs：X Windows 桌面系统服务。

network：启用网络服务。

sshd：提供远程登录。

syslog：系统日志。

1.1.3　合理使用 su、sudo 命令

su 命令是 Linux 系统中一个特殊的命令。它是一个用于切换用户的工具，经常被用于将普通用户切换为超级用户，或者从超级用户切换为普通用户。由于超级用户拥有系统的所有权限，一旦黑客掌握了超级用户密码，系统将无法保证安全。因此，为了保证服务器的安全，几乎所有服务器都禁止超级用户直接登录系统，而是通过普通用户登录系统。当需要进行某些超级用户的操作时，可以通过 su 命令切换为超级用户来执行。su 命令能够为系统管理带来一定的便利，但也存在安全隐患。在需要多人参与的系统管理中，使用 su 命令并不是最佳选择，因为超级用户的密码应该只被少数人掌握。在这种情况下，可以使用 sudo 命令。

sudo 命令允许系统管理员为普通用户分配一些合理的"权力"，使他们不需要知道超级用户密码就能执行一些特殊权限才能完成的任务，如重新启动系统服务、编辑系统配置文件等。通过这种方式，不但可以减少超级用户的登录次数和缩短管理时间，还可以提高系统的安全性。因此，相对于无权限限制的 su 命令，sudo 命令更安全。这使得 sudo 命令也被称为受限制的 su 命令或授权认证的 su 命令。

sudo 命令的执行流程：先将当前用户切换为超级用户或指定用户，再以超级用户或指定用户的身份来执行命令；执行完成后，直接回到当前用户下。然而，完成这个流程需要通过 sudo 命令的/etc/sudoers 配置文件进行授权。

例如，普通用户是无法访问/etc/shadow 配置文件的。若要访问该文件，则会出现以下结果。

```
[user01@unknown ~]$ more /etc/shadow
/etc/shadow: Permission denied
```

如果需要让 user01 普通用户可以访问/etc/shadow 配置文件，则可以在/etc/sudoers 文件中添加以下内容。

```
user01 ALL = /bin/more /etc/shadow
```

这样，user01 普通用户通过以下方式即可访问/etc/shadow 配置文件。

```
[user01@unknown ~]$ sudo more /etc/shadow
[sudo] password for user01:
```

在执行上述命令后，需要输入 user01 普通用户的密码，之后就可以访问/etc/shadow 配置文件中的内容了。这里 sudo 命令使用时间戳文件来完成类似"检票"的系统功能，当用户输入密码后，即可获得一张默认存活期（在编译时可以改变该默认值）为 5min 的"入场券"。超时后，用户必须重新输入密码才能查看文件中的内容。

如果每次都需要输入密码，那么某些自动调用超级权限的程序会出现问题。此时，可以通过以下设置让普通用户无须输入密码就可以调用具有超级权限的程序。

例如，如果需要让 centreon 普通用户具有/etc/init.d/nagios 脚本的重新启动权限，则可以在/etc/sudoers 文件中添加以下内容：

```
centreon ALL = NOPASSWD: /etc/init.d/nagios restart
```

这样，centreon 普通用户不需要输入密码就可以重新启动/etc/init.d/nagios 脚本。如果需要让 user02 普通用户具有超级用户的所有权限，而不想输入超级用户的密码，那么只需在/etc/sudoers 文件中添加以下内容：

```
user02 ALL=(ALL) NOPASSWD: ALL
```

这样，user02 普通用户在登录系统后，就可以通过执行以下命令切换为超级用户：

```
[user02@unknown ~]$ sudo su -
[root@unknown ~]# pwd
/root
```

sudo 命令的宗旨是赋予用户尽可能少的权限，但仍允许他们完成自己的工作。这种设计兼顾了安全性和易用性。因此，编者强烈推荐通过 sudo 命令来管理系统账号的安全，只允许普通用户登录系统。如果这些用户需要特殊权限，则可以通过配置/etc/sudoers 文件来完成。这也是多用户系统下账号安全管理的基本方式。

1.1.4 禁止快捷键 Ctrl+Alt+Delete 的关闭命令

Ctrl+Alt+Delete 常被称为"热启动"键。当按这个快捷键时，Linux 系统将自动重新启动（热启动）。实际上，启动策略很不安全，因此需要禁止。

在 CentOS 5.x 以下的系统中，只需修改/etc/inittab 文件即可关闭热启动，操作命令如下：

```
[root@localhost ~]# vi /etc/inittab
```

找到如下内容：

```
ca::ctrlaltdel:/sbin/shutdown -t3 -r now
```

在这行内容前面添加"#"，并执行：

```
[root@localhost ~]# telinit q
```

在 CentOS 6.x 以上版本中，只需修改/etc/init/control-alt-delete.conf 文件即可。找到如下内容：

```
exec /sbin/shutdown -r now "Control-Alt-Delete pressed"
```

在这行内容前面添加"#"，进行注释即可。

1.1.5　修改或删除系统登录欢迎信息

当重新启动 Linux 服务器或远程登录某台服务器时，常常能看到一些欢迎信息。这些信息有时会包含服务器的版本、型号等信息，可能会被收集信息的黑客利用，进而成为攻击服务器的帮凶。因此，为了确保系统的安全，可以修改或删除某些系统文件。这些文件有 4 个，分别是/etc/issue、/etc/issue.net、/etc/redhat-release 和/etc/motd。

/etc/issue 和/etc/issue.net 文件都记录了操作系统的名称和版本号。当用户通过本地终端或本地虚拟控制台等登录系统时，会显示/etc/issue 文件中的内容；当用户通过 SSH 或 Telnet 等远程登录系统时，在登录后会显示/etc/issue.net 文件中的内容。在默认情况下，/etc/issue.net 文件中的内容不会在 SSH 登录后显示。要想显示/etc/issue.net 文件中的内容，可以在/etc/ssh/sshd_config 文件中添加如下内容：

```
Banner /etc/issue.net
```

/etc/redhat-release 文件同样记录了操作系统的名称和版本号。安全起见，可以删除此文件中的内容。

/etc/motd 文件是系统的公告信息。每当用户登录后，用户的终端就会显示/etc/motd 文件中的内容。通过这个文件公告，管理员可以发布一些警告信息。当黑客登录系统后，系统会向其发出警告，从而产生震慑作用。

任务 2　远程登录和认证安全

1.2.1　在进行远程登录时取消 Telnet

Telnet 是一种传统的远程登录认证服务，它的缺点是使用明文传送口令和数据，极易被黑客截获。因此，现在远程登录基本淘汰了 Telnet 这种方式。

SSH 的全称是 Secure Shell，它由客户端和服务器端的两部分软件组成。在客户端可以使用 SecureCRT、PuTTY、Xshell 等软件，而在服务器端运行的是 SSHD 服务。通过 SSH，可以使用密钥加密传输数据，能够防止 DNS 和 IP 地址欺骗，而且由于传输的数据经过压缩，因此可以加快网络传输速度。

下面介绍如何配置 Linux 服务器端的 SSHD 服务，以保证服务器远程连接的安全。

SSHD 服务对应的主配置文件是/etc/ssh/sshd_config。先打开/etc/ssh/sshd_config 主配置文件：

```
[root@localhost ~]# vi /etc/ssh/sshd_config
```

/etc/ssh/sshd_config 主配置文件中各个配置选项的含义如下。

Port 22: Port 用来设置 SSHD 服务监听的端口。安全起见,建议更改默认的 22 端口,选择一个不常见的数字端口。

Protocol 2: Protocol 用来设置使用的 SSH 协议的版本为 SSH1 或 SSH2。由于 SSH1 版本存在缺陷和漏洞,因此这里将该选项设置为 Protocol 2。

ListenAddress 0.0.0.0: ListenAddress 用来设置 SSHD 服务绑定的 IP 地址。

HostKey/etc/ssh/ssh_host_dsa_key: HostKey 用来设置服务器密钥文件的路径。

KeyRegenerationInterval 1h: KeyRegenerationInterval 用来设置在几秒之后系统自动重新生成服务器的密钥(在使用密钥的情况下)。重新生成密钥是为了防止他人利用盗用的密钥解密被截获的信息。

ServerKeyBits 1024: ServerKeyBits 用来设置服务器密钥的长度。

SyslogFacility AUTHPRIV: SyslogFacility 用来设置在记录来自 SSHD 服务的消息时,是否给出 facility code(设施代码)。

LogLevel INFO: LogLevel 用来记录 SSHD 服务日志消息的级别。

LoginGraceTime 2m: LoginGraceTime 用来设置如果用户登录失败,在切断连接前服务器时需要等待的时间,以秒为单位。

PermitRootLogin no: PermitRootLogin 用来设置 root 超级用户能不能使用 SSH 登录。由于 root 超级用户远程登录 Linux 系统是很危险的,因此在远程使用 SSH 登录 Linux 系统时,建议将这个选项设置为 no。

StrictModes yes: StrictModes 用来设置 SSH 在接收登录请求之前是否检查用户根目录和 rhosts 文件的权限和所有权,建议将此选项设置为 yes。

RSAAuthentication no: RSAAuthentication 用来设置是否开启 RSA 密钥验证,仅针对 SSH1。如果采用 RSA 密钥登录方式,则需要开启此选项。

PubkeyAuthentication yes: PubkeyAuthentication 用来设置是否开启公钥验证。如果采用公钥验证方式登录,则需要开启此选项。

AuthorizedKeysFile.ssh/authorized_keys: AuthorizedKeysFile 用来设置公钥验证文件的路径,与 PubkeyAuthentication 结合使用。

IgnoreUserKnownHosts no: IgnoreUserKnownHosts 用来设置 SSH 在进行 RhostsRSAAuthentication 安全验证时,是否忽略用户的$HOME/.ssh/known_hosts 文件。

IgnoreRhosts yes: IgnoreRhosts 用来设置在进行验证时是否使用~/.rhosts 和~/.shosts 文件。

PasswordAuthentication yes: PasswordAuthentication 用来设置是否开启密码验证机制。如果使用密码登录系统,则将此选项设置为 yes。

PermitEmptyPasswords no: PermitEmptyPasswords 用来设置是否允许使用口令为空的账号登录系统,必须将此选项设置为 no。

ChallengeResponseAuthentication no: ChallengeResponseAuthentication 用来设置是否允许质疑应答认证,默认值为 yes。此处将该选项设置为 no,以防止攻击者进行侦听和重放攻击。

UsePAM no: 不通过 PAM 验证。

X11Forwarding yes：X11Forwarding 用来设置是否允许进行 X11 转发。

PrintMotd yes：PrintMotd 用来设置 SSHD 服务是否在用户登录时显示/etc/motd 文件中的信息。另外，用户可以在/etc/motd 文件中加入警告信息，以震慑攻击者。

PrintLastLog no：是否显示上次登录信息，将该选项设置为 no 表示不显示。

Compression yes：是否压缩命令，建议将该选项设置为 yes。

TCPKeepAlive yes：将该选项设置为 yes，可以防止死连接。

UseDNS no：是否使用 DNS 反向解析，这里将该选项设置为 no。

MaxStartups 5：设置同时允许几个尚未登录的客户端联机，预设最多 10 个。由于已经建立联机的设备不计算在这 10 个之内，因此设置 5 个已经足够。

MaxAuthTries 3：设置最大失败尝试登录次数为 3 次。通过合理设置此值，可以防止攻击者穷举登录服务器。

AllowUsers<用户名>：设置允许远程登录的用户。若有多个用户，则用空格进行分隔。

AllowGroups<组名>：设置允许远程登录的用户组。若有多个用户组，则用空格进行分隔。当多个用户需要通过 SSH 登录系统时，可以将这些用户加入同一个用户组。

DenyUsers<用户名>：设置禁止远程登录的用户。若有多个用户，则用空格进行分隔。

DenyGroups<组名>：设置禁止远程登录的用户组。若有多个用户组，则用空格进行分隔。

1.2.2 合理使用 shell 历史命令记录功能

在 Linux 系统中，可以通过 history 命令查看用户的所有历史操作记录，同时 shell 命令操作记录默认保存在用户目录下的.bash_history 文件中。通过这个文件可以查询 shell 命令的执行历史，有助于运维人员进行系统审计和排查故障。同时，在服务器遭受黑客攻击后，也可以通过这个命令或文件查询黑客登录服务器所执行的历史命令操作。但是，有时黑客在入侵服务器后为了毁灭痕迹，可能会删除.bash_history 文件。在这种情况下，需要合理保护或备份.bash_history 文件。下面介绍 history 命令的日志文件的安全配置方法。

默认的 history 命令只能查看用户的历史操作记录，无法区分每个用户操作命令的时间，这对于排查问题十分不便。通过下面的方法，可以让 history 命令自动记录所有 shell 命令的执行时间。编辑/etc/bashrc 文件的代码如下：

```
HISTFILESIZE=4000
HISTTIMEFORMAT='%F %T'
export HISTTIMEFORMAT
```

其中，HISTFILESIZE 定义了在.bash_history 文件中保存命令的记录总数，默认值为 1000，这里将其设置为 4000；HISTTIMEFORMAT 定义了时间显示格式，这里的格式与 date 命令后的 "+"%F %T"" 是一致的。HISTTIMEFORMAT 作为 history 命令的时间变量，用于将时间值传递给 history 命令。

通过上面的设置，在执行 history 命令时将显示每条历史命令的详细执行时间。

以下是另一种方法，该方法可以详细记录登录系统的用户、IP 地址、shell 命令及操作时间等,并将这些信息以文件的形式保存在一个安全的地方,以便进行系统审计和排查故障。

将下面这段代码添加到/etc/profile 文件中,即可实现上述功能。

```
#history
USER_IP=`who -u am i 2>/dev/null| awk '{print $NF}'|sed -e 's/[()]//g'`
HISTDIR=/usr/share/.history
if [ -z $USER_IP ]
 then
 USER_IP=`hostname`
fi
if [ ! -d $HISTDIR ]
 then
 mkdir -p $HISTDIR
 chmod 777 $HISTDIR
fi
if [ ! -d $HISTDIR/${LOGNAME} ]
 then
 mkdir -p $HISTDIR/${LOGNAME}
 chmod 300 $HISTDIR/${LOGNAME}
fi
export HISTSIZE=4000
DT=`date +%Y%m%d_%H%M%S`
export HISTFILE="$HISTDIR/${LOGNAME}/${USER_IP}.history.$DT"
export HISTTIMEFORMAT="[%Y.%m.%d %H:%M:%S]"
chmod 600 $HISTDIR/${LOGNAME}/*.history* 2>/dev/null
```

这段代码将每个用户的 shell 命令的执行历史以文件的形式保存在/usr/share/.history 目录中。每个用户对应一个文件夹,并且文件夹下的每个文件以 IP 地址加 shell 命令执行时间的格式命名。这样会记录系统中每个用户的命令运行历史,一旦出现问题,系统运维人员就能够方便地进行排查。

保存历史命令的文件夹目录要尽量隐蔽,以避免被黑客发现并将其删除。

任务 3   文件系统安全

1.3.1   锁定系统重要文件

在 Linux 系统的文件系统中,文件是指数据的集合。Linux 文件系统不仅包含文件中的数据信息,还包含文件系统的结构信息,以及所有 Linux 用户和程序看到的文件、目录、软链接和文件保护信息等。Linux 文件系统的安全就是存储信息的安全。

Linux 系统中的某些文件信息可以通过锁定进行保护。当文件被锁定时,即便是 root 超级用户,也不能进行修改或者删除操作。系统运维人员利用这个特性可以提高系统的安全性。

锁定文件的命令是 chattr,此命令可以修改 ext2、ext3、ext4 文件系统下的文件属性,但这个命令必须由 root 超级用户来执行。与 chattr 命令对应的命令是 lsattr。lsattr 命令用来查询文件属性。

chattr 命令的语法格式如下:

```
chattr [-RV] [-v version] [mode] 文件或目录
```

chattr 命令中主要参数的含义如下。

-R:递归修改所有文件及子目录。

其中,mode 部分用来控制文件的属性,常用的参数如下。

+:在原有参数上追加参数。

-:在原有参数上移除参数。

=:更新为指定参数。

a:append,只能向文件中追加数据,不能删除文件中的数据。

c:compress,经压缩后再存储,读取时需要解压缩。

i:immutable,文件不能被修改,包括删除、重命名、写入、追加等操作。

s:安全删除,将永久删除文件或目录,并收回存储空间,后期无法恢复。

u:仅删除目录索引,保留数据块,可以在之后恢复。

在这些参数中,经常使用的是 a 和 i。a 参数常用于设置服务器日志文件的安全。i 参数更为严格,不允许对文件进行任何操作,root 超级用户也不例外。

lsattr 命令用来查询文件属性,使用方法比较简单,语法格式如下:

```
lsattr [-adlRvV] 文件或目录
```

lsattr 命令的常用参数如下。

-a:列出目录中的所有文件,包括隐藏文件。

-d:显示目录。

-R:递归显示。

-v:版本信息。

在 Linux 系统中,如果一个用户以 root 超级用户的权限登录或某个进程以 root 超级用户的权限运行,那么它的使用权限将没有任何限制。因此,一旦攻击者通过某种手段获得了系统的 root 权限,系统将无安全性可言。在这种情况下,文件系统将是保护系统安全的最后一道防线。合理地设置属性可以最大限度地降低攻击者对系统的破坏程度。通过 chattr 命令锁定一些重要的系统文件或目录是保护文件系统安全最直接、最有效的手段。

对于系统中比较重要的目录和文件,应当设置 i 属性。其中,重要的目录有/bin、/boot、/lib、/sbin、/usr/bin、/usr/include、/usr/lib、/usr/sbin 等,重要的文件有/etc/passwd、/etc/shadow、/etc/hosts、/etc/resolv.conf、/etc/fstab、/etc/sudoers 等。

对于系统中一些重要的日志文件,可以设置 a 属性。这些重要的日志文件包含/var/log/messages、/var/log/wtmp 等。

对系统中重要的文件进行加锁虽然能够提高服务器的安全性,但同时会带来一些不便。例如,在安装或升级软件时可能需要去掉有关目录和文件的 immutable 属性和 append-only

属性。另外，如果日志文件设置了 append-only 属性，则可能会导致无法进行日志轮换。因此，在使用 chattr 命令前，需要结合服务器的应用环境来权衡是否需要设置 immutable 属性和 append-only 属性。

另外，虽然通过 chattr 命令修改文件属性能够提高文件系统的安全性，但它并不适合所有目录。chattr 命令不能保护根目录/、/dev、/tmp、/var 等目录。

根目录/不能具有不可修改属性。这是因为如果根目录/不可修改，那么系统将无法工作。/dev 目录在启动时，syslog 需要删除并重新建立/dev/log 套接字设备。如果/dev 目录不可修改，那么会出现问题。由于很多应用程序和系统程序需要在/tmp 目录下建立临时文件，因此/tmp 目录同样不能具有不可修改属性。/var 是系统和程序的日志目录，如果具有不可修改属性，那么系统将无法写日志，所以也不能通过 chattr 命令来保护。

1.3.2　查找文件权限

对文件系统进行不正确的权限设置会直接威胁系统的安全，因此要求运维人员具备及时发现并立刻修正这些不正确权限设置的能力，以防患于未然。下面列举几种查找系统不安全权限的方法，以下方法都需要使用 Linux 系统的查找命令 find。find 命令的功能及参数请查阅 Linux 系统手册。

（1）查找系统中任何用户都有写权限的文件或目录。

查找文件：

```
find / -type f -perm -2 -o -perm -20 |xargs ls -al
```

查找目录：

```
find / -type d -perm -2 -o -perm -20 |xargs ls -ld
```

（2）查找系统中所有包含 s 位的程序。

```
find / -type f -perm -4000 -o -perm -2000 -print | xargs ls -al
```

s 位指的是"强制位权限"，位于 user 或 group 权限组的第 3 位。如果在权限组中设置了 s 位，则当文件被执行时，该文件是以文件所有者 UID 而不是用户 UID 来执行程序的。包含 s 位权限的程序对系统安全有很大威胁。通过查找系统中所有具有 s 位权限的程序，可以删除某些不必要的 s 位权限程序，从而防止用户滥用权限或提升权限的风险。

（3）检查系统中所有 suid 和 sgid 文件。

```
find / -user root -perm -2000 -print -exec md5sum {} \;
find / -user root -perm -4000 -print -exec md5sum {} \;
```

suid 和 sgid 是具有 s 位权限的用户或组数据文件。将检查的结果保存到文件中，以便在以后系统检查时作为参考。

（4）检查系统中没有属主的文件。

```
find / -nouser -o -nogroup
```

在 Linux 系统中，没有属主的文件也被称为孤儿文件。这类文件可能存在安全风险，往往会被黑客利用。因此，在找到这些文件后，应删除或修改文件的属主，以确保系统的安全。

修改文件权限可使用 chmod 或 chown 命令，相关命令使用方法请查看 Linux 系统入门书籍。

任务 4　系统软件安全管理

1.4.1　软件自动升级工具——YUM

作为一个优秀的操作系统，Linux 可以安装大量的系统软件和应用软件。这些软件很多是由第三方开发的，安全性不能得到很好的保证。一旦这些软件有漏洞，黑客就可以利用这些漏洞轻松地攻入服务器。作为一名 Linux 系统的运维人员，虽然无法保证所有应用程序的安全，但是对于系统软件的安全，应该具有定期检查并尝试修复漏洞的意识。

常见的修复软件漏洞的办法是升级软件，使软件始终保持最新状态，这样可以在一定程度上保证系统的安全。

Linux 系统中的软件升级可以分为自动升级和手动升级两种方式。

自动升级一般是在有授权的 Linux 系统发行版或免费 Linux 系统发行版下进行的，只需输入升级命令，系统就会自动完成升级工作，无须人工干预。

手动升级是指针对某个系统软件进行升级，如升级系统的 SSH 登录工具、GCC 编译工具等。手动升级是通过 RPM 包来实现软件更新的。RPM 是 Red-Hat Package Manager（RPM 软件包管理器）的缩写，它是一种用于从互联网上下载包的打包及安装工具，生成的文件具有.RPM 扩展名。简单地说，有.RPM 扩展名的文件就是 Linux 系统中的软件包。这种文件格式名称虽然以 Red Hat 命名，但可以算作公认的行业标准。通过这种方式在升级软件时可能会遇到软件之间的依赖关系，升级时相对比较麻烦。

YUM 是 Yellow dog Updater Modified 的缩写。Yellow Dog（黄狗）是 Linux 系统的一个发行版本，只是 Red Hat 公司将这种升级技术整合到自己的发行版中，形成了现在的 YUM。

YUM 是进行 Linux 系统自动升级时常用的一个工具。通过 YUM 工具结合互联网，可以实现系统的自动升级。例如，一个经过授权的 Red Hat 或 CentOS Linux 系统，只要该系统能够连接互联网，输入 "yum update" 即可实现系统的自动升级。通过 YUM 进行系统升级实际上是使用 yum 命令下载指定远程互联网主机上的 RPM 包，并自动进行安装，同时解决各个软件之间的依赖关系，从而节省运维人员大量手动操作的工作。一旦机器无法正常联网，则 YUM 将无法使用。

1.4.2　YUM 的安装与配置

1．YUM 的安装

检查是否已经安装 YUM：

```
[root@localhost ~]# rpm -qa | grep yum
```

如果没有任何显示，则表示系统中没有安装 YUM。YUM 安装包可以在 CentOS 系统光盘中找到，执行如下命令进行安装：

```
[root@localhost ~]# rpm -ivh yum-*.noarch.rpm
```

安装 YUM 需要 python-elementtree、python-sqlite、urlgrabber、yumconf 等软件包的支持，这些软件包均可以在 CentOS Linux 系统的安装光盘中找到。如果在安装 YUM 的过程中出现软件包之间的依赖问题，则需要按照依赖提示寻找相应软件包并进行安装，直到 YUM 安装包安装成功。

2．YUM 的配置

在安装完 YUM 后，接下来的工作是配置 YUM。YUM 的配置文件有/etc/yum.conf 主配置文件和/etc/yum.repos.d 资源库配置目录文件。在安装 YUM 后，一些默认的资源库配置可能无法使用，因此需要进行修改。下面介绍 CentOS-Base.repo 资源库配置文件中的内容及各选项的详细含义。

```
[root@localhost ~]#more /etc/yum.repos.d/CentOS-Base.repo
[base]
name=CentOS-$releasever- Base
mirrorlist =
http://mirrorlist.centos.org/?release=$releasever&arch=$basearch&repo=os
gpgcheck=1
[updates]
 # Updates 更新模块使用的部分配置
name=CentOS-$releasever - Updates
mirrorlist=http://mirrorlist.centos.org/?release=$releasever&arch=$basear
ch&repo= updates
gpgcheck=1
gpgkey=file:///etc/pki/rpm-gpg/RPM-GPG-KEY-CentOS-7
# 有用的额外软件包（extras）的部分配置
[extras]
name=CentOS-$releasever - Extras
mirrorlist=http://mirrorlist.centos.org/?release=$releasever&arch=$basear
ch&repo= extras gpgcheck=1
gpgkey=file:///etc/pki/rpm-gpg/RPM-GPG-KEY-CentOS-7
# 扩展的额外软件包（centosplus）的部分配置
[centosplus]
name=CentOS-$releasever - Plus
mirrorlist=http://mirrorlist.centos.org/?release=$releasever&arch=$basear
ch&repo= centosplus
gpgcheck=1
enabled=0
gpgkey=file:///etc/pki/rpm-gpg/RPM-GPG-KEY-CentOS-7
# contrib 配置部分
```

```
[contrib]
name=CentOS-$releasever - Contrib
mirrorlist=http://mirrorlist.centos.org/?release=$releasever&arch=$basear
ch&repo= contrib
gpgcheck=1
enabled=0
gpgkey=file:///etc/pki/rpm-gpg/RPM-GPG-KEY-CentOS-7
```

在上面这个配置中，几个常用关键字的含义如下。

name：发行版的名称，其格式表示"操作系统名和释出版本"。其中，Base 表示此段寻找的是 Base 包信息。

mirrorlist：YUM 用于在互联网上查找升级文件的 URL 地址。其中，$basearch 表示系统的硬件架构，如"i386""x86-64"等。同时，YUM 在更新资源时，会检查 baseurl/repodata/repomd.xml 文件。repomd.xml 是一个索引文件，用于提供更新 RPM 包文件的下载信息和 SHA 校验值。repomd.xml 文件中的索引包含 3 个文件，分别为 other.xml.gz、filelists.xml.gz 和 primary.xml.gz。它们表示的含义依次是其他更新包列表、更新文件集中的列表和主要更新包列表。

gpgcheck：用来设置是否启用 GPG 检查，1 表示启用检查，0 表示不启用检查。如果启用检查，则需要在配置文件中注明 GPG-RPM-KEY 的位置。

gpgkey：用来设置 GPG 密钥的地址。

1.4.3　YUM 的基本使用方法

YUM 的基本使用方法主要有以下 4 种。

（1）通过 YUM 查询 RPM 包的信息。

列出资源库中所有可以安装或更新的 RPM 包的信息：

```
[root@localhost ~]# yum info
```

列出资源库中特定的可以安装或更新及已经安装的 RPM 包的信息：

```
[root@localhost ~]# yum info dhcp
[root@localhost ~]# yum info py*
```

注意：可以在 RPM 包名中使用匹配符，如在上面的例子中列出的所有以 py 开头的 RPM 包的信息。

列出资源库中所有可以更新的 RPM 包的信息：

```
[root@localhost ~]# yum info updates
```

列出已经安装的所有 RPM 包的信息：

```
[root@localhost ~]# yum info installed
```

列出已经安装但是不包含在资源库中的 RPM 包的信息：

```
[root@localhost ~]# yum info extras
```

列出资源库中所有可以安装或更新的 RPM 包：

```
[root@localhost ~]# yum list
```

列出资源库中特定的可以安装或更新及已经安装的 RPM 包：

```
[root@localhost ~]# yum list http
[root@localhost ~]# yum list gcc*
```

搜索包含特定字符的 RPM 包的详细信息：

```
[root@localhost ~]# yum search ftp
```

可以使用 search 命令在 RPM 包名、包描述中进行搜索。

搜索包含特定文件名的 RPM 包：

```
[root@localhost ~]# yum provides firefox
```

（2）通过 YUM 安装和删除 RPM 包。

安装 RPM 包，如安装 SSH 安装包：

```
[root@localhost ~]# yum install ssh
```

删除 RPM 包，包括与该包有依赖性的包：

```
[root@localhost ~]# yum remove dhcp
```

（3）通过 YUM 更新软件包。

检查可更新的 RPM 包：

```
[root@localhost ~]# yum check-update
```

更新所有 RPM 包：

```
[root@localhost ~]# yum update
```

更新指定的 RPM 包，如更新 kernel 和 kernel-source：

```
[root@localhost ~]# yum update kernel kernel-source
```

大规模版本升级与 yum update 的不同之处在于，旧版本的包会在升级前被删除，而 yum update 则不会删除旧版本的包：

```
[root@localhost ~]# yum upgrade
```

（4）通过 YUM 操作暂存信息（/var/cache/yum）。

清除暂存的 RPM 包文件：

```
[root@localhost ~]# yum clean packages
```

清除暂存的 RPM 头文件：

```
[root@localhost ~]# yum clean headers
```

清除暂存中旧的 RPM 头文件：

```
[root@localhost ~]# yum clean oldheaders
```

清除暂存中旧的 RPM 头文件和包文件：

```
[root@localhost ~]# yum clean
```

或

```
[root@localhost ~]# yum clean all
```

注意：上面的两个命令与 yum clean packages + yum clean oldheaders 命令类似。

任务 5　Linux 后门入侵检测工具

Rootkit 是一组计算机软件的合集，通常是恶意的。它的目的是在未经授权的情况下维持系统最高权限（在 UNIX 和 Linux 系统下为 root，在 Windows 系统下为 Administrator），以此来访问计算机。与病毒或木马不同的是，Rootkit 试图通过隐藏自己来防止被发现，以达到长期利用受害主机的目的。Rootkit 的攻击能力极强，对系统的危害很大，比普通木马后门更加危险和隐蔽，普通的检测工具和检查方法很难发现其存在。Rootkit 通过一套工具来建立后门和隐藏行迹，确保让攻击者保持权限，使其在任何时候都能够使用 root 权限登录系统。

Rootkit 主要有两种类型：文件级别 Rootkit 和内核级别 Rootkit。下面分别对这两种类型进行简单介绍。

1．文件级别 Rootkit

文件级别 Rootkit 也被称为用户态 Rootkit（User-mode Rootkit），一般利用程序漏洞或系统漏洞进入系统，通过修改系统的重要文件来达到隐藏自己的目的。在系统遭受 Rootkit 攻击后，合法的文件被木马程序替换，变成外壳程序，而其中隐藏着后门程序。通常，容易被 Rootkit 替换的系统程序有 login、ps、netstat、du、ping、lsof、ssh、sshd 等。其中，login 程序是最经常被替换的。这是因为当访问 Linux 系统时，无论是通过本地登录还是远程登录，/bin/login 程序都会运行，系统将通过/bin/login 来收集和核对用户的账号和密码。Rootkit 就是利用这个程序特点，使用一个具有根权限后门密码的/bin/login 来替换系统的/bin/login，这样攻击者通过输入预设的密码就能轻松进入系统。此时，即使系统管理员修改 root 密码或清除 root 密码，攻击者同样能够通过 root 用户登录系统。通常，攻击者在进入 Linux 系统后会进行一系列的攻击，较为常见的是安装嗅探器，以此来收集本机或网络中其他服务器中的重要数据。在默认情况下，Linux 系统中的一些系统文件会监控某些工具的动作，如 ifconfig 命令。因此，攻击者为了避免被发现，会设法替换其他系统文件，包括 ls、ps、ifconfig、du、find、netstat 等。如果这些文件都被替换，那么在系统层面很难发现 Rootkit 已经在系统中运行了。

因此，文件级别 Rootkit 对系统维护的威胁很大。目前较为有效的防御方法是定期检查系统中重要文件的完整性。如果发现文件被修改或替换，那么很可能系统已经遭受 Rootkit

入侵。检查文件完整性的工具有很多，常见的包括 Tripwire、AIDE 等。通过这些工具，可以定期检查文件的完整性，以检测系统是否被 Rootkit 入侵。

2．内核级别 Rootkit

内核级别 Rootkit（Kernel-mode Rootkit）是比文件级别 Rootkit 更高级的一种入侵方式，它可以使攻击者获得对系统底层的完全控制权，从而修改系统内核，截获运行程序向内核提交的命令，并将其重定向到入侵者所选择的程序，随后运行此程序。也就是说，当用户要运行程序 A 时，被入侵者修改过的内核会假装执行程序 A，而实际上却执行了程序 B。

内核级别 Rootkit 主要依附在内核上。内核级别 Rootkit 不对系统文件做任何修改，因此一般的检测工具很难检测到它的存在。一旦系统内核被植入 Rootkit，攻击者就可以对系统为所欲为而不被发现。目前，针对内核级别 Rootkit 还没有很好的防御工具，因此做好系统安全防范非常重要。将系统维持在最小权限内工作，只要攻击者不能获取 root 权限，就无法在内核中植入 Rootkit。

1.5.1 Rootkit 后门检测工具——Chkrootkit

Chkrootkit 是一种用于本地检测 Rootkit 迹象的安全工具。Chkrootkit 包含以下内容。

chkrootkit：一个 Shell 脚本，用于检查系统二进制文件是否被 Rootkit 修改。

ifpromisc.c：检查网络端口是否处于混杂模式（Promiscuous Mode）。

chklastlog.c：检查 lastlog 是否被删除。

chkwtmp.c：检查 wtmp 是否被删除。

check_wtmpx.c：检查 wtmpx 是否被删除（仅适用于 Solaris）。

chkproc.c：检查正在运行的进程中是否存在可加载内核模块木马的痕迹。

chkdirs.c：检查目录和文件中是否存在可加载内核模块木马的痕迹。

strings.c：检查系统中可疑的字符串。

chkutmp.c：检查 utmp 是否被删除。

Chkrootkit 没有包含在官方的 CentOS 源中，因此需要采取手动编译的方法来安装。这种安装方法更加安全。下面简单介绍 Chkrootkit 的安装过程。

1．准备 GCC 编译环境

对于 CentOS 系统，需要安装 GCC 编译环境，执行以下 3 个命令：

```
[root@server ~]# yum -y install gcc
[root@server ~]# yum -y install gcc-c++
[root@server ~]# yum -y install make
```

2．安装 Chkrootkit

安全起见，建议直接从官方网站下载 Chkrootkit 源码，并进行安装，操作命令如下：

```
[root@server ~]#wgetftp://ftp.***.com.br/pub/seg/pac/chkrootkit.tar.gz
#下载源码
```

```
[root@server ~]# tar zxvf chkrootkit.tar.gz
[root@server ~]# cd chkrootkit-*
[root@server ~]# make sense
# 注意：上面的编译命令为 make sense
[root@server ~]# cd ..
[root@server ~]# cp -r chkrootkit-* /usr/local/chkrootkit
[root@server ~]# rm -rf chkrootkit-*
```

3. 使用 Chkrootkit

在安装完 Chkrootkit 程序后，它会被放置在/usr/local/chkrootkit 目录下。想要查看 Chkrootkit 的详细使用方法，需要执行以下命令：

```
[root@server chkrootkit]# /usr/local/chkrootkit/chkrootkit -h
```

各个参数的含义如下。

-h：帮助。

-v：版本。

-l：显示测试内容。

-d：调试模式，显示检测过程的相关命令。

-q：安静模式，只显示有问题的内容。

-x：高级模式，显示所有检测结果。

-r dir：设置指定目录为根目录。

Chkrootkit 的使用比较简单，直接执行 chkrootkit 命令即可自动开始检测。下面是某个系统的检测结果：

```
[root@server chkrootkit]# /usr/local/chkrootkit/chkrootkit
Checking 'login '... INFECTED
Checking 'ps'... INFECTED
Checking 'sshd'... not infected
Checking 'syslogd'... not tested
Checking 'tar'... not infected
Checking 'telnetd'... not found
```

从输出结果中可以看出，此系统的 login 和 ps 命令已经被感染。针对被感染 Rootkit 的系统，较为安全且有效的方法是备份数据并重新安装系统。

4. Chkrootkit 的缺点

Chkrootkit 在检查 Rootkit 的过程中需要使用部分系统命令，因此如果服务器被黑客入侵，那么依赖的系统命令可能会被入侵者替换，此时 Chkrootkit 的检测结果将变得完全不可信。为了避免 Chkrootkit 出现这个问题，可以在对外开放服务器前将 Chkrootkit 使用的系统命令进行备份。在需要时，使用备份的原始系统命令让 Chkrootkit 对 Rootkit 进行检测。这个过程可以通过以下操作来实现：

```
[root@server ~]# mkdir /usr/share/.commands
[root@server ~]# cp `which --skip-alias awk cut echo find egrep id head ls
```

```
netstat ps strings sed uname` /usr/share/.commands
    [root@server ~]# /usr/local/chkrootkit/chkrootkit -p /usr/share/.commands/
    [root@server share]# cd /usr/share/
    [root@server share]# tar zcvf commands.tar.gz .commands
    [root@server share]# rm -rf commands.tar.gz
```

上面的操作在/usr/share/目录下建立了一个.commands 隐藏文件，并将 Chkrootkit 使用的系统命令备份到这个目录下。安全起见，可以先将.commands 目录压缩打包，再下载到一个安全的地方进行备份。如果服务器遭受入侵，则可以将这个备份上传到服务器的任意路径下，并通过 chkrootkit 命令的-p 参数指定这个路径进行检测。

1.5.2 Rootkit 后门检测工具——RKHunter

RKHunter 是一种专业的检测系统是否已经感染 Rootkit 的工具。它通过执行一系列脚本来确认服务器是否已经感染 Rootkit。下面详细介绍 RKHunter 的安装与使用方法。

1．安装 RKHunter

RKHunter 的安装非常简单，具体过程如下：

```
[root@server ~]# tar -zxvf rkhunter-1.4.0.tar.gz
[root@server ~]# cd rkhunter-1.4.0
[root@server rkhunter-1.4.0]# ./installer.sh --layout default --install
```

这里采用 RKHunter 的默认安装方式将其安装到/usr/local/bin 目录下。

2．使用 rkhunter 命令

rkhunter 命令的参数较多，但是使用方法非常简单，直接运行 RKHunter 即可显示此命令的使用方法。下面简单介绍几个常用的 rkhunter 命令的参数。

使用-help 选项可以获取参数使用帮助。例如：

```
[root@server ~]# /usr/local/bin/rkhunter -help
```

rkhunter 命令中的常用参数及含义如下。

-c 或-check：必选参数，检测当前系统。

--configfile <file>：使用指定配置文件。

--cronjob：作为 cron 任务定期运行。

--sk：自动完成所有检测并跳过键盘输入。

--summary：显示检测结果的统计信息。

--update：检测更新内容。

-V：版本。

下面是使用 RKHunter 对某个系统进行检测的示例。

```
[root@server rkhunter-1.4.0]# /usr/local/bin/rkhunter -c
[ Rootkit Hunter version 1.4.0 ]
# 第 1 部分，先检测系统命令，主要检测系统的二进制文件，因为这些文件非常容易被 Rootkit 攻击
```

其中，显示 OK 表示正常；显示 Warning 表示有异常，需要注意；而显示 Not found 则一般无须理会

```
Checking system commands...
Performing 'strings' command checks
Checking 'strings' command [ OK ]
Performing 'shared libraries' checks
Checking for preloading variables [ None found ]
Checking for preloaded libraries [ None found ]
Checking LD_LIBRARY_PATH variable [ Not found ]
Performing file properties checks Checking for prerequisites [ Warning ]
/usr/local/bin/rkhunter [ OK ]
/sbin/chkconfig [ OK ]
...
[Press <ENTER> to continue]
```

第 2 部分，主要检测常见的 Rootkit 程序，显示 Not found 表示系统未感染 Rootkit

```
Checking for rootkits...
Performing check of known rootkit files and directories
55808 Trojan - Variant A [ Not found ]
ADM Worm [ Not found ]
AjaKit Rootkit [ Not found ]
Adore Rootkit [ Not found ]
aPa Kit [ Not found ]
Apache Worm [ Not found ]
Ambient (ark) Rootkit [ Not found ]
Balaur Rootkit [ Not found ]
BeastKit Rootkit [ Not found ]
beX2 Rootkit [ Not found ]
BOBKit Rootkit [ Not found ]
...
[Press <ENTER> to continue]
```

第 3 部分，主要检测一些特殊或附加内容，如 Rootkit 文件或目录、恶意软件检测及指定的内核模块

```
Performing additional rootkit checks
Suckit Rookit additional checks [ OK ]
Checking for possible rootkit files and directories [ None found ]
Checking for possible rootkit strings [ None found ]
Performing malware checks
Checking running processes for suspicious files [ None found ]
Checking for login backdoors [ None found ]
Checking for suspicious directories [ None found ]
Checking for sniffer log files [ None found ]
Performing Linux specific checks Checking loaded kernel modules [ OK ]
Checking kernel module names [ OK ]
[Press <ENTER> to continue]
```

第 4 部分，主要检测网络、系统端口、系统启动文件、系统用户和组配置、SSH 配置、文件系统等

```
Checking the network...
Performing checks on the network ports
Checking for backdoor ports [ None found ]
Performing checks on the network interfaces
Checking for promiscuous interfaces [ None found ]
Checking the local host...
Performing system boot checks
Checking for local host name [ Found ]
Checking for system startup files [ Found ]
Checking system startup files for malware [ None found ]
Performing group and account checks Checking for passwd file [ Found ]
Checking for root equivalent (UID 0) accounts [ None found ]
Checking for passwordless accounts [ None found ]
[Press <ENTER> to continue]
# 第 5 部分,主要检测应用程序版本
Checking application versions...
Checking version of GnuPG [ OK ]
Checking version of OpenSSL [ Warning ]
Checking version of OpenSSH [ OK ]
# 第 6 部分,输出一个总结。通过这个总结,用户可以大概了解服务器目录的安全状态
System checks summary
=====================
File properties checks...
Required commands check failed
Files checked: 137
Suspect files: 4
Rootkit checks...
Rootkits checked : 311
Possible rootkits: 0
Applications checks...
Applications checked: 3
Suspect applications: 1
The system checks took: 6 minutes and 41 seconds
```

在 Linux 终端使用 RKHunter 来检测的主要优势在于每项检测结果都以不同的颜色显示。绿色表示没有问题,而红色则表示需要引起注意。另外,在上面执行检测的过程中,每部分检测完后都需要按 Enter 键来继续操作。如果需要让程序自动运行,那么可以执行如下命令:

```
[root@server ~]# /usr/local/bin/rkhunter --check --skip-keypress
```

同时,如果想让检测程序每天定时运行,那么可以在/crontab 文件中加入如下内容:

```
09 3 * * * root /usr/local/bin/rkhunter --check --cronjob
```

这样,RKHunter 检测程序就会在每天的 9:30 运行一次。

任务 6　服务器遭受攻击后的处理流程

1.6.1　处理服务器遭受攻击的一般思路

1．切断网络

世界上没有绝对的安全，任何服务器都有可能遭受来自网络的攻击。因此，在得知系统正在遭受黑客的攻击后，首先需要断开服务器的网络连接，从物理上杜绝继续遭受攻击的可能性。这样除了能切断攻击源，还能保护服务器所在网络的其他主机。

2．查找攻击源

在对攻击进行溯源时，较为重要的依据就是日志。运维人员可以通过分析系统日志或登录日志文件查看可疑信息。同时，需要查看系统开放的端口和正在运行的进程，通过进一步分析这些进程来确定哪些是可疑的程序。这个过程对运维人员的经验和综合判断能力有较高要求。

3．分析入侵原因和途径

系统遭受入侵的可能原因有很多方面，可能是系统漏洞，也可能是程序漏洞。一定要查清楚是什么原因导致的入侵，并确定遭受攻击的途径，从而找到攻击源。因为只有了解遭受攻击的原因和途径，才能在删除攻击源的同时修复漏洞。

4．备份用户数据

在服务器遭受攻击后，为了避免进一步的损失，需要立刻备份服务器上的用户数据，同时查看这些数据中是否隐藏着攻击源。如果攻击源在用户数据中，那么一定要彻底删除该数据，并将用户数据备份到一个安全的位置。

5．重新安装系统

千万不要认为自己能彻底清除攻击源，因为最了解攻击程序的人一定是黑客。在服务器遭受攻击后，较为安全、简单的方法是重新安装系统。因为大部分攻击程序都会依附在系统文件或内核中，所以重新安装系统才能彻底清除攻击源。

6．修复系统漏洞或程序漏洞

在发现系统漏洞或程序漏洞后，首先需要修复系统漏洞或更改程序中的 Bug。只有将程序中的漏洞修复，才能使程序正式在服务器上运行。

7．恢复数据和连接网络

首先将备份的数据重新复制到新安装的服务器上，然后开启服务，最后打开服务器的网络连接，以对外提供服务。

1.6.2　检查并锁定可疑用户

在发现服务器遭受攻击后，需要马上切断网络连接，但是在某些情况下，如无法马上切断网络连接时，必须登录系统并查看是否存在可疑用户。如果存在可疑用户，那么需要马上锁定这个用户，并中断此用户的远程连接。

1．登录系统并查看可疑用户

通过 root 用户登录系统，并执行 who 命令，即可列出所有登录过系统的用户。此时，可以检查是否存在可疑或不熟悉的用户，同时可以根据用户名及用户登录的源地址和他们正在运行的进程来判断他们是否为可疑用户。

2．锁定可疑用户

如果发现可疑用户，需要马上将其锁定。例如，如果发现 nobody 用户是可疑用户（因为 nobody 用户在默认情况下是没有登录权限的），那么应马上锁定此用户。操作命令如下：

```
[root@server ~]# passwd -l nobody
```

在锁定 noboby 用户之后，可能此用户仍处于登录状态，因此还要将其强制下线。根据上面 who 命令的输出，获取此用户登录进程的 PID，操作命令如下：

```
[root@server ~]# ps -ef|grep @pts/3
531 6051 6049 0 19:23 ? 00:00:00 sshd: nobody@pts/3
```

在获取此用户登录进程的 PID（这里为 6051）后，运行 kill 命令终止该进程：

```
[root@server ~]# kill -9 6051
```

这样，即可将可疑用户 nobody 强制下线。如果此用户再次试图登录系统，那么他将无法登录。

3．通过 last 命令查看用户登录事件

last 命令的作用是显示近期用户或终端的登录情况，它的使用权限是所有用户。管理员可以通过 last 命令查看登录日志来了解谁曾经登录或企图登录系统。因此，可以使用 last 命令来查找非授权用户的登录事件。由于 last 命令的输出结果来源于/var/log/wtmp 文件，稍有经验的入侵者都会删掉此文件以清除自己的行踪，因此需要注意保护此文件。

1.6.3　查看系统日志

Linux 系统的所有日志文件都位于/var/log 目录下，其中常用的日志文件如下。

/var/log/message：系统启动后的信息和错误日志。

/var/log/secure：与安全相关的日志信息。

/var/log/maillog：与邮件相关的日志信息。

/var/log/cron：与定时任务相关的日志信息。

/var/log/spooler：与 UUCP 和 news 设备相关的日志信息。

/var/log/boot.log：与守护进程启动和停止相关的日志消息。

/var/log/wtmp：永久记录每个用户登录、注销及系统的启动、停机事件。

查看系统日志文件是查找攻击源的最佳方法之一，常用的系统日志文件有/var/log/

message 和/var/log/secure，这两个日志文件可以记录软件的运行状态及远程用户的登录状态。

如果锁定了可疑用户，那么可以查看用户目录下的.bash_history 文件，特别是/root 目录下的.bash_history 文件，这个文件记录着用户执行的所有历史命令。

1.6.4　检查并关闭系统中的可疑进程

检查可疑进程的命令有很多，如 ps、top 等，但是有时仅凭进程名称无法确定其路径，此时可以通过如下方法查看。

首先查找正在运行的进程的 PID。这个功能可以通过 ps 命令和 grep 命令来实现，也可以简单地使用 pidof 命令来实现。例如，查找 sshd 进程的 PID：

```
[root@server ~]# pidof sshd
13276 12942 4284
```

然后进入内核结构文件系统目录/proc，并查看对应 PID 目录下 exe 文件的信息：

```
[root@server ~]# ls -al /proc/13276/exe
lrwxrwxrwx 1 root root 0 Oct 4 22:09 /proc/13276/exe -> /usr/sbin/sshd
```

这样，即可找到进程对应的完整执行路径。如果需要查看文件的句柄，那么可以查看如下目录：

```
[root@server ~]# ls -al /proc/13276/fd
```

通过这种方法基本可以找到任何进程的完整执行信息。此外，还有很多类似的方法可以帮助系统运维人员查找可疑进程。例如，通过指定端口、TCP 或 UDP 协议找到进程的 PID，从而找到相关进程：

```
[root@server ~]# fuser -n tcp 111 111/tcp: 1579
[root@server ~]# fuser -n tcp 25 25/tcp: 2037
```

有时，攻击者的程序（如 Rootkit）隐藏得很深。在这种情况下，ps、top、netstat 等命令也可能已经被替换，如果再通过系统自身的命令去检查可疑进程，那么会变得毫不可信。此时，需要借助第三方工具来检查可疑进程，如前面介绍的 Chkrootkit、RKHunter 等工具。通过这些工具可以很方便地查找被替换或篡改的程序。

1.6.5　检查文件系统的完整性

检查文件属性是否发生变化是验证文件系统完整性的较为简单、直接的方法。例如，检查被入侵服务器上/bin/ls 文件的大小是否与正常系统上/bin/ls 文件的大小相同，以验证文件是否被替换。但是，这种方法比较低级，效率很低。此时，可以借助 Linux 系统下的 RPM 工具来完成验证，操作命令如下：

```
[root@server ~]# rpm -Va
....L... c /etc/pam.d/system-auth
S.5..... c /etc/security/limits.conf
```

```
S.5....T c /etc/sysctl.conf
S.5....T /etc/sgml/docbook-simple.cat
S.5....T c /etc/login.defs
S.5.... c /etc/openldap/ldap.conf
S.5....T c /etc/sudoers
..5....T c /usr/lib64/security/classpath.security
....L... c /etc/pam.d/system-auth
S.5.... c /etc/security/limits.conf
S.5.... c /etc/ldap.conf
S.5....T c /etc/ssh/sshd_config
```

在输出结果中，每个标记的含义如下。

S：表示文件长度发生了变化。

M：表示文件的访问权限或文件类型发生了变化。

5：表示 MD5 校验和发生了变化。

D：表示设备节点的属性发生了变化。

L：表示文件的符号链接发生了变化。

U：表示文件/子目录/设备节点的 owner（所有者）发生了变化。

G：表示文件/子目录/设备节点的 group（组）发生了变化。

T：表示文件的最后一次修改时间发生了变化。

如果在输出结果中某个文件有 "M" 标记，那么对应的文件可能已经被篡改或替换。此时，可以通过卸载这个文件的 RPM 包并重新安装来清除受攻击的文件。

不过 rpm 命令有局限性，即只能检查通过 RPM 包方法安装的所有文件，无法检查通过非 RPM 包方法安装的文件。同时，如果 RPM 工具也被替换，就不能使用这种方法了。此时，可以从正常的系统上复制一个 RPM 工具来进行检查。当然，也可以使用 Chkrootkit、RKHunter 这两个工具来进行文件系统检查。前面介绍的命令或工具可以作为辅助或补充。

项目 2 　Linux 网络安全运维

项目导读

网络安全运维是 Linux 系统运维人员很重要的工作。为了保证系统稳定运行，运维人员必须时刻了解网络的流量状态、各个网段的使用情形、带宽的利用率，以及网络是否存在瓶颈等信息。同时，当网络发生故障时，运维人员必须能够及时发现问题，迅速定位并解决问题。

学习目标

- 了解网络实时流量监测与分析的原理
- 了解网络性能评估与安全探测的原理

能力目标

- 掌握使用 iftop 进行网络实时流量监测的方法
- 掌握使用 ntop 进行网络实时流量分析的方法
- 掌握使用 iPerf 进行网络性能评估的方法
- 掌握使用 Nmap 进行网络安全探测的方法

背景知识

1. iftop 简介

iftop 是一个免费的网络接口实时流量监控工具，与 Linux 系统下的 top 命令类似。iftop 可以监控指定网络接口的实时流量、端口连接信息、反向解析 IP 地址等，还可以精确显示本机网络流量情况及网络内各主机与本机相互通信的流量集合，非常适合监控代理服务器或路由器的网络流量。同时，iftop 对检测流量异常的主机非常有效。通过 iftop 的输出，可以迅速定位主机流量异常的根源，这对网络故障排查和网络安全检测十分有用。

2. ntop 简介

在 ntop 流行之前，互联网应用较早的监控软件是 MRTG。MRTG 是一个监控网络链路流量的工具，其主要工作原理是通过 SNMP（Simple Network Management Protocol，简单网络管理协议）得到设备的流量信息，并将这些信息直接通过图形的形式展示给用户，无须写入数据库。MRTG 配置简单，易于使用，在监控单个主机或路由器交换机等场景中是首选的监控软件。它的优点是耗用的系统资源少，可以直观地显示流量负载，缺点是仅适用于 TCP/IP 网络、数据无法重复使用、无法记录更详细的流量状态、缺乏管理功能等。

因此，在较为复杂的服务器网络场景中更多地使用 ntop。

ntop 与 iftop 相比，iftop 监控的是 interface，即单个网络接口，而 ntop 监控的是 Network，即整个网络。ntop 是一个功能强大的流量监控、端口监控、服务监控管理系统。ntop 通过分析网络流量来判断网络上存在的各种问题，同时监控是否有黑客正在攻击网络。如果网络速度突然变得缓慢，则可以通过 ntop 截获的数据包来确定是哪种类型的数据包占据了大量带宽，以及数据包的发送时间、传送延时、来源地址等。通过这些信息，运维人员可以及时做出响应，或者对网络进行调整，从而保证网络正常、稳定地运行。

ntop 提供了命令行界面和 Web 页面两种工作方式。通过 Web 页面，可以清晰地展示网络的整体使用情况、网络中各主机的流量状态与排名、各主机占用的带宽，以及各时段的流量明细、局域网内各主机的路由、端口使用情况等。

ntop 主要提供以下功能。

（1）自动识别网络中的有用信息。

（2）将截获的数据包转换成易于识别的格式。

（3）分析网络环境中通信失败的情况。

（4）探测网络通信的时间和过程。

在 ntop 更新到 ntop5.x 后，官方宣布停止对 ntop 的更新，并推出了替代版本 ntopng。ntopng 在 ntop 的基础上去掉了一些冗余的功能，同时新增了网络流量实时监控功能，重新整合了各项功能，使得流量展示更加智能和合理。

ntopng 使用 Redis 键值服务按时间序列存储统计信息，通过这种方式实现了流量状态实时展示。与 ntop 类似，ntopng 也内置了 Web 服务功能，同时支持命令行界面和 Web 页面两种工作方式。但是，ntopng 降低了对 CPU 和内存的使用率，资源消耗更少。ntopng 除了可以实现 ntop 的所有功能，还新增了其他功能，具体如下。

（1）以图形的方式动态地展示流量状态。

（2）实时监控网络数据和实时汇总。

（3）以矩阵图的方式显示 IP 流量。

（4）可以生成基于 HTML5/Ajax 的网络流量统计。

（5）支持历史流量数据分析。

（6）基于 HTML5 的动态图形用户页面。

3．iPerf 简介

iPerf 是一个网络性能测试工具，可以用来测试网络带宽和网络质量，还可以提供网络延迟抖动、数据包丢失率、最大传输单元等统计信息。网络管理员可以根据这些信息了解并判断网络性能，从而定位网络瓶颈，解决网络故障。

iPerf 的主要功能如下。

（1）在 TCP 方面。

- 测试网络带宽。
- 支持多线程，在客户端与服务器端同时支持多重连接。
- 报告 MSS/MTU 值的大小。
- 支持自定义 TCP 窗口值，并且可以通过套接字缓冲来设置大小。

（2）在 UDP 方面。

- 可以设置指定带宽的 UDP 数据流。
- 可以测试网络抖动值、丢包数量。
- 支持多播测试。
- 支持多线程，在客户端与服务器端同时支持多重连接。

4．Nmap 简介

Nmap 是 Network Mapper 的缩写，由 Fyodor 在 1997 年创建，现已成为网络安全工作者必备的工具之一。Nmap 是一款免费开源的网络发现工具。Nmap 可以找出网络上在线的主机，并测试主机上哪些端口处于监听状态，也可以通过端口信息来确定主机上运行的应用程序类型与版本信息，还可以侦测出操作系统的类型和版本。

Nmap 的主要特点如下。

（1）非常灵活。Nmap 支持十几种扫描方式，并可以对多种目标对象进行扫描。

（2）支持主流操作系统。Nmap 支持 Windows、Linux、BSD、Solaris、AIX、macOS 等多种系统，可移植性强。

（3）使用简单。Nmap 的安装、使用都非常简单，基本的使用方法就可以满足一般需求。

（4）自由软件。Nmap 是在 GPL 协议下发布的，在 GPL 的许可范围内可自由使用。

Zenmap 是 Nmap 的 GUI 版本，由 Nmap 官方提供，通常随着 Nmap 安装包一起发布。Zenmap 是用 Python 语言编写的，能够在 Windows、Linux、UNIX、macOS 等系统上运行。Zenmap 的主要目的是为 Nmap 提供更加简单的操作方式。

Nmap 的功能非常强大，根据实现功能的方向性来划分，主要包括以下 4 个基本功能。

（1）主机发现。

（2）端口扫描。

（3）应用程序及版本侦测。

（4）操作系统及版本侦测。

这 4 个基本功能既相互独立，又彼此依赖。一般的网络嗅探通常从主机发现开始，在发现在线主机后，需要进行端口扫描，以确定运行的应用程序类型及版本信息，最终确定操作系统的版本及漏洞信息。另外，Nmap 还提供了防火墙与入侵检测系统的规避技巧，这个功能可以应用到基本功能的各个阶段中。最后，Nmap 还提供了高级使用方法，即通过 NSE（Nmap Scripting Engine，脚本引擎）功能对 Nmap 基本功能进行补充和扩展。

相关知识

任务 1　网络实时流量监测工具——iftop

2.1.1　iftop 的安装

安装 iftop 的方法非常简单，分为源码编译安装和 yum 源安装两种。这里以安装 CentOS 6.4

为例，简单介绍如下。

（1）源码编译安装。

安装 iftop 必需的软件库：

```
[root@localhost ~]# yum install libpcap libpcap-devel ncurses ncurses-devel
[root@localhost ~]# yum install flex byacc
```

下载 iftop，并进行编译安装：

```
[root@localhost ~]# wget
http://www.ex-parrot.com/pdw/iftop/download/iftop-0.17.tar.gz
[root@localhost ~]# tar zxvf iftop-0.17.tar.gz
[root@localhost ~]# cd iftop-0.17
[root@localhost ~]# ./configure
[root@localhost ~]# make
[root@localhost ~]# make install
```

（2）yum 源安装。

安装 iftop 必需的软件库：

```
[root@localhost ~]# yum install libpcap libpcap-devel ncurses ncurses-devel
[root@localhost ~]# yum install flex byacc
[root@localhost ~]# wget
http://dl.fedoraproject.org/pub/epel/6/i386/epel-release-6-8.noarch.rpm
[root@localhost ~]# rpm -ivh epel-release-6-8.noarch.rpm
[root@localhost ~]# yum install iftop
```

这样，iftop 就安装完成了。

2.1.2 使用 iftop 监测网络接口实时流量

在安装完 iftop 工具后，直接输入 iftop 命令即可显示网络接口实时流量信息。在默认情况下，iftop 显示系统第一块网络接口的流量信息。如果要显示指定网络接口的流量信息，则可以通过-i 参数来实现。

1．iftop 输出界面说明

执行"iftop -P -i em1"命令，得到如图 2-1 所示的 iftop 输出结果。

iftop 的输出从整体上可以分为三大部分。

第一部分位于 iftop 输出中最上面的一行，此行信息是流量刻度，用于显示网卡的带宽流量，默认形式为每秒多少个 bit。

第二部分是 iftop 输出中最大的一部分，此部分又分为左、中、右 3 列，左列和中列记录了正在与本机网络进行连接的 IP 地址或主机。其中，中列中的"=>"指示箭头代表发送数据，"<="指示箭头代表接收数据。通过指示箭头可以很清晰地知道两个 IP 地址之间的通信情况。右列分为 3 小列，其中的实时参数分别表示外部 IP 地址连接到本机在过去 2s、10s

和 40s 内的平均流量值。另外，这部分还包含一个流量图形条。流量图形条是流量大小的动态展示，以第一部分中的流量刻度为基准。通过这个流量图形条，可以很方便地看出哪个 IP 地址的流量最大，从而迅速定位网络中可能出现的流量问题。

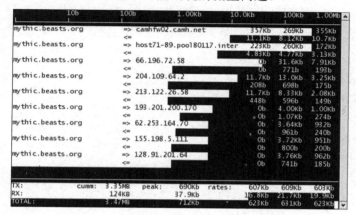

图 2-1　iftop 输出结果

第三部分位于 iftop 输出的最下面，分为 3 行。其中，"TX"表示发送数据，"RX"表示接收数据，"TOTAL"表示发送和接收的全部流量。与这 3 行对应的有 3 列，其中"cumm"列表示从运行 iftop 到目前为止的发送、接收和总数据量；"peak"列表示发送、接收及总的流量峰值；"rates"列表示过去 2s、10s、40s 内的平均流量值。

2. iftop 使用参数说明

iftop 还有很多附加参数和功能。执行"iftop -h"命令即可显示 iftop 所有可使用的参数信息。iftop 常用参数的含义如下。

-i：指定需要监测的网卡。

-n：输出的主机信息使用 IP 地址来显示，不进行 DNS 反向解析。

-B：将网卡流量以 byte 为单位输出，默认单位为 bit。

-p：混杂模式，类似于网络嗅探器。

-N：仅显示连接端口号，而不显示对应的服务名称。

-P：显示主机及端口信息。

-F：显示特定网段网卡的进出流量。

-m：设置流量刻度的最大值。

3. iftop 的交互操作

在 iftop 的实时监控界面中，可以对输出结果进行交互式操作，用于对输出信息进行整理和过滤。在如图 2-1 所示的界面中，按"H"键即可进入交互选项界面。

iftop 的交互功能与 Linux 系统中的 top 命令非常类似，交互参数主要分为 4 部分，分别是一般参数、主机显示参数、端口显示参数和输出排序参数。相关参数的含义如下。

P：暂停/继续。

h：切换交互参数和状态输出界面。

b：切换显示平均流量图形条开关，以界面第一行带宽为标尺。

B：切换显示 2s、10s、40s 内的平均流量值。

T：切换显示每个连接总流量。

j/k：向上/向下滚动显示。

l：打开输出过滤功能。

L：切换显示流量刻度范围。

q：退出。

n：以主机名或 IP 地址的方式显示输出结果。

s：切换显示源主机信息。

d：切换显示远端目标主机信息。

t：切换显示格式。

N：切换显示端口号和对应服务名称。

S：切换显示本地源主机端口信息。

D：切换显示远端目标主机端口信息。

p：切换显示端口信息。

<：根据本地主机名进行排序。

>：根据远端目标主机名进行排序。

o：切换固定显示当前连接。

iftop 的强大之处在于它能够实时显示网络的流量状态，监控网卡流量的来源 IP 地址和目标地址。这对检测服务器网络故障和流量异常非常有用，只需通过一个命令即可迅速定位流量异常或产生网络故障的原因。因此，对运维人员来说，iftop 是一个必不可少的网络故障排查工具。

任务 2　网络实时流量监测与分析工具——ntop 和 ntopng

2.2.1　安装 ntop 与 ntopng

1. 安装 ntop

ntop 支持 Win32、Linux、UNIX、BSD 等平台。读者可以在 ntop 官方网站下载对应的版本。ntop 的安装可以通过 yum 源和源码编译两种方式来实现。为了能够使用最新的稳定版本，这里采用源码编译方式来安装 ntop，安装过程如下。

（1）安装 ntop 必需的软件包。

这里安装的操作系统环境为 CentOS 6.3 x86_64 版本。为了顺利完成源码编译，需要安装一些 ntop 所需的软件包，操作命令如下：

```
[root@monitor ~]# yum -y install libpcap libpcap-devel libtool libpng gdbm
gdbm- devel glib libxml2-devel pango pango-devel gd zlib zlib-devel
[root@monitor ~]# yum -y install svn rrdtool rrdtool-devel python python-devel
```

GeoIP GeoIP-devel

（2）编译安装 ntop。

这里下载的是 ntop-5.0.1 版本，编译安装过程如下：

```
[root@monitor ~]# tar zxvf ntop-5.0.1.tar.gz
[root@monitor ~]# cd ntop-5.0.1
[root@monitor ~]# ./autogen.sh --with-tcpwrap
[root@monitor ~]# make
[root@monitor ~]# make install
```

其中，"--with-tcpwrap" 参数用于支持 tcp_wrappers 访问控制，以保证 ntop Web 访问的安全。

（3）简单配置 ntop。

在安装完 ntop 后，默认的数据存放目录为/usr/local/var/nto。为了保证安全，建议以低权限用户 nobody 身份来运行 ntop 进程。因此，可能需要对 ntop 的默认数据存放目录进行权限调整，执行如下命令即可：

```
[root@monitor ~]# chown -R nobody /usr/local/var/ntop
```

通过 ntop 的 Web 页面可以修改 ntop 的设置或关闭 ntop 服务，但必须通过管理员用户的验证。由于 ntop 默认的管理员为 admin，密码为空，因此需要为其设置一个密码。通过如下命令即可为 admin 用户设置密码：

```
[root@monitor ~]# ntop -A
```

之后重复输入两次密码即可。

在默认情况下，ntop 的 Web 页面没有访问限制。有时，为了网络的安全，建议设置访问授权，只允许已授权的主机访问此 Web 页面。通过 Linux 系统本身的 tcp_wrappers 功能即可实现此授权过程，具体操作命令如下：

```
[root@monitor ~]# vim /etc/hosts.allow ntop: 192.168.12.188
[root@monitor ~]# vim /etc/hosts.deny ntop: ALL
```

这里设置只允许 IP 地址为 192.168.12.188 的主机访问 ntop 的 ntop 服务，禁止其他 IP 地址访问。

2. 安装 ntopng

ntopng 是目前 ntop 官方主推的版本，读者可以下载最新的源码并进行编译安装。但是，为了方便安装，官方推出了 ntopng 的 yum 源仓库，通过 yum 源仓库可以轻松地安装 ntopng。这里采用 yum 源方式进行安装。

（1）设置 yum 源。

首先为 ntopng 创建一个 yum 源仓库，内容如下：

```
[root@localhost ~]# cat /etc/yum.repos.d/ntop.repo
[ntop]
```

```
name=ntop
packages baseurl=http://www.nmon.net/centos/$releasever/$basearch/
enabled=1
gpgcheck=1
gpgkey=http://www.nmon.net/centos/RPM-GPG-KEY-deri
```

然后下载一个 epel 的 yum 源：

```
[root@localhost ~]# wget http://download.fedoraproject.org/pub/epel/6/
x86_64/epel-release-6-8.noarch.rpm
[root@localhost ~]# rpm -Uvh epel-release-6-8.noarch.rpm
```

（2）安装 ntopng。

```
[root@localhost ~]# yum clean all
[root@localhost ~]# yum update
[root@localhost ~]# yum install pfring n2disk nProbe ntopng ntopng-data nbox
```

（3）配置 ntopng。

在安装完 ntopng 后，默认的配置文件模板是/etc/ntopng/ntopng.conf.sample。读者可以将此文件重命名为 ntopng.conf，并在这个配置文件中添加一些配置信息。例如：

```
[root@localhost ~]# cat /etc/ntopng/ntopng.conf
-G=/var/tmp/ntopng.gid
--local-networks "192.168.12.0/24"
--interface em2
--user nobody
--http-port 3000
```

其中，相关参数的含义如下。

-G：用于指定存储 ntopng 进程号的文件路径。

--local-networks：用于指定需要监控的本地子网段。

--interface em2：用于指定监听 em2 网卡上的流量。

--user：用于指定运行 ntopng 服务所使用的账户。

--http-port：用于指定 ntopng 的 Web 服务端口。如果不指定，则默认端口为 3000。

（4）启动 ntopng 服务。

在启动 ntopng 服务之前，需要先启动 redis 服务。redis 服务的功能是为 ntopng 提供键值存储。下面首先启动 redis 服务，然后启动 ntopng 服务，操作命令如下：

```
[root@localhost ~]# service redis start
[root@localhost ~]# service ntopng start
```

为了保证 redis 服务和 ntopng 服务可以在开机时自动启动，需要执行如下操作：

```
[root@localhost ~]# chkconfig ntopng on
[root@localhost ~]# chkconfig redis on
```

最后，可以通过 Web 方式（http://IP:3000）来访问 ntopng 提供的服务。其中，默认的登录用户名和密码均为 admin，用户可以在登录后进行修改。

2.2.2　ntop 和 ntopng 的使用技巧

在安装完 ntop 后，执行如下命令即可启动 ntop 服务：

```
[root@networkserver ~]# ntop -i em1 -L -d
```

这里通过 ntop 命令监控网卡 em1 的流量状态。在执行此命令后，ntop 服务的日志输出将重定向到系统的/var/log/messages 文件中，同时开启默认的 3000 端口作为 Web 页面服务端口。执行 http://IP:3000 即可访问 ntop 提供的 Web 监控页面。

1．Web 页面下 ntop 的使用方法与技巧

ntop 的 Web 页面主要由 7 个主栏目组成。

"About"栏目包括 ntop 的简单介绍和一些在线手册等帮助信息。

"Summary"栏目用于显示目前网络流量的整体概况，其中子栏目"Traffic"可以显示全局流量统计，主要包含网络接口流量统计、协议流量分布、应用协议流量统计等，网络流量会以饼状图、曲线图和明细表格的形式展示，如图 2-2 所示。

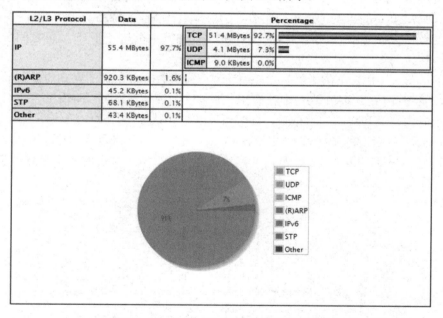

图 2-2　ntop 根据协议进行的流量分布统计

"Summary"栏目下的子栏目"Host"主要显示所有可监控主机的 IP 地址、地理位置、MAC 地址、发送和接收的数据量、目前活动连接数等信息。在主机流量监控方面，可以通过 Bytes 方式来实现，也可以通过 Packets 方式来实现。想要了解每台主机的详细流量信息，只需单击对应的 Host 子栏目即可，如图 2-3 所示。

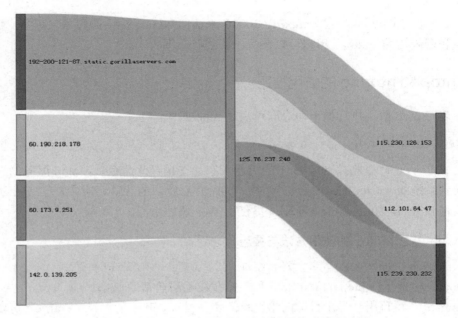

图 2-3　通过 ntop 展示某主机在某时刻的连接流视图

通过图 2-3，可以非常清晰地了解某主机在某时刻的连接状态，中间的竖条表示 IP 地址为 "125.76.237.248" 的主机；竖条的左边表示外部 IP 地址与 "125.76.237.248" 主机之间发送和接收的数据量；竖条的右边表示 "125.76.237.248" 主机与外部 IP 地址之间发送和接收的数据量；连接的宽度表示发送或接收数据量的大小。

在 "Summary" 栏目下的子栏目 "Host" 中，在查看每台主机的详细流量页面上有一个按时段的流量统计功能，这个功能非常有用。通过这个统计功能可以查看某台主机在一天中任意一个小时内发送和接收的数据量，同时可以通过饼状图进行集中汇总。

"Summary" 栏目下的子栏目 "Network Load" 用于统计网络负载。通过该功能可以查看最近 10 分钟、1 小时、1 天、1 个月内的网络流量信息。1 小时内的网络流量信息如图 2-4 所示。

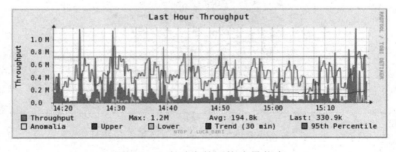

图 2-4　1 小时内的网络流量信息

"All Protocols" 栏目主要用于查看各主机发送、接收的数据量，并将数据以 TCP、UDP、ICMP 的方式进行分类统计。其中，子栏目 "Throughput" 主要显示所有可见主机的吞吐量，子栏目 "Activity" 主要显示当前网络可见主机在 24 小时中每小时的流量状态，并且分别用不同的颜色标注每个时段流量的大小。

"IP"栏目主要统计各台主机中应用层协议产生的流量。例如，子栏目"Summary"主要对各主机中 HTTP、FTP、Mail、SSH、DNS 等服务产生的流量进行详细统计，同时统计多播信息、流量分布等；子栏目"Traffic Directions"主要统计端到端的流量信息，可以统计本地到本地、本地到远端、远端到本地、远端到远端的流量状态；子栏目"Local"主要统计局域网中各主机的使用状况，如统计本地路由的使用信息、本地端口的使用信息、Active Sessions 连接信息等。

"Utils"栏目主要包括 RRD 参数的配置、转存 ntop 的统计信息，以及查看 ntop 运行日志信息等功能。

"Plugins"栏目用于管理 ntop 插件工具，系统默认安装的插件包括 NetFlow、rrdPlugin、sFlow 等。其中，NetFlow 用于设置、激活、停用 NetFlow 支持。在启用 NetFlow 后，ntop可以统计 NetFlow 的详细信息，包括 NetFlow 的格式、数据量及端口流量；rrdPlugin 主要用于生成流量图，它比 MRTG 更灵活，非常适合使用 Shell、Perl 等程序来调用，以生成所需的图片。sFlow 是一种新的网络监测技术，可适应超大网络流量下的流量数据分析。在 ntop中启用 sFlow 支持后，不仅可以降低实施成本，还可以解决许多网络管理中面临的问题。

最后一个栏目"admin"是一个管理选项。用户在访问此栏目时，需要提供管理员密码。"admin"栏目包括 ntop 的参数配置、登录 ntop 的密码设置、配置用户访问 ntop 的页面、ntop的启动与关闭等几个功能选项。

2．命令行中 ntop 的常用参数

ntop 也可以在命令行中使用。虽然在命令行中没有那么直观，但是添加和修改配置非常迅速，并且能够实现许多在 Web 页面下无法完成的功能。执行"ntop -h"命令即可显示所有ntop 在命令行中可使用的参数信息。命令行中 ntop 常用参数的含义如下。

-d：后台执行。

-u：指定可以启动 ntop 的用户，默认为 nobody。

-i：指定 ntop 监听的网卡设备。

-M：多块网卡分开统计。

-L：将 ntop 输出信息写入系统日志文件/var/log/messages。

-w：设置 ntop 的 Web 页面使用端口，默认为 3000。

-r：设定页面刷新频率，默认为 3s 刷新一次。

3．ntopng 的使用方法与技巧

与 ntop 的使用方法类似，ntopng 的 Web 监控页面更加智能化，功能展示更加统一和人性化。ntopng 的核心功能是实时数据流展示。图 2-5 所示为 ntopng 流量实时监控主页面，中间部分展示的是实时流量。

ntopng 的 Web 页面主要分为"Home"、"Flows"、"Hosts"和"Interfaces"4 个主栏目。其中，"Home"栏目主要用于从整体上展示并统计发送、接收的数据流；"Flows"栏目用于展示基于 DPI 的自动程序或服务探测程序生成的实时数据报告，主要统计活跃的数据流，并将数据流以协议类型、应用类型、数据量等方式进行详细统计，而"Breakdown"列用于展示发送和接收的数据量，单击右上角的"Applications"按钮可以根据不同的应用类型（如

HTTP、ICMP、DNS 等）查看活跃的数据流状态。

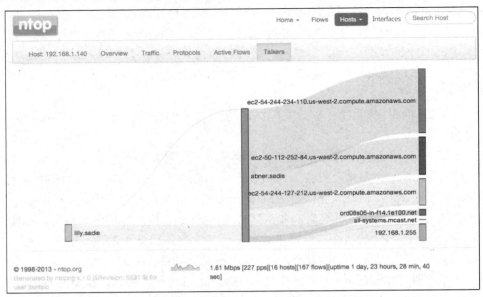

图 2-5　ntopng 流量实时监控主页面

"Hosts"栏目用于显示所有 ntopng 可见的主机信息，可以按类别显示本地或远程主机的列表，还可以显示每台主机之间的交互信息、本地主机矩阵图等信息，"ntopng"栏目用于展示每台主机的主机名、IP 地址、主机所处地域（本地或远程）、数据收集持续时长、发送/接收的数据量、主机网络的吞吐量、数据传输量等信息。如果想要了解每台主机更详细的统计信息，则可以单击每台主机的 IP 地址，进入主机详细信息页面，如图 2-6 所示。

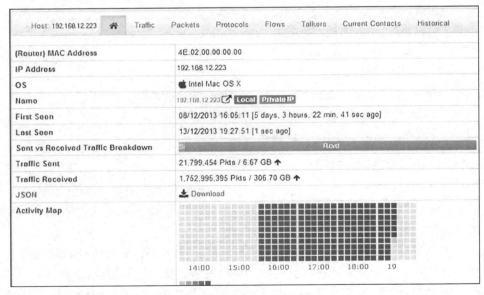

图 2-6　主机详细信息页面

从图 2-6 中可以看出，主机的详细信息页面中分为很多小栏目，默认页面展示了主机的

MAC 地址、IP 地址、操作系统类型、主机名、收集数据的开始和截止时间、发送和接收的数据量等信息。图 2-6 中的"Traffic"栏目可以根据协议类型进行数据量统计，如图 2-7 所示。

从图 2-7 中可以看出，ntopng 将通信流量分别以 TCP、UDP、ICMP 这 3 种协议类型进行统计，并且通过饼状图进行汇总，这对了解网络中某个通信协议的流量非常有用。

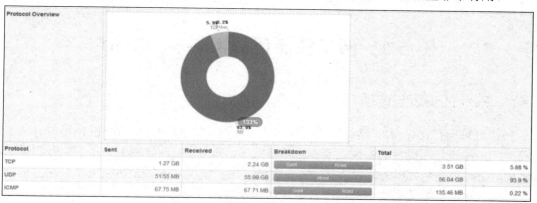

图 2-7　ntopng 根据协议类型进行数据量统计

图 2-6 中的"Packets"栏目可以根据发送、接收包的数量进行流量统计，如图 2-8 所示。

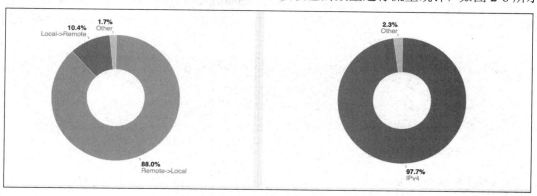

图 2-8　ntopng 绘制的数据包发送量、接收量分布图

从图 2-8 中可以查看数据包的占比。这个功能可以帮助网络管理员判断网络中发送或接收数据包的数量及占比。网络管理员可以据此数据来判断网络是否存在异常，以解决潜在的网络问题。

图 2-6 中的"Protocols"栏目可以根据应用程序的类型进行流量统计，展示 DNS、HTTP、ICMP、MySQL、SSH 等应用协议在一段时间内发送、接收的数据量，以及哪个应用程序传输的数据量大，哪个传输的数据量小。通过此功能，可以迅速发现哪个应用程序存在问题。对于短时间内流量非常大的应用协议，管理员应重点关注。

图 2-6 中的"Historical"栏目主要用于生成数据量图和分析历史流量数据，可以根据传输协议、应用协议类型等方式选择不同时段来分析数据发送、接收的趋势。通过这些数据量图，可以分析网络在一段时间内的运行状态，并为网络管理和网络故障排除提供依据。

ntopng 的最后一个栏目是"Interfaces",主要用于对监控的网络接口的数据量进行分析,可以查看监控接口传输的总数据量、接收数据包的总数量及包大小的分布状况、每个应用协议产生的流量、历史流量数据等,还可以整体展示网络接口的通信状态。

ntopng 也提供了简单的 Web 管理功能,通过 Web 页面可以添加、修改、删除管理员用户,还可以将每台主机的数据以 JSON 的格式导出。

任务 3　网络性能评估工具——iPerf

2.3.1　iPerf 的安装与选项

iPerf 可以运行在任何 IP 网络上,包括本地以太网、接入因特网、Wi-Fi 网络等。在工作模式上,iPerf 运行在服务器端模式和客户端模式下。其中,服务器端主要用于监听到达的测试请求,而客户端主要用于发起连接会话。因此,想要使用 iPerf,至少需要两台服务器,其中一台运行在服务器端模式下,另一台运行在客户端模式下。

1. 安装 iPerf

iPerf 支持 Win32、Linux、FreeBSD、OS X、OpenBSD 和 Solaris 等多种操作系统平台。读者可以从 iPerf 官方网站下载各种版本,这里下载的软件包为 iperf-3.0.tar.gz,安装过程如下:

```
[root@ networkserver ~]# tar zxvf iperf-3.0.tar.gz
[root@ networkserver ~]# cd iperf
[root@ networkserver iperf]# make
[root@ networkserver iperf]# make install
```

这样,iPerf 就安装完成了。

2. iPerf 命令行选项

在安装完 iPerf 后,执行"iperf3 -h"命令即可显示 iPerf 选项的详细使用方法。iPerf 的命令行选项共分为 3 类,分别是客户端与服务器端公用选项、服务器端专用选项和客户端专用选项。

客户端与服务器端公用选项的含义如下。

-f:指定带宽输出单位,包括 Kbit/s、Mbit/s、Gbit/s,默认值为 Mbit/s。

-p:指定端口号。

-I:指定报告时间间隔,单位为 s,默认为 1s。

-F:指定文件作为数据流进行带宽测试。

服务器端专用选项的含义如下。

-s:以服务器端模式启动。

-D:作为后台守护进程启动。

客户端专用选项的含义如下。

-c：以客户端模式启动。例如，"iperf3 -c 192.168.52.100" 命令中的 IP 地址是服务器端的 IP 地址。

　-u：指定使用 UDP。

　-b：指定 UDP 模式带宽，单位为 bit/s，或者可以使用 Kbit/s、Mbit/s 或 Gbit/s。

　-t：指定传输数据包的总时间，默认为 10s。

　-n：指定传输数据包的字节数，单位为 Kbit/s、Mbit/s 或 Gbit/s。

　-l：指定读写缓冲区的长度。TCP 方式默认为 8KB，UDP 方式默认为 1470B。

　-P：指定线程数，默认为 1。

　-R：切换数据发送/接收模式。

　-w：指定套接字缓冲区的大小。

　-B：绑定一个主机地址或接口，用于具有多个网络接口的主机。

　-M：设置 TCP 最大信息段。

　-N：设置 TCP 无延时。

2.3.2　iPerf 应用实例

在使用 iPerf 之前，需要启动一个服务器端。这里假定服务器端的 IP 地址为 192.168.12.168，在此服务器上执行 "iperf3 -s" 命令即可开启 iPerf 的服务器端模式。在默认情况下，iPerf3 将在服务器端打开一个 5201 监听端口，此时可以将另一台服务器作为客户端，并执行 iPerf 功能测试。

1．测试 TCP 的吞吐量

为了确定网络接口的最大吞吐量，可以在任意客户端上执行 iperf 命令，iPerf 将尝试以最快的速度从客户端向服务器端发送数据请求，并输出发送的数据量和网卡平均带宽值。图 2-9 所示为一个简单的网络带宽测试命令的输出结果。

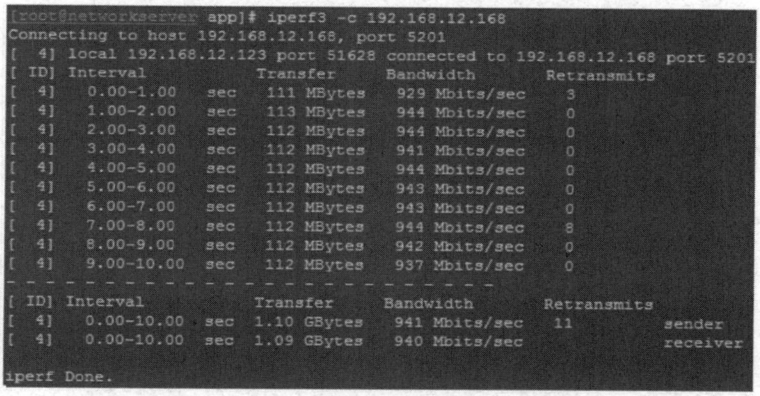

图 2-9　一个简单的网络带宽测试命令的输出结果

从图 2-9 中可以看出，iPerf 默认的运行时间是 10s，每隔 1s 输出一次传输状态，每秒传输的数据量大约为 112MB，刚好与 "Bandwidth" 列中的值相对应，网卡的带宽速率大约为 941Mbit/s。由于测试的服务器采用千兆网卡，因此这个测试值基本合理。在输出结果的最后，

iPerf 给出了总的数据发送、接收量，以及带宽速率平均值。通过这些值，网络管理员基本可以判断网络带宽是否正常，网络传输状态是否稳定。

iPerf 提供很多参数，可以从多个角度全面测试网络带宽利用率。例如，想要改变 iPerf 的运行时间和输出频率，可以通过-t 和-i 参数来实现，如图 2-10 所示。

从图 2-10 中可以看出，传输状态的间隔变为 5s，执行测试总时间为 20s，测试的带宽速率仍然保持在 941Mbit/s 左右，唯一变化的是失败重传次数增加了。

为了模拟大量的数据传输，可以指定需要发送的数据量。这可以通过-n 参数来实现。在指定-n 参数后，-t 参数会失效，并且 iPerf 在传输完指定大小的数据包后将自动结束，如图 2-11 所示。

```
[root@networkserver app]# iperf3 -c 192.168.12.168 -t 20 -i 5
Connecting to host 192.168.12.168, port 5201
[  4] local 192.168.12.123 port 55771 connected to 192.168.12.168 port 5201
[ ID] Interval           Transfer     Bandwidth       Retransmits
[  4]   0.00-5.00   sec   560 MBytes   940 Mbits/sec     31
[  4]   5.00-10.00  sec   562 MBytes   942 Mbits/sec     18
[  4]  10.00-15.00  sec   561 MBytes   941 Mbits/sec      5
[  4]  15.00-20.00  sec   561 MBytes   942 Mbits/sec     19
- - - - - - - - - - - - - - - - - - - - - - - - -
[ ID] Interval           Transfer     Bandwidth       Retransmits
[  4]   0.00-20.00  sec   2.19 GBytes  941 Mbits/sec     73          sender
[  4]   0.00-20.00  sec   2.19 GBytes  941 Mbits/sec                 receiver

iperf Done.
```

图 2-10　添加-t 和-i 参数后的 iPerf 输出

```
[root@networkserver app]# iperf3 -c 192.168.12.168 -i 10 -n 5000000000
Connecting to host 192.168.12.168, port 5201
[  4] local 192.168.12.123 port 58611 connected to 192.168.12.168 port 5201
[ ID] Interval           Transfer     Bandwidth       Retransmits
[  4]   0.00-10.00  sec   1.09 GBytes  941 Mbits/sec    103
[  4]  10.00-20.00  sec   1.10 GBytes  942 Mbits/sec     45
[  4]  20.00-30.01  sec   1.10 GBytes  941 Mbits/sec     39
[  4]  30.01-40.00  sec   1.06 GBytes  907 Mbits/sec    484
[  4]  40.00-42.86  sec   321 MBytes   942 Mbits/sec     38
- - - - - - - - - - - - - - - - - - - - - - - - -
[ ID] Interval           Transfer     Bandwidth       Retransmits
[  4]   0.00-42.86  sec   4.66 GBytes  933 Mbits/sec    709         sender
[  4]   0.00-42.86  sec   4.66 GBytes  933 Mbits/sec                receiver

iperf Done.
```

图 2-11　iPerf 客户端通过-n 参数指定需要发送的数据量

该例子指定发送一个 5GB 左右的数据包，并且每隔 10s 输出一次传输状态。从这个输出结果中可以看出，当失败重传次数较多时，传输速率会迅速下降。

有时，为了模拟更真实的 TCP 应用，iPerf 客户端允许从一个特定的文件中发送数据，这可以通过-F 参数来实现，如图 2-12 所示。

```
[root@networkserver app]# iperf3 -c 192.168.12.168 -F webdata.tar.gz -i 5 -t 20
Connecting to host 192.168.12.168, port 5201
[  4] local 192.168.12.123 port 45894 connected to 192.168.12.168 port 5201
[ ID] Interval           Transfer     Bandwidth       Retransmits
[  4]   0.00-5.00   sec   560 MBytes   940 Mbits/sec      2
[  4]   5.00-10.00  sec   561 MBytes   942 Mbits/sec      5
[  4]  10.00-13.48  sec   390 MBytes   941 Mbits/sec      5
- - - - - - - - - - - - - - - - - - - - - - - - -
[ ID] Interval           Transfer     Bandwidth       Retransmits
[  4]   0.00-13.48  sec   1.48 GBytes  941 Mbits/sec     12          sender
      Sent 1.48 GByte / 1.48 GByte (100%) of webdata.tar.gz
[  4]   0.00-13.48  sec   1.48 GBytes  941 Mbits/sec                 receiver

iperf Done.
```

图 2-12　iPerf 客户端通过-F 参数指定文件来发送数据

在该例子中，通过-F 参数指定了一个 webdata.tar.gz 文件作为需要传输的数据。在使用-F 参数时，需要同时指定一个-t 参数来设置需要测试的传输时间。这个时间要尽量设置长一些，因为在默认传输时间 10s 内，文件可能无法完成传输。

在使用 iPerf 进行网络带宽测试时，如果没有指定发送方式，则 iPerf 客户端仅使用单一的线程。然而，iPerf 是支持多线程的。我们可以使用 iPerf 提供的-P 参数来设置多线程的数目。通过使用多线程，可以在一定程度上增加网络的吞吐量。

下面通过两个例子进行简单对比，图 2-13 是 iPerf 使用单线程传输 1.86GB 数据所消耗的时间和带宽使用情况。为了统一速率单位，这里使用-f 参数将输出结果的单位都转换为 Mbit/s 来显示。

图 2-13　iPerf 在单线程模式下的传输时间和传输速率

从图 2-13 中可以看出，传输 1.86GB 的数据消耗的时间为 17s，平均带宽速率为 112Mbit/s（注意这里的单位）。下面再看看 iPerf 在使用多线程后，传输同样大小数据所消耗的时间和带宽使用情况，如图 2-14 所示。

图 2-14　iPerf 使用多线程后的数据传输状态

这里通过-P 参数开启了 2 个多线程，从传输时间上看，传输 1.86GB 的数据消耗的时间为 10.79s，比单线程的传输时间少了 6.21s，从平均带宽速率上看，从 112Mbit/s 提高到 177Mbit/s。从这个结果可以看出，多线程对网络传输性能的提高很有帮助。

2．测试 UDP 的丢包和延时

iPerf 也可以用于测试 UDP 数据包吞吐量、丢包率和延时指标。但是，由于 UDP 是一个非面向连接的轻量级传输协议，并且不提供可靠的数据传输服务，因此对 UDP 应用的关注点不是传输数据有多快，而是它的丢包率和延时指标。通过 iPerf 的-u 参数可以测试 UDP 应用的传输性能。图 2-15 所示为在 iPerf 客户端传输 100MB 的 UDP 数据包的输出结果。

读者需重点关注虚线下方的一段内容。在这段输出结果中，"Jitter" 列表示抖动时间或传输延时；"Lost/Total" 列表示丢失的数据包和总的数据包数量，后面的 0.33%是平均丢包率；"Datagrams" 列显示的是总的传输数据包数量。

```
[root@networkserver app]# iperf3 -c 192.168.12.168 -u -b 100M -f M -i 3
Connecting to host 192.168.12.168, port 5201
[  4] local 192.168.12.123 port 45516 connected to 192.168.12.168 port 5201
[ ID] Interval           Transfer     Bandwidth       Total Datagrams
[  4]   0.00-3.00   sec  36.3 MBytes  12.1 MBytes/sec  4650
[  4]   3.00-6.00   sec  37.5 MBytes  12.5 MBytes/sec  4800
[  4]   6.00-9.00   sec  37.5 MBytes  12.5 MBytes/sec  4800
[  4]   9.00-10.00  sec  12.5 MBytes  12.5 MBytes/sec  1600
- - - - - - - - - - - - - - - - - - - - - - - - -
[ ID] Interval           Transfer     Bandwidth       Jitter    Lost/Total Datagrams
[  4]   0.00-10.00  sec   124 MBytes  12.4 MBytes/sec  0.052 ms  53/15850 (0.33%)
[  4] Sent 15850 datagrams

iperf Done.
```

图 2-15   在 iPerf 客户端传输 100MB 的 UDP 数据包的输出结果

这个输出结果过于简洁，想要了解更详细的 UDP 丢包和延时信息，可以在 iPerf 服务端中查看。因为在客户端执行传输测试的同时，服务器端也会同时显示传输状态，如图 2-16 所示。

```
[root@server app]# iperf3 -s -i 3
-----------------------------------------------------------
Server listening on 5201
-----------------------------------------------------------
Accepted connection from 192.168.12.123, port 45108
[  5] local 192.168.12.168 port 5201 connected to 192.168.12.123 port 45516
[ ID] Interval           Transfer     Bandwidth       Jitter    Lost/Total Datagrams
[  5]   0.00-3.00   sec  36.2 MBytes  101 Mbits/sec  0.053 ms  21/4650 (0.45%)
[  5]   3.00-6.00   sec  37.5 MBytes  105 Mbits/sec  0.047 ms  0/4800 (0%)
[  5]   6.00-9.00   sec  37.4 MBytes  105 Mbits/sec  0.047 ms  9/4800 (0.19%)
[  5]   9.00-10.04  sec  12.3 MBytes  99.4 Mbits/sec  0.052 ms  23/1600 (1.4%)
- - - - - - - - - - - - - - - - - - - - - - - - -
[ ID] Interval           Transfer     Bandwidth       Jitter    Lost/Total Datagrams
[  5]   0.00-10.04  sec   124 MBytes  103 Mbits/sec  0.052 ms  53/15850 (0.33%)
```

图 2-16   iPerf 服务器端显示的 UDP 传输状态

图 2-16 详细记录了在传输过程中每个阶段的延时信息和丢包率。在 UDP 应用中，随着传输数据量的增大，丢包率和延时也随之增加。对于延时和丢包，可以通过改变应用程序来缓解或修复。例如，在视频流应用中通过缓存数据的方式可以容忍更大的延时。

任务 4   网络安全探测和安全审核工具 Nmap

2.4.1   Nmap 的安装

Nmap 的安装非常简单，官方提供 RPM 包安装和源码编译安装两种方式，读者可以根据自己的需要选择安装方式。这里以 nmap-6.40.tar.bz2 为例,分别介绍这两种安装方式。

1. RPM 包安装

Nmap 官方提供了 RPM 格式的安装包,直接从官网下载 RPM 格式的安装包并进行安装即可,操作命令如下:

```
[root@localhost ~]# wget http://nmap.org/dist/nmap-6.40-1.x86_64.rpm
[root@localhost ~]# rpm -Uvh nmap-6.40-1.x86_64.rpm
```

在安装完后,如果执行 "namp -h" 命令能够输出帮助信息,则表示安装成功,否则需要根据错误提示重新安装。

2. 源码编译安装

从官方网站下载源码包,并进行编译安装即可。编译安装过程无须额外参数,操作命令如下:

```
[root@localhost ~]# tar jxvf nmap-6.40.tar.bz2
[root@localhost ~]# cd nmap-6.40
[root@localhost nmap-6.40]# make
[root@localhost nmap-6.40]# make install
```

至此,使用源码编译安装方式安装 Nmap 完成。

2.4.2　Nmap 的基本使用方法

在背景知识中已介绍了 Nmap 主要包括 4 个基本功能,在详细介绍每个功能之前,首先介绍 Nmap 的典型使用方法。最简单的 Nmap 命令形式如下:

```
namp 目标主机
```

通过上述命令,可以确定目标主机的在线情况和端口监听状态,如图 2-17 所示。

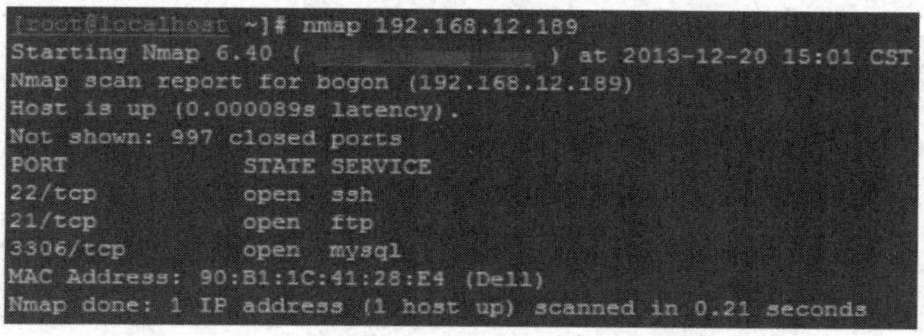

图 2-17　目标主机的在线情况和端口监听状态

由图 2-17 可知,目标主机 "192.168.12.189" 处于 "up" 状态,并且此主机上开放了 22、21、3306 端口,同时侦测到每个端口对应的服务,在最后给出了目标主机网卡的 MAC 信息。

如果想要了解目标主机的更多信息,则可以通过完全扫描功能来实现。nmap 命令内置了 "-A" 选项,可以对目标主机进行主机发现、端口扫描、应用程序与版本侦测、操作系统侦测等完整、全面的扫描,命令形式如下:

```
nmap -T4 -A -v 目标主机
```

其中，"-T4"选项用于指定扫描过程中使用的时序模板，总共有 6 个等级（0～5）。等级越高，扫描速度越快，但也越容易被防火墙或入侵检测设备发现并屏蔽。因此，选择适当的扫描等级非常重要，这里推荐使用"-T4"。"-A"选项用于开启全面扫描功能。"-v"选项用于显示扫描细节。图 2-18 所示为 Nmap 对主机"192.168.12.188"的全面扫描过程。

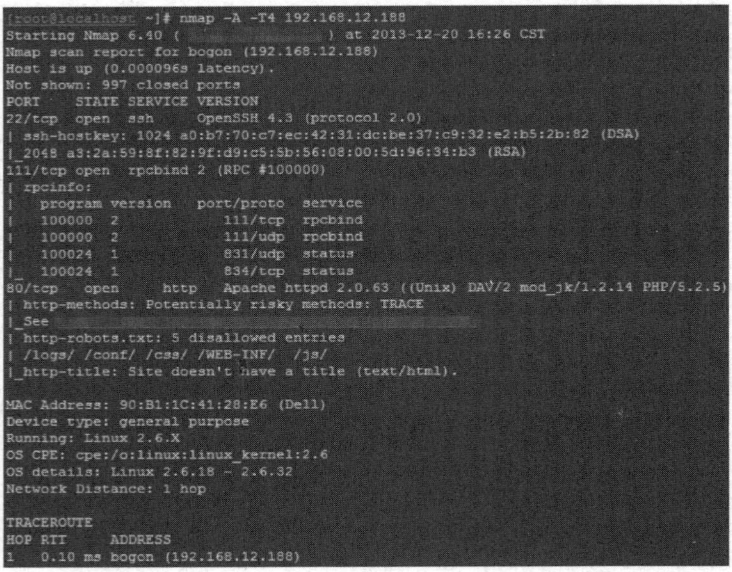

图 2-18　Nmap 对主机"192.168.12.188"的全面扫描过程

从图 2-18 中可以看出，整个扫描过程非常详细。第 1 部分是对主机是否在线进行扫描的信息。第 2 部分是对端口进行扫描的信息。在默认情况下，Nmap 会扫描 1000 个最有可能开放的端口。由于这里只扫描到 22、111、80 这 3 个端口处于打开状态，因此会出现"997 closed ports"的描述。第 3 部分是对端口上运行的应用服务及版本号进行侦测的信息。扫描结果非常详细地记录了软件的版本信息。第 4 部分是对操作系统类型和版本进行侦测的信息。侦测结果是非常准确的。第 5 部分是对目标主机的路由跟踪信息。

2.4.3　Nmap 的主机发现扫描

主机发现扫描主要用来判断目标主机是否在线。主机发现扫描的原理类似于 ping 命令，通过发送探测数据包到目标主机并接收回复来进行，如果成功接收到回复，那么认为目标主机处于在线状态。Nmap 支持多种主机发现方法，如发送 TCP SYN/ACK 包、发送 SCTP 包、发送 ICMP echo/timestamp/netmask 请求报文等。用户可以根据不同的环境选择不同的方法来探测目标主机。

1．主机发现扫描的使用方法

Nmap 提供了丰富的选项以供用户选择不同的主机发现扫描方式，使用语法如下：

```
nmap [选项或参数] 目标主机
```

部分主机发现选项的含义如下。

-sn：仅进行主机发现扫描，不进行端口扫描。

-Pn：不进行主机发现扫描，仅进行端口扫描。

-sL：仅列出指定目标主机的 IP 地址，不进行主机发现扫描。

-PS、-PA、-PU、-PY：使用 TCP SYN、TCP ACK、UDP、SCTP 方式进行主机发现扫描。

-PE、-PP、-PM：使用 ICMP echo、timestamp、netmask 请求报文方式进行主机发现扫描。

-PO：使用 IP 包检测目标主机是否在线。

-n：不进行 DNS 解析。

-R：总是进行 DNS 解析。

在这些选项中，比较常用的是“-sn”和“-Pn”。例如，当查看某个网段有哪些主机在线时，需要使用“-sn”选项；当已经知道目标主机在线，仅仅想扫描主机的开放端口时，需要使用“-Pn”选项。

2．使用实例

下面以探测 www.***.com 主机的信息为例，简单演示主机发现扫描的使用方法。首先，在联网的服务器上执行如下命令：

```
nmap -sn -PE -PS22,80 -PU53 www.***.com
```

在这个例子中，使用了“-PE”“-PS”“-PU”等选项。其中，“-PE”选项表示以发送 ICMP echo 请求报文方式进行主机发现扫描，“-PS”选项表示以发送 TCP SYN/ACK 包方式侦测主机信息，而“-PU”选项则表示以 UDP 方式进行主机侦测。为了清晰地展示 Nmap 的侦测方式和侦测过程，这里通过抓包工具 Wireshark 动态监测 Nmap 探测主机的过程，如图 2-19 所示。

```
4.734372 192.168.12.188 -> 61.185.133.234 ICMP Echo (ping) request
4.734388 192.168.12.188 -> 61.185.133.234 TCP 36910 > ssh [SYN] Seq=0 Win=1024 Len=0 MSS=1460
4.734398 192.168.12.188 -> 61.185.133.234 TCP 36910 > http [SYN] Seq=0 Win=1024 Len=0 MSS=1460
4.734406 192.168.12.188 -> 61.185.133.234 DNS Server status request
4.741577 61.185.133.234 -> 192.168.12.188 TCP ssh > 36910 [RST, ACK] Seq=1 Ack=1 Win=0 Len=0
4.741730 61.185.133.234 -> 192.168.12.188 ICMP Echo (ping) reply
4.741829 61.185.133.234 -> 192.168.12.188 ICMP Destination unreachable (Port unreachable)
4.742009 61.185.133.234 -> 192.168.12.188 TCP http > 36910 [SYN, ACK] Seq=0 Ack=1 Win=5840 Len=0 MSS=1460
```

图 2-19　Nmap 探测主机的过程

从图 2-19 中可以看出，Nmap 所在的主机“192.168.12.188”向目标主机“61.185.133.234”发送了 4 个探测包，分别是 ICMP Echo（ping）、22 端口的 TCP SYN、80 端口的 TCP SYN、53 端口的 UDP 包，但仅收到了 ICMP Echo（ping）和 80 端口的回复，22 端口返回了“RST”标识，这说明 22 端口处于关闭状态。但是，Nmap 的原则是只要能够收到任何一种探测请求的回复，就认为此主机处于在线状态。

2.4.4　Nmap 的端口扫描

端口扫描是 Nmap 的核心功能。通过端口扫描，可以发现目标主机上 TCP、UDP 端口的开放情况。Nmap 在默认状态下会扫描 1000 个最有可能开放的端口，并将侦测到的端口状态分为 6 类，具体如下。

open：表示端口是开放的。

closed：表示端口是关闭的。

filtered：表示端口被防火墙屏蔽，无法进一步确定其状态。

unfiltered：表示端口没有被屏蔽，但是否处于开放状态还需要进一步确定。

open|filtered：表示不确定状态，端口可能是开放的，也可能是屏蔽的。

closed|filtered：表示不确定状态，端口可能是关闭的，也可能是屏蔽的。

在端口扫描方式上，Nmap 支持十几种探测方法，其中较为常用的包括"TCP SYN scanning"（这是默认的端口扫描方法）、"TCP connect scanning"、"TCP ACK scanning"、"TCP FIN/Xmasscanning"和"UDP scanning"等。具体使用哪种探测方法，用户可自己指定。

1．端口扫描的使用方法

Nmap 提供了多个选项以供用户指定扫描方式和扫描端口，使用语法如下：

```
nmap [选项] 目标主机
```

Nmap 端口扫描的常用选项与含义如下。

-sS、-sT、-sA、-sW、-sM：使用 TCP SYN、Connect()、ACK、Window、Maimon scans 方式进行端口扫描。

-sU：使用 UDP 方式进行端口扫描。

-sN、-sF、-sX：使用 TCP Null、FIN、Xmas scans 方式进行端口扫描。

-p：指定端口号或端口范围。

-F：快速扫描模式。

--top-ports <number>：仅扫描开放率最高的 number 个端口。

2．使用实例

下面仍以探测 www.***.com 主机的信息为例，简单演示端口扫描的使用方法。首先，在联网的服务器上执行如下命令：

```
nmap -sU -sS -F www.***.com
```

执行结果如图 2-20 所示。

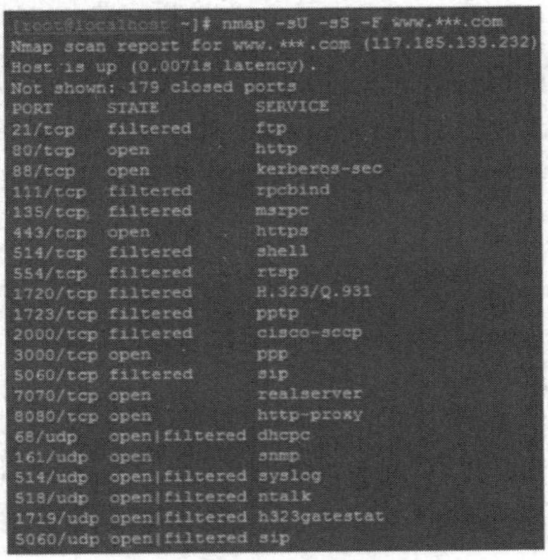

图 2-20　执行结果 1

在图 2-20 中，“-sU”选项表示扫描 UDP 端口，“-sS”选项表示使用 TCP SYN 方式扫描 TCP 端口，“-F”选项表示使用快速扫描模式，扫描每种协议中最可能开放的前 100 个端口，包括 TCP 和 UDP 各自的 100 个端口。由输出结果可知，有 21 个端口处于开放或屏蔽状态，其他 179 个端口处于关闭状态。

2.4.5　Nmap 的应用程序与版本侦测

Nmap 的应用程序与版本侦测功能主要用于确定目标主机开放的端口上运行的应用程序及版本信息。Nmap 的应用程序与版本侦测支持 TCP/UDP 协议，支持多种平台的服务侦测，支持 IPv6 功能，可以识别几千种服务签名。下面介绍 Nmap 的应用程序与版本侦测的使用方法。

1．应用程序与版本侦测的使用方法

应用程序与版本侦测的命令非常简单，使用语法如下：

```
nmap [选项或参数] 目标主机
```

应用程序与版本侦测的常用选项及含义如下。

-sV：设置 Nmap 并进行版本侦测。

--version-intensity <level>：设置版本侦测强度，取值范围为 0～9，默认值为 7。

--version-light：轻量级侦测，类似于强度为 2 的扫描。

--version-all：侦测强度为 9。

--version-trace：显示侦测详细过程。

2．使用实例

下面以探测“23.76.232.59”主机上运行的应用程序的版本信息为例，简单演示应用程序与版本侦测的使用方法。首先，在联网的服务器上执行如下命令：

```
nmap -sV 23.76.232.59
```

执行结果如图 2-21 所示。

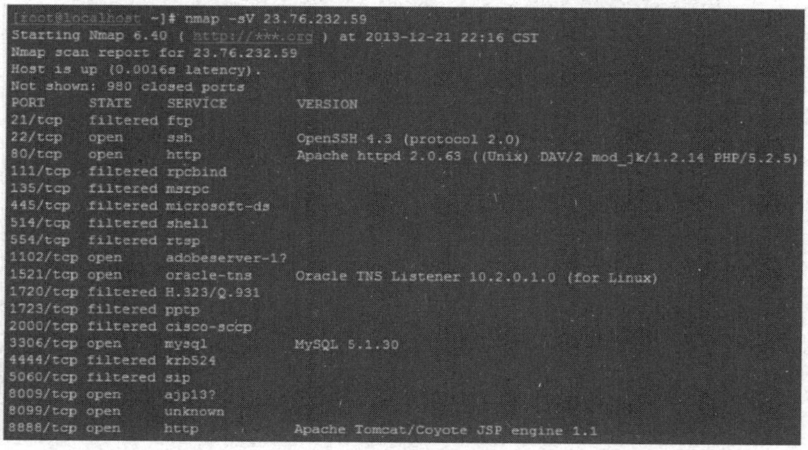

```
[root@localhost ~]# nmap -sV 23.76.232.59
Starting Nmap 6.40 ( http://***.org ) at 2013-12-21 22:16 CST
Nmap scan report for 23.76.232.59
Host is up (0.0016s latency).
Not shown: 980 closed ports
PORT      STATE    SERVICE        VERSION
21/tcp    filtered ftp
22/tcp    open     ssh            OpenSSH 4.3 (protocol 2.0)
80/tcp    open     http           Apache httpd 2.0.63 ((Unix) DAV/2 mod_jk/1.2.14 PHP/5.2.5)
111/tcp   filtered rpcbind
135/tcp   filtered msrpc
445/tcp   filtered microsoft-ds
514/tcp   filtered shell
554/tcp   filtered rtsp
1102/tcp open     adobeserver-1?
1521/tcp open     oracle-tns     Oracle TNS Listener 10.2.0.1.0 (for Linux)
1720/tcp filtered H.323/Q.931
1723/tcp filtered pptp
2000/tcp filtered cisco-sccp
3306/tcp open     mysql          MySQL 5.1.30
4444/tcp filtered krb524
5060/tcp filtered sip
8009/tcp open     ajp13?
8099/tcp open     unknown
8888/tcp open     http           Apache Tomcat/Coyote JSP engine 1.1
```

图 2-21　执行结果 2

从图 2-21 中可以看出每个端口对应的服务名称及详细的版本信息。通过了解服务器上运行的服务，以及服务版本的探测结果，可以基本判断此服务器是否存在软件漏洞，从而提醒运维人员进行端口关闭或软件升级等操作，尽早应对可能出现的安全威胁。

2.4.6 Nmap 的操作系统侦测

操作系统侦测主要是对目标主机运行的操作系统的类型及版本信息进行检测。Nmap 拥有丰富的操作系统指纹库，目前可以识别约 3000 种操作系统与设备类型。下面介绍操作系统侦测的使用方法。

1．操作系统侦测的使用方法

操作系统侦测的命令选项比较少，常用的语法如下：

```
nmap [选项或参数] 目标主机
```

操作系统侦测的常用选项及含义如下。

-O：进行操作系统侦测。

--osscan-guess：猜测目标主机操作系统类型。

2．使用实例

下面以侦测“192.168.12.118”和“192.168.12.119”主机的操作系统类型为例，简单演示操作系统侦测的使用方法。首先，在联网的服务器上执行如下命令：

```
nmap -O --osscan-guess 192.168.12.118-119
```

执行结果如图 2-22 所示。

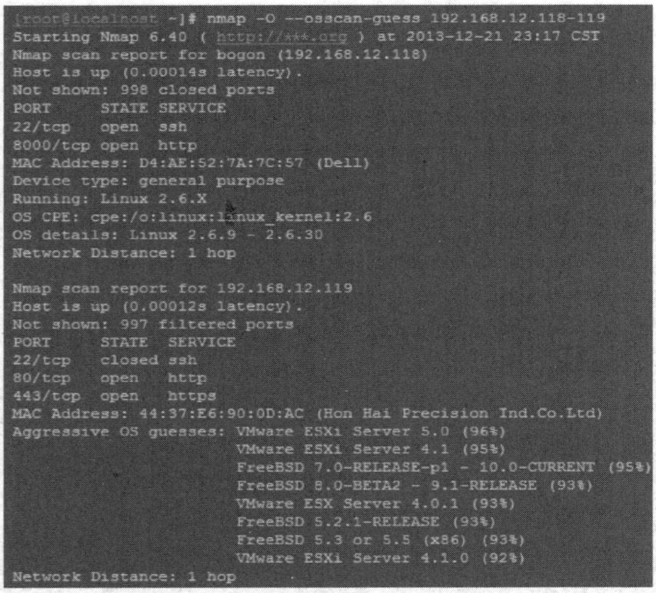

```
[root@localhost ~]# nmap -O --osscan-guess 192.168.12.118-119
Starting Nmap 6.40 ( http://***.org ) at 2013-12-21 23:17 CST
Nmap scan report for bogon (192.168.12.118)
Host is up (0.00014s latency).
Not shown: 998 closed ports
PORT     STATE SERVICE
22/tcp   open  ssh
8000/tcp open  http
MAC Address: D4:AE:52:7A:7C:57 (Dell)
Device type: general purpose
Running: Linux 2.6.X
OS CPE: cpe:/o:linux:linux_kernel:2.6
OS details: Linux 2.6.9 - 2.6.30
Network Distance: 1 hop

Nmap scan report for 192.168.12.119
Host is up (0.00012s latency).
Not shown: 997 filtered ports
PORT     STATE  SERVICE
22/tcp   closed ssh
80/tcp   open   http
443/tcp  open   https
MAC Address: 44:37:E6:90:0D:AC (Hon Hai Precision Ind.Co.Ltd)
Aggressive OS guesses: VMware ESXi Server 5.0 (96%)
                       VMware ESXi Server 4.1 (95%)
                       FreeBSD 7.0-RELEASE-p1 - 10.0-CURRENT (95%)
                       FreeBSD 8.0-BETA2 - 9.1-RELEASE (93%)
                       VMware ESX Server 4.0.1 (93%)
                       FreeBSD 5.2.1-RELEASE (93%)
                       FreeBSD 5.3 or 5.5 (x86) (93%)
                       VMware ESXi Server 4.1.0 (92%)
Network Distance: 1 hop
```

图 2-22　执行结果 3

　　从图 2-22 中可以看出，在指定了"-O"选项后，Nmap 命令首先执行了主机发现操作，然后执行了端口扫描操作，最后根据端口扫描结果进行操作系统类型的侦测，从而获取设备类型、操作系统版本、操作系统的 CPE 描述、操作系统的细节和网络距离。如果无法确定操作系统的版本，则 Nmap 会猜测每个系统版本的可能性。例如，对于"192.168.12.119"主机，Nmap 猜测最可能的操作系统版本为 VMware ESXi Server 5.0。实际上，此主机确实安装了这个版本的系统。由此可见，Nmap 的操作系统侦测功能是很强大的。

项目 3 Linux 数据安全运维

项目导读

　　随着各行业电子化建设的迅速发展，特别是计算机网络的飞速发展，计算机的应用得到了普及。在 Internet 这个连接全世界的信息系统中，计算机网络系统中保存的关键数据量不断增加，许多数据需要保存数十年以上，甚至永久性保存。这些关键业务数据已成为各单位生存的命脉和宝贵的资源，数据安全问题日益突出。降低风险，防范人为因素、不可抗拒的自然灾害和计算机软/硬件故障造成的数据破坏，需要人为地定期进行数据备份，确保在数据丢失时能够迅速恢复。备份数据应在异地存放，以防自然灾害造成的损失。信息安全的重要性日趋凸显，而作为信息安全的重要组成部分，数据备份与恢复的重要性却往往被人们忽视。只要涉及数据传输、数据存储和数据交换，就有可能产生数据故障。如果没有采取数据备份和数据恢复措施，则可能会导致数据丢失。有时，造成的损失是无法弥补与估量的。

　　数据故障的形式多种多样。通常，数据故障可划分为系统故障、事务故障和介质故障三大类。从信息安全的角度出发，实际上第三方或敌方的"信息攻击"也会导致不同类型的数据故障，如计算机病毒型、特洛伊木马型、"黑客"入侵型、逻辑炸弹型等。这些故障可能造成的后果包括数据丢失、数据被修改、无用数据增加及系统瘫痪等。作为系统管理员，需要竭尽全力地维护系统和数据的完整性与准确性。通常采取的措施包括安装防火墙，防止黑客入侵；安装防病毒软件，采取存取控制措施；选择高可靠性的软件产品；增强计算机网络的安全性。但是，世界上并不存在绝对安全的信息安全措施。信息世界的"攻击和反攻击"是永无止境的，信息的攻击和防护就像矛与盾的关系，呈螺旋式不断发展。

　　在收集、处理、存储、传输和分发信息的过程中，经常会存在一些新的问题，其中值得我们关注的就是系统失效、数据丢失或遭到破坏。威胁数据的安全并导致系统失效的主要原因包括存储介质损坏、人为操作失误、黑客攻击、病毒入侵、自然灾害、电源浪涌、电磁干扰等。因此，数据备份和数据恢复是保护数据的最后手段，也是防范主动型信息攻击的最后一道防线。

学习目标

- 了解数据备份和数据恢复的概念
- 了解 DRBD 和 extundelete
- 掌握 DRBD 的安装与配置方法

能力目标

- 了解 DRBD 的应用

- 掌握 DRBD 的管理与维护方法
- 了解 extundelete 恢复数据的过程

相关知识

任务 1　数据镜像软件——DRBD

3.1.1　DRBD 的基本功能

DRBD（Distributed Replicated Block Device，分布式复制块设备）是由内核模块和相关脚本构成的，用于构建高可用性的集群。它通过网络来镜像整个设备。DRBD 可以被看作一种网络 RAID1，允许用户在远程机器上建立一个本地块设备的实时镜像。DRBD 的功能如下。

实时性：当应用修改磁盘数据时，会立即进行数据复制。

透明性：应用程序的数据存储在镜像设备上时是透明和独立的。数据可以存储在基于网络的不同服务器上。

同步镜像：当本地应用申请写操作时，同时在远程主机上进行写操作。

异步镜像：当本地写操作完成时，开始对远程主机进行写操作。

3.1.2　DRBD 的构成

DRBD 是 Linux 内核存储层中的一个分布式存储系统，具体由两部分构成，一部分是内核模板，主要用于虚拟一个块设备；另一部分是用户空间管理程序，主要用于与 DRBD 内核模块进行通信，以管理 DRBD 资源。在 DRBD 中，资源主要包含 DRBD 设备、磁盘配置、网络配置等。

一个 DRBD 系统由两个以上的节点构成，分为主用节点和备用节点两个角色。在主用节点上，可以对 DRBD 设备进行无限制的读写操作，以初始化、创建、挂载文件系统。在备用节点上，DRBD 设备无法挂载，只能接收主用节点发送的数据。也就是说，备用节点不能用于读写访问。这样做的目的是保证数据缓冲区的一致性。

主用节点和备用节点不是固定不变的，可以通过手动方式来改变。备用节点可以升级为主用节点，而主用节点也可以降级为备用节点。

DRBD 设备在整个 DRBD 系统中位于物理块设备之上、文件系统之下，在文件系统和物理磁盘之间形成了一个中间层。当用户在主用节点的文件系统中写入数据时，数据被正式写入磁盘前会被 DRBD 系统截获，同时 DRBD 在捕捉到磁盘写入的操作时会通知用户空间管理程序将这些数据复制一份，然后写入远程主机的 DRBD 镜像，最终存入 DRBD 镜像所映射的远程主机磁盘。

DRBD 负责接收数据，将数据写入本地磁盘，并发送给另一台主机；另一台主机在接收到数据后，再将该数据存到自己的磁盘中。目前，DRBD 每次只允许对一个节点进行读写访问。这对通常的故障切换高可用性集群来说已经足够了。未来版本的 DRBD 将支持对两个节点进行读写与存取。

DRBD 工作原理如图 3-1 所示，每台 DRBD 设备（DRBD 提供了多台设备）都有一个状态，可能是"主"状态或"从"状态。在主节点上，应用程序应该能够运行和访问 DRBD 设备（/dev/drbd*）。每次写入都会同时传输到本地磁盘设备和从节点设备中。从节点只能将数据简单地写入它的磁盘设备。读取数据通常在本地进行。如果主节点发生故障，则心跳（Heartbeat 或 Corosync）将会把从节点转换为主状态，并启动该节点上的应用程序（如果将它与无日志 FS 一起使用，则需要运行 fsck）。如果发生故障的节点恢复工作，则该节点会成为新的从节点，并且必须将自己的内容与主节点的内容保持同步。当然，这些操作不会干扰后台的服务。

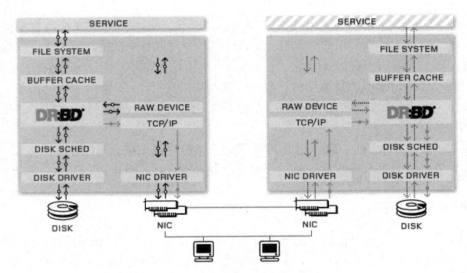

图 3-1 DRBD 工作原理

3.1.3 DRBD 与集群的关系

大部分现行高可用集群使用的是共享存储器，因此存储器被连接到多个节点（使用共享的 SCSI 总线或光纤通道实现）。DRBD 也可以作为一个共享的设备，但是它不需要任何不常见的硬件。DRBD 可以在 IP 网络中运行，而 IP 网络在价格上比专用的存储网络经济得多。目前，DRBD 每次只允许对一个节点进行读写访问，这对一般的故障切换高可用性集群来讲已经足够了。兼容性 DRBD 可以在 IDE、SCSI 分区和整个驱动器上运行，但不能在回路模块设备上运行（如果一定要这样做，则 DRBD 会发生死锁）。DRBD 也不能在回送网络设备中运行。有时，接收线程正在从网络中提取数据块，并试图将其放入高速缓存器，而系统却需要将一些数据块从高速缓存器中写入磁盘。这种情况往往发生在接收器环境中，因为所有的请求都已被接收器的块占用。

3.1.4 DRBD 的主要特性

DRBD 系统在实现数据镜像方面有很多有用的特性，我们可以根据自己的需要和应用环境，选择合适的特性。DRBD 的主要应用特性如下。

1. 单主模式

单主模式是使用较为频繁的一种模式，主要用于高可用集群的数据存储方面，解决集群中数据共享的问题。在单主模式下，集群中只有一个主用节点可以对数据进行读写操作。可以用在单主模式下的文件系统有 ext3、ext4、XFS 等。

2. 双主模式

双主模式只能在 DRBD 8.0 及之后的版本中使用，主要用于负载均衡集群，解决数据共享和一致性问题。在双主模式下，集群中存在两个主用节点。由于这两个主用节点都可能会对数据进行并发读写操作，因此单一的文件系统无法满足需求。此时，需要使用共享的集群文件系统来解决并发读写问题。常用在这个模式下的文件系统有 GFS、OCFS2 等，通过集群文件系统的分布式锁机制可以解决集群中两个主用节点同时操作数据的问题。

3. 复制模式

DRBD 提供了 3 种复制方式。

协议 A：只要本地磁盘写入已经完成，并且数据包已经进入发送队列，就认为一个写操作已经完成。

这种方式在远程节点发生故障或网络发生故障时，可能会导致数据丢失，因为需要写入远程节点的数据可能仍然处于发送队列中。

协议 B：只要本地磁盘写入已经完成，并且数据包已经到达远程节点，就认为一个写操作已经完成。

这种方式在远程节点发生故障时，可能会导致数据丢失。

协议 C：只有当本地和远程节点的磁盘都确认了写操作完成时，才能认为一个写操作已经完成。

这种方式不会发生任何数据丢失。目前应用较为广泛的协议是协议 C。但是，在这种方式下，磁盘的 I/O 吞吐量取决于网络带宽。建议在网络带宽较好的情况下使用这种方式。

4. 传输完整性校验

这个特性只能在 DRBD 8.2.0 及之后的版本中使用。DRBD 使用 MD5、SHA-1 或 CRC-32C 等加密算法对信息进行终端到终端的完整性验证。利用这个特性，DRBD 会为每个复制到远程节点的数据生成信息摘要，同时远端节点也会采用同样的方式对复制的数据块进行完整性验证。如果验证信息不匹配，那么远端节点将请求主节点重新发送，从而保证镜像数据的完整性和一致性。

5. 脑裂通知和自动修复

由于集群节点间的网络连接临时故障、集群软件管理干预或人为错误，导致 DRBD 的两个节点都切换为主用节点而断开连接，这就是 DRBD 的脑裂问题。发生脑裂意味着数据不能从主用节点复制到备用节点上，这将导致 DRBD 两个节点的数据不一致，并且无法进行合并。

DRBD 8.0 及更高版本实现了脑裂自动修复功能。DRBD 8.2.1 之后的版本实现了脑裂通知特性。在出现脑裂后，一般建议手动修复，以彻底解决该问题。在某些情况下，脑裂自动修复是比较可取的。DRBD 自动修复脑裂的策略如下。

丢弃比较新的主用节点所做的修改：在这种模式下，当网络重新建立连接并且发现脑裂后，DRBD 会丢弃自动切换到主用节点时主机所修改的数据。

丢弃旧的主用节点所做的修改：在这种模式下，DRBD 会丢弃首先切换到主用节点时主机所修改的数据。

丢弃修改比较少的主用节点的修改：在这种模式下，DRBD 会首先检查两个节点的数据，然后丢弃修改比较少的主机上的数据。

节点数据没有发生变化的情况下完美修复脑裂：在这种模式下，如果其中一台主机在发生脑裂时没有进行数据修改，那么可以完美解决脑裂问题。

任务 2　DRBD 的安装与配置

3.2.1　安装环境说明

DRBD 安装的配置信息如表 3-1 所示。

表 3-1　DRBD 安装的配置信息

主机名	IP 地址	镜像磁盘分区
Master-DRBD（主用节点）	192.168.20.180	/dev/sdb1
Slave-DRBD（备用节点）	192.168.20.181	/dev/sdb1

其中，主用节点和备用节点两块磁盘/dev/sdb1 是未经格式化的物理磁盘分区，大小均为 12GB。为了不浪费磁盘空间，建议主用节点和备用节点镜像磁盘的大小保持一致。

3.2.2　DRBD 的安装操作

DRBD 的安装非常简单，可以通过源码编译和 yum 源方式来实现。这里我们直接使用 yum 源方式进行安装，其他系统操作的安装方法基本类似。下面介绍详细安装过程。

（1）通过 yum 源方式安装 DRBD 服务：

```
[root@master-drbd ~]# yum -y install kmod-drbd83 drbd83
```

（2）加载 DRBD 模块到内核中：

```
[root@master-drbd ~]# modprobe  drbd
```

（3）检查 DRBD 是否安装成功：

```
[root@master-drbd ~]# lsmod | grep -i drbd
drbd                  300440  0
```

（4）查看 drbd.ko 的安装路径：

```
[root@master-drbd ~]# modprobe -l | grep -i drbd
/lib/modules/2.6.18-194.el5/weak-updates/drbd83/drbd.ko
```

在安装成功后，DRBD 相关工具（如 drbdadm、drbdsetup）会被安装在/sbin 目录下，并且会建立/etc/init.d/drbd 启动脚本。

3.2.3 快速配置一个 DRBD 镜像系统

DRBD 的配置文件主要分为 3 部分：global、common 和 resource。在运行时，默认读取配置文件的路径是/etc/drbd.conf。drbd.conf 配置文件描述了 DRBD 的一些配置参数及 DRBD 设备与磁盘分区的映射关系。在默认情况下，这个文件是空的，但在 DRBD 的源代码包中包含了配置文件的样例。如果 DRBD 是通过 yum 源方式安装的，则可以到对应的样例目录下复制一份 drbd.conf 配置文件到/etc 目录下。在本书中，样例目录是/usr/share/doc/drbd83-8.3.13/。drbd.conf 配置文件中的内容如下：

```
include "/etc/drbd.d/global_common.conf";
include "/etc/drbd.d/*.res";
```

在一般情况下，global_common.conf 文件仅包含 DRBD 的 global 和 common 配置部分，而在/etc/drbd.d 目录下还可以创建*.res 的资源文件。只要所创建的文件以文件名 res 结尾，DRBD 在启动时就会自动读取该文件。将配置文件每个部分独立出来可以方便管理和维护。实际上，将 DRBD 所有配置部分都整合到一个单独的 drbd.conf 配置文件中也是可以的。但是，对于需要配置的资源比较多的情况，这样做就会变得混乱，难于管理。

下面我们将 DRBD 的所有配置都集中到一个配置文件中。下面是两台 DRBD 主机节点配置文件 drbd.conf 的简单示例。读者可以使用命令"man drbd.conf"来查看更多参数说明。

```
[root@master-drbd ~]    # cat /etc/drbd.conf
# drbd.conf
global {
usage-count no;          # 是否参加 DRBD 使用者统计，默认参加
}
common {
syncer { rate 200M; }    # 设置主、备用节点同步时的网络速率最大值，单位是 Mbit/s
}
resource r0 {            # 资源名字为 r0
protocol C; # 使用 DRBD 的第三种同步协议，表示在收到远程主机的写入确认后认为写入完成
handlers {
pri-on-incon-degr "echo o > /proc/sysrq-trigger ; halt -f";
pri-lost-after-sb "echo o > /proc/sysrq-trigger ; halt -f";
local-io-error "echo o > /proc/sysrq-trigger ; halt -f";
fence-peer "/usr/lib64/heartbeat/drbd-peer-outdater -t 5";
```

```
    pri-lost "echo pri-lost. Have a look at the log files. | mail -s 'DRBD
Alert' root";
    split-brain "/usr/lib/drbd/notify-split-brain.sh root";
    out-of-sync "/usr/lib/drbd/notify-out-of-sync.sh root";
    }
    net {
    cram-hmac-alg "sha1";              # DRBD 同步时使用的验证方式和密码信息
    shared-secret "MySQL-HA";
    }
    disk { # 使用 dpod（DRBD outdate-peer daemon）功能来保证在数据不同步时不进行切换
    on-io-error detach;
    fencing resource-only;
    }
    startup {
    wfc-timeout 120;
    degr-wfc-timeout 120;
    }
    device /dev/drbd0;
    # 每台主机的说明以 on 开头，后面是 hostname（uname -n）。在{}中，为这台主机进行配置
    on master-drbd {
    disk /dev/sdb1;                    # /dev/drbd0 使用的磁盘分区是/dev/sdb1
    address 192.168.20.180:7788;       # 设置 DRBD 的监听端口，用于与另一台主机进行通信
    meta-disk internal;
    }
    on slave-drbd {
    disk /dev/sdb1;                    # /dev/drbd0 使用的磁盘分区是/dev/sdb1
    address 192.168.20.181:7788;       # 设置 DRBD 的监听端口，用于与另一台主机进行通信
    meta-disk internal;                # DRBD 的元数据存放方式
    }
    }
```

将上面的 drbd.conf 配置文件分别复制到两台主机的/etc 目录下即可。

任务 3　DRBD 的管理与维护

3.3.1　启动 DRBD

1. 在两个分区节点执行操作

在启动 DRBD 之前，需要分别在两台主机的 hdb1 分区上创建用于存储 DRBD 记录信息的数据块，具体操作是分别在两台主机上执行：

```
[root@master-drbd ~]# drbdadm create-md r0 # 或者执行 drbdadm create-md all
```

```
[root@master-drbd ~]# drbdadm create-md r0
```

2．在两个节点上启动 DRBD 服务

在两个 drbd 节点上启动 DRBD 服务：

```
[root@master-drbd ~]# /etc/init.d/drbd start
[root@slave-drbd  ~]# /etc/init.d/drbd start
```

最好在两个节点上同时启动 DRBD 服务。

3．在任意节点上查看节点状态

登录任意 drbd 节点，并执行"cat /proc/drbd"命令，输出结果如下：

```
[root@master-drbd ~]# cat /proc/drbd
0: cs:Connected ro:Secondary/Secondary ds:Inconsistent/Inconsistent C r----
 ns:0 nr:0 dw:0 dr:0 al:0 bm:0 lo:0 pe:0 ua:0 ap:0 ep:1 wo:b oos:2007644
```

输出结果的含义如下。

ro：表示角色信息。在第一次启动 DRBD 服务时，两个 drbd 节点默认都处于 Secondary 状态。

ds：表示磁盘状态信息，其中"Inconsistent/Inconsistent"就是"不一致/不一致"，表示两个 drbd 节点的磁盘数据状态不一致。

ns：表示网络发送的数据包信息。

dw：表示磁盘写信息。

dr：表示磁盘读信息。

4．设置主用节点

由于默认没有主用节点和备用节点之分，因此需要设置两个主机的主次节点。选择需要设置为主用节点的主机，并执行以下命令：

```
[root@master-drbd ~]# drbdsetup /dev/drbd0 primary -o
```

或者执行以下命令：

```
[root@master-drbd ~]# drbdadm -- --overwrite-data-of-peer primary all
```

在第一次执行完此命令后，如果需要设置哪个是主用节点，则可以使用另外一个命令：

```
[root@master-drbd ~]# /sbin/drbdadm primary r0 # 或者执行/sbin/drbdadm primary all
```

在执行此命令后，开始同步两台主机对应磁盘的数据，输出结果如下：

```
[root@master-drbd ~]# cat /proc/drbd
version: 8.3.13 (api:88/proto:86-96)
0: cs:SyncSource ro:Primary/Secondary ds:UpToDate/Inconsistent C r-----
ns:338640 nr:0 dw:0 dr:346752 al:0 bm:20 lo:1 pe:7 ua:64 ap:0 ep:1wo:b
oos:10144232
 [>...................] sync'ed:  3.3% (9904/10236)M
```

```
finish: 0:46:26 speed: 3, 632 (3, 184) K/sec
```

由上述输出结果可知，"ro"状态变为了"Primary/Secondary"，"ds"状态变为了"UpToDate/Inconsistent"，即"实时/不一致"状态。现在数据正在主备两台主机的磁盘之间进行同步，并且同步进度为 3.3%，同步速度为 3.1Kbit/s 左右。

等待片刻，再次查看同步状态，输出结果如下：

```
[root@master-drbd ~]# cat /proc/drbd
version: 8.3.13 (api:88/proto:86-96)
0: cs:Connected ro:Primary/Secondary ds:UpToDate/UpToDate C r-----
ns:10482024 nr:0 dw:0 dr:10482024 al:0 bm:640 lo:0 pe:0 ua:0 ap:0 ep:1 wo
:b oos:0
```

由上述输出结果可知，已经完成同步，并且"ds"状态变为了"UpToDate/UpToDate"，即"实时/实时"状态。

如果第一次设置主用节点和备用节点时使用"/sbin/drbdadm primary r0"命令，那么会提示如下错误：

```
0: State change failed: (-2) Need access to UpToDate data
Command '/sbin/drbdsetup 0 primary' terminated with exit code 17
```

只要第一次执行上面的命令成功，以后就可以使用"/sbin/drbdadm primary r0"命令设置主用节点了。

5. 挂载 DRBD 设备

由于 mount 操作只能在主用节点上进行，因此只有在设置主用节点后才能格式化磁盘分区。同时，在两个节点中，同一时刻只能有一台主机处于 primary 状态，而另一台主机处于 secondary 状态。处于 secondary 状态的节点上不能挂载 DRBD 设备。要在备用节点上挂载 DRBD 设备，必须停止备用节点的 DRBD 服务或将备用节点升级为主用节点。

下面首先将 DRBD 设备格式化为 ext3 文件系统，然后在主用节点上挂载该设备，操作命令如下：

```
# mkfs.ext3 /dev/drbd0
# mount /dev/drbd0 /mnt
```

在完成挂载后，就可以在/mnt 目录下写数据了。/mnt 目录下的数据会自动同步到备用节点中。

3.3.2 测试 DRBD 数据镜像

为了验证 DRBD 的数据镜像功能，我们做一个简单的测试。首先，在 DRBD 主用节点的/mnt 目录下创建一个 100MB 的文件，操作命令如下：

```
# dd if=/dev/zero of=/mnt/testdrbd.tmp bs=10M count=10
# ls -al    /mnt/testdrbd.tmp
```

在完成操作后，在备用主机上查看文件是否已经同步过去。为了保证数据的一致性，需要首先停止备用节点的 DRBD 服务，操作命令如下：

```
# /etc/init.d/drbd  stop
# mount /dev/sdb1  /mnt
# df
# cd /mnt
# ll
```

在主用节点 master-drbd 上产生的临时文件会完整地保存到备用节点 slave-drbd 的镜像磁盘设备上。

在测试完后，需要重新启动备用节点的 DRBD 服务。此时，必须先卸载/dev/sdb1 设备，才能成功启动 DRBD 服务。

这里挂载的是/dev/sdb1 设备，而不是 DRBD 设备。因为 DRBD 设备只有在 DRBD 服务启动时才能加载到系统中。

3.3.3 切换 DRBD 主备节点

在维护系统时，或者在高可用集群中，当主用节点出现故障时，需要切换主备节点的角色。切换主备节点有两种方式，分别是停止 DRBD 服务切换和正常切换。下面依次介绍这两种方式。

1. 停止 DRBD 服务切换

关闭主用节点服务，此时挂载的 DRBD 分区会自动在主用节点卸载，操作命令如下：

```
# /etc/init.d/drbd  stop
```

查看备用节点的 DRBD 状态：

```
# cat /proc/drbd
```

当主用节点的状态变为"Unknown"时，在备用节点执行切换命令：

```
# drbdadm primary all
```

此时，会出现如下报错信息：

```
2: State change failed: (-7) Refusing to be Primary while peer is not
outdated
 Command 'drbdsetup 2 primary' terminated with exit code 11
```

因此，必须在备用节点执行以下命令：

```
# drbdsetup /dev/drbd0 primary -o
```

或者执行以下命令：

```
# drbdadm -- --overwrite-data-of-peer primary all
```

现在可以正常切换节点了。

```
# cat /proc/drbd
```

原来的备用节点已经处于"Primary"状态，而原来的主用节点因 DRBD 服务未启动，仍然处于"Unknown"状态。在启动原来的主用节点服务后，该节点的状态会自动变为"Secondary"，无须再次执行切换到备用节点的命令。

最后，在新的主用节点上挂载 DRBD 设备，即可完成主备节点的切换，命令为 mount /dev/drbd0/mnt（自定义目录）。

```
[root@slave-drbd /]# mount/dev/drbd0/mnt
```

2. 正常切换

首先，在主用节点卸载磁盘分区：

```
# umount /mnt
```

然后，执行以下命令：

```
# drbdadm secondary all
```

如果不执行上述命令，而直接在备用节点执行切换到主用节点的命令，则会提示错误信息。

此时，查看主用节点 master-drbd 的 DRBD 状态，信息如下：

```
# cat /proc/drbd
```

当两个节点都处于"Secondary"状态时，需要指定一个主用节点。在备用节点上执行以下命令：

```
# drbdadm primary all
# cat /proc/drbd
```

至此，主备节点成功切换。

最后，在新的主用节点挂载 DRBD 磁盘分区即可：

```
# mount /dev/drbd0 /mnt
```

任务 4 DRBD 实训案例

3.4.1 实训前的准备

1. 实验拓扑

在一次 DRBD 实训课上，老师为学生提供了如图 3-2 所示的设备、IP 地址规划和网络拓扑结构，让学生安装和配置 DRBD，从而使学生熟练掌握 DRBD 的应用。

图 3-2　设备、IP 地址规划和网络拓扑结构

2．实验环境

（1）操作系统。

CentOS 6.4 X86_64。

（2）软件环境。

kmod-drbd84-8.4.2-1.el6_3.elrepo.x86_64。

drbd84-utils-8.4.2-1.el6.elrepo.x86_64。

（3）EPEL 源。

```
node1:
[root@node1 src]# wget http://download.Fedoraproject.org/pub/epel/6/
x86_64
/epel-release-6-8.noarch.rpm
[root@node1 src]# rpm -ivh epel-release-6-8.noarch.rpm
warning: epel-release-6-8.noarch.rpm: Header V3 RSA/SHA256Signature, key ID
0608b895: NOKEY
Preparing...          ########################################### [100%]
1:epel-release        ########################################### [100%]
[root@node1 src]# rpm --import /etc/pki/rpm-gpg/RPM-GPG-KEY-EPEL-6
[root@node1 ~]# rpm -ivh http://elrepo.org
/elrepo-release-6-5.el6.elrepo.noarch.rpm
[root@node1 ~]# yum list
node2:
[root@node2 src]# wget http://download.fedoraproject.org/pub/epel/6/
x86_64
/epel-release-6-8.noarch.rpm
[root@node2 src]# rpm -ivh epel-release-6-8.noarch.rpm
warning: epel-release-6-8.noarch.rpm: Header V3 RSA/SHA256Signature, key ID
```

```
0608b895: NOKEY
   Preparing...          ########################################### [100%]
   1:epel-release         ########################################### [100%]
[root@node2 src]# rpm --import /etc/pki/rpm-gpg/RPM-GPG-KEY-EPEL-6
[root@node2 ~]# rpm -ivh http://elrepo.org
/elrepo-release-6-5.el6.elrepo.noarch.rpm
[root@node2 ~]# yum list
```

3. DRBD 配置工具

drbdadm：高级管理工具，用于管理/etc/drbd.conf 配置文件，并向 drbdsetup 和 drbdmeta 发送指令。

drbdsetup：配置载入 kernel 的 DRBD 模块，平时很少直接用。

drbdmeta：管理 META 数据结构，平时很少直接用。

4. DRBD 配置文件

DRBD 的主配置文件为/etc/drbd.conf。为了便于管理，通常会将/etc/drbd.conf 主配置文件分成多份，并且这些配置文件都保存在/etc/drbd.d 目录中。在主配置文件中使用"include"指令即可将这些配置文件片段整合起来。通常，/etc/drbd.d 目录中的配置文件为 global_common.conf 和所有以.res 结尾的文件。其中，global_common.conf 配置文件中主要定义 global 段和 common 段，而一个以.res 结尾的文件用于定义一个资源。

在配置文件中，global 段只能出现一次。如果所有配置信息都保存在同一个配置文件（而不是保存在多个文件）中，则 global 段必须位于配置文件的开始处。目前，global 段中可以定义的参数仅包括 minor-count、dialog-refresh、disable-ip-verification 和 usage-count。

common 段用于定义被每个资源默认继承的参数。可以在资源定义中使用的参数都可以在 common 段中进行定义。在实际应用中，common 段并非必须，但建议将多个资源共享的参数定义为 common 段中的参数，以降低配置文件的复杂度。

每个 DRBD 资源通常定义在一个单独的以.res 结尾的文件中，这些文件位于/etc/drbd.d 目录中。在定义时，DRBD 必须为其命名。这个名称可以由非空白的 ASCII 字符组成。每个资源段的定义中至少需要包含两个 host 子网段，用于定义与此资源关联的节点，而其他子网段均可以从 common 段或 DRBD 的默认值中继承，无须定义。

5. DRBD 资源

Resource name：可以是除空白字符以外的任意的 ACSII 字符。

DRBD device：在双方节点上，是此 DRBD 设备的设备文件，一般为/dev/drbdN，其主设备号为 147。

Disk configuration：在双方节点上，是各自提供的存储设备。

Nerwork configuration：双方数据同步时所使用的网络属性。

案例：

```
1234556893011121314 resource web { #资源名称为"web"
```

```
on node1.***.com {              #设置节点 cluster1
  device    /dev/drbd0;          #指出 DRBD 的标识名称
  disk      /dev/sda5;           #指出作为 DRBD 的设备
  address   172.16.100.11:7789;  #指定 IP 地址和端口号
  meta-disk internal;            #网络通信属性，指定将 DRBD 的元数据存储在本机中
}
on node2.***.com {
  device    /dev/drbd0;
  disk      /dev/sda5;
  address   172.16.100.12:7789;
  meta-disk internal;
  }
}
```

6．DRBD 支持的底层设备

DRBD 需要在底层设备上构建，并创建一个块设备。对用户来说，一个 DRBD 设备就像一块物理磁盘，可以在其中创建文件系统。DRBD 支持的底层设备如下。

（1）一个磁盘或磁盘的某个分区。

（2）一个 soft raid 设备。

（3）一个 LVM 的逻辑卷。

（4）一个 EVMS（Enterprise Volume Management System，企业卷管理系统）的卷。

（5）其他任何块设备。

7．DRBD 配置步骤

（1）安装 DRBD。

（2）配置资源文件（定义资料名称、磁盘、节点信息和同步限制等）。

（3）将 DRBD 加入系统服务 chkconfig --add drbd。

（4）初始化资源组 drbdadm create-md resource_name。

（5）启动服务 service drbd start。

（6）设置 Primary 主机，并同步数据。

（7）分区、格式化/dev/drbd*。

（8）对一个节点进行挂载。

（9）查看状态。

3.4.2　DRBD 配置实训

1．安装 DRBD

说明：DRBD 由两部分组成，即内核模块和用户空间的管理工具。其中，内核模块的代码已经被整合到 Linux 内核 2.6.33 之后的版本中。因此，如果读者的内核版本高于此版本，则需要安装管理工具，否则需要同时安装内核模块和管理工具这两个软件包，并且保持这

两个软件包相对应。由于 CentOS 6.4 的内核版本是 2.6.32-358.el6.x86_64，因此需要安装内核模块。

node1：

```
[root@node1 ~]# yum -y install drbd84 kmod-drbd84
```

node2：

```
[root@node2 ~]# yum -y install drbd84 kmod-drbd84
```

2. 配置 DRBD

（1）查看配置文件。

```
[root@node1 ~]# ll /etc/drbd.conf /etc/drbd.d/
-rw-r--r-- 1 root root  133 9月  6 2012 /etc/drbd.conf
/etc/drbd.d/:
总用量 4
-rw-r--r-- 1 root root 1650 9月  6 2012 global_common.conf
```

注意：DRBD 配置文件是模块化的，drbd.conf 是主配置文件，其他模块的配置文件在 /etc/drbd.d/ 目录下。

```
[root@node1 ~]# vim /etc/drbd.conf #查看主配置文件
# You can find an example in  /usr/share/doc/drbd.../drbd.conf.example
include "drbd.d/global_common.conf";
include "drbd.d/*.res";
[root@node1 ~]# cat /etc/drbd.d/global_common.conf #查看配置文件
global {
    usage-count yes;
    # minor-count dialog-refresh disable-ip-verification
}
common {
    handlers {
        pri-on-incon-degr "/usr/lib/drbd/notify-pri-on-incon-degr.sh;
/usr/lib/drbd/notify-emergency-reboot.sh;
  echo b > /proc/sysrq-trigger ; reboot -f";
        pri-lost-after-sb "/usr/lib/drbd/notify-pri-lost-after-sb.sh;
/usr/lib/drbd/notify-emergency-reboot.sh;
  echo b > /proc/sysrq-trigger ; reboot -f";
        local-io-error "/usr/lib/drbd/notify-io-error.sh;
/usr/lib/drbd/notify-emergency-shutdown.sh;
  echo o > /proc/sysrq-trigger ; halt -f";
  # fence-peer "/usr/lib/drbd/crm-fence-peer.sh";
  # split-brain "/usr/lib/drbd/notify-split-brain.sh root";
  # out-of-sync "/usr/lib/drbd/notify-out-of-sync.sh root";
  # before-resync-target "/usr/lib/drbd/snapshot-resync-target-lvm.sh -p 15
```

```
-- -c 16k";
    # after-resync-target /usr/lib/drbd/unsnapshot-resync-target-lvm.sh;
        }
        startup {
            # wfc-timeout degr-wfc-timeout outdated-wfc-timeout wait-after-sb
        }
        options {
            # cpu-mask on-no-data-accessible
        }
        disk {
            # size max-bio-bvecs on-io-error fencing disk-barrier disk-flushes
            # disk-drain md-flushes resync-rate resync-after al-extents
                # c-plan-ahead c-delay-target c-fill-target c-max-rate
                # c-min-rate disk-timeout
        }
        net {
            # protocol timeout max-epoch-size max-buffers unplug-watermark
            # connect-int ping-int sndbuf-size rcvbuf-size ko-count
            # allow-two-primaries cram-hmac-alg shared-secret after-sb-0pri
            # after-sb-1pri after-sb-2pri always-asbp rr-conflict
            # ping-timeout data-integrity-alg tcp-cork on-congestion
            # congestion-fill congestion-extents csums-alg verify-alg
            # use-rle
        }
}
```

（2）修改全局配置文件。

```
[root@node1 ~]# cat /etc/drbd.d/global_common.conf
global {
    # 该参数用于设置是否需要让 linbit 公司收集目前 DRBD 的使用情况
    # 将其设置为 yes 表示收集，而将其设置为 no 则表示不收集
    usage-count no;
    # minor-count dialog-refresh disable-ip-verification
}
common {
    handlers {
        pri-on-incon-degr "/usr/lib/drbd/notify-pri-on-incon-degr.sh;
/usr/lib/drbd/notify-emergency-reboot.sh;
    echo b > /proc/sysrq-trigger ; reboot -f";
        pri-lost-after-sb "/usr/lib/drbd/notify-pri-lost-after-sb.sh;
/usr/lib/drbd/notify-emergency-reboot.sh;
    echo b > /proc/sysrq-trigger ; reboot -f";
        local-io-error "/usr/lib/drbd/notify-io-error.sh;
```

```
/usr/lib/drbd/notify-emergency-shutdown.sh;
    echo o > /proc/sysrq-trigger ; halt -f";
            # fence-peer "/usr/lib/drbd/crm-fence-peer.sh";
            # split-brain "/usr/lib/drbd/notify-split-brain.sh root";
            # out-of-sync "/usr/lib/drbd/notify-out-of-sync.sh root";
            # before-resync-target "/usr/lib/drbd/snapshot-resync-target-lvm.sh
-p 15 -- -c 16k";
            # after-resync-target /usr/lib/drbd/unsnapshot-resync-target-lvm.sh;
    }
    startup {
        # wfc-timeout degr-wfc-timeout outdated-wfc-timeout wait-after-sb
    }
    options {
        # cpu-mask on-no-data-accessible
    }
    disk {
        # size max-bio-bvecs on-io-error fencing disk-barrier disk-flushes
        # disk-drain md-flushes resync-rate resync-after al-extents
        # c-plan-ahead c-delay-target c-fill-target c-max-rate
        # c-min-rate disk-timeout
        on-io-error detach;                         # 避免同步错误的做法是将操作分离
    }
    net {
        # protocol timeout max-epoch-size max-buffers unplug-watermark
        # connect-int ping-int sndbuf-size rcvbuf-size ko-count
        # allow-two-primaries cram-hmac-alg shared-secret after-sb-0pri
        # after-sb-1pri after-sb-2pri always-asbp rr-conflict
        # ping-timeout data-integrity-alg tcp-cork on-congestion
        # congestion-fill congestion-extents csums-alg verify-alg
        # use-rle
        cram-hmac-alg "sha1";                       # 设置加密算法 sha1
        shared-secret "mydrbdlab";                  # 设置加密密码
    }
}
```

（3）增加资源。

```
[root@node1 drbd.d]# cat web.res
resource web {
  on node1.***.com {
    device    /dev/drbd0;
    disk      /dev/sdb;
    address   192.168.1.203:7789;
    meta-disk internal;
  }
```

```
  on node2.***.com {
    device    /dev/drbd0;
    disk      /dev/sdb;
    address   192.168.1.204:7789;
    meta-disk internal;
  }
}
```

（4）将配置文件同步到 node2 中。

```
[root@node1 drbd.d]# scp global_common.conf web.res node2:/etc/drbd.d/
The authenticity of host 'node2 (192.168.1.204)' can't be established.
RSA key fingerprint is da:20:3d:2a:ef:4f:03:bc:4d:91:5e:82:25:e7:8c:ec.
Are you sure you want to continue connecting (yes/no)? yes^[[A
Warning: Permanently added 'node2, 192.168.1.204' (RSA) to the list of known
hosts.
root@node2's password:
global_common.conf        100%    1724    1.7KB/s  00:00
web.res                   100%    285     0.3KB/s  00:00
```

（5）在 node1 与 node2 上初始化资源。

```
node1:
[root@node1 ~]# drbdadm create-md web
Writing meta data...
initializing activity log
NOT initializing bitmap
New drbd meta data block successfully created.
node2:
[root@node2 ~]# drbdadm create-md web
Writing meta data...
initializing activity log
NOT initializing bitmap
New drbd meta data block successfully created.
```

（6）在 node1 与 node2 上启动 DRBD 服务。

```
node1:
[root@node1 ~]# service drbd start
Starting DRBD resources: [
   create res: web
 prepare disk: web
   adjust disk: web
   adjust net: web
]
node2:
```

```
12345678910111213141151617 [root@node2 ~]# service drbd start
Starting DRBD resources: [
    create res: web
  prepare disk: web
    adjust disk: web
    adjust net: web
]
...
*************************************
DRBD's startup script waits for the peer node(s) to appear.
- In case this node was already a degraded cluster before the
reboot the timeout is 0 seconds. [degr-wfc-timeout]
- If the peer was available before the reboot the timeout will
expire after 0 seconds. [wfc-timeout]
 (These values are for resource 'web'; 0 sec -> wait forever)
To abort waiting enter 'yes' [ 11]:
```

（7）查看启动状态。

```
node1:
[root@node1 ~]# cat /proc/drbd
version: 8.4.2 (api:1/proto:86-101)
GIT-hash: 7ad5f850d711223713d6dcadc3dd48860321070c build by dag@Build64R6,
2012-09-06 08:16:10
 0: cs:Connected ro:Secondary/Secondary ds:Inconsistent/Inconsistent C
r-----
    ns:0 nr:0 dw:0 dr:0 al:0 bm:0 lo:0 pe:0 ua:0 ap:0 ep:1 wo:f oos:20970844
node2:
[root@node2 ~]# cat /proc/drbd
version: 8.4.2 (api:1/proto:86-101)
GIT-hash: 7ad5f850d711223713d6dcadc3dd48860321070c build by dag@Build64R6,
2012-09-06 08:16:10
 0: cs:Connected ro:Secondary/Secondary ds:Inconsistent/Inconsistent C
r-----
    ns:0 nr:0 dw:0 dr:0 al:0 bm:0 lo:0 pe:0 ua:0 ap:0 ep:1 wo:f oos:20970844
```

（8）查看节点的状态。

查看 node1 的状态：

```
[root@node1 ~]# drbd-overview
 0:web/0  Connected Secondary/Secondary Inconsistent/Inconsistent C r-----
```

查看 node2 的状态：

```
[root@node2 ~]# drbd-overview
 0:web/0  Connected Secondary/Secondary Inconsistent/Inconsistent C r-----
```

从上面的输出结果中可以看出，两个节点（node1 与 node2）均处于 Secondary 状态。接下来需要将其中一个节点设置为 Primary 状态。在需要设置为 Primary 状态的节点上执行"drbdsetup /dev/drbd0 primary -o"命令或"drbdadm -- --overwrite-data-of-peer primary web"命令来设置主节点。

（9）将 node1 设置为主节点。

```
[root@node1 ~]# drbd-overview  # node1 为主节点
  0:web/0  SyncSource Primary/Secondary UpToDate/Inconsistent C r---n-
  [>..................] sync'ed:  5.1% (19440/20476)M
```

注意：正在同步数据。

```
[root@node2 ~]# drbd-overview # node2 为从节点
  0:web/0  SyncTarget Secondary/Primary Inconsistent/UpToDate C r-----
  [==>...............] sync'ed: 17.0% (17016/20476)M
```

在完成同步后，进行查看：

```
[root@node1 ~]# drbd-overview
  0:web/0  Connected Primary/Secondary UpToDate/UpToDate C r-----
[root@node2 ~]# drbd-overview
  0:web/0  Connected Secondary/Primary UpToDate/UpToDate C r-----
```

（10）进行格式化和挂载操作。

```
[root@node1 ~]# mke2fs -j /dev/drbd
drbd/  drbd1  drbd11  drbd13  drbd15  drbd3  drbd5  drbd7  drbd9
drbd0  drbd10  drbd12  drbd14  drbd2  drbd4  drbd6  drbd8
[root@node1 ~]# mke2fs -j /dev/drbd0
mke2fs 1.41.12 (17-May-2010)
文件系统标签=
操作系统:Linux
块大小=4096 (log=2)
分块大小=4096 (log=2)
Stride=0 blocks, Stripe blocks
1310720 inodes, 5242711 blocks
262135 blocks (5.00%) reserved for the super user
第一个数据块=0
Maximum filesystem blocks=4294967296
160 block groups
32768 blocks per group, 32768 fragments per group
8192 inodes per group
Superblock backups stored on blocks:
32768, 98304, 163840, 229376, 294912, 819200, 884736, 1605632, 2654208,
4096000
正在写入 inode 表: 完成
```

```
Creating journal (32768 blocks):
完成
Writing superblocks and filesystem accounting information: 完成
This filesystem will be automatically checked every 28 mounts or
180 days, whichever comes first.  Use tune2fs -c or -i to override.
[root@node1 ~]#
[root@node1 ~]# mkdir /drbd
[root@node1 ~]# mount /dev/drbd0 /drbd/
[root@node1 ~]# mount
/dev/sda2 on / type ext4 (rw)
proc on /proc type proc (rw)
sysfs on /sys type sysfs (rw)
devpts on /dev/pts type devpts (rw, gid=5, mode=620)
tmpfs on /dev/shm type tmpfs (rw)
/dev/sda1 on /boot type ext4 (rw)
/dev/sda3 on /data type ext4 (rw)
none on /proc/sys/fs/binfmt_misc type binfmt_misc (rw)
/dev/drbd0 on /drbd type ext3 (rw)
[root@node1 ~]# cd /drbd/
[root@node1 drbd]# cp /etc/inittab /drbd/
[root@node1 drbd]# ll
总用量 20
-rw-r--r-- 1 root root   884 8月  17 13:50 inittab
drwx------ 2 root root 16384 8月  17 13:49 lost+found
```

（11）切换 Primary 节点和 Secondary 节点。

说明：对主 Primary/Secondary 模型的 DRBD 服务来说，在某个时刻只能有一个节点为 Primary。因此，需要切换两个节点的角色。只有先将原有的 Primary 节点设置为 Secondary 节点后，才能将原来的 Secondary 节点设置为 Primary 节点。

node1：

```
[root@node1 ~]# umount /drbd/
[root@node1 ~]# drbdadm secondary web
```

查看 node1 的状态：

```
[root@node1 ~]# drbd-overview
0:web/0  Connected Secondary/Secondary UpToDate/UpToDate C r-----
node2:
[root@node2 ~]# drbdadm primary web
```

查看 node2 的状态：

```
[root@node2 ~]# drbd-overview
0:web/0  Connected Primary/Secondary UpToDate/UpToDate C r-----
[root@node2 ~]# mkdir /drbd
```

```
[root@node2 ~]# mount /dev/drbd0 /drbd/
```

使用下面的命令查看此前在主节点上复制至此设备的文件是否存在：

```
[root@node2 ~]# ll /drbd/
总用量 20
-rw-r--r-- 1 root root   884 8月  17 13:50 inittab
drwx------ 2 root root 16384 8月  17 13:49 lost+found
```

3．DRBD 双主模式配置示例

在 DRBD 8.4 中第一次设置某节点成为主节点的命令：

```
[root@node ~]# drbdadm primary --force resource
```

配置资源双主模型的示例：

```
resource mydrbd {
     net {
            protocol C;
            allow-two-primaries yes;
     }
     startup {
            become-primary-on both;
     }
     disk {
            fencing resource-and-stonith;
     }
     handlers {
            # Make sure the other node is confirmed
            # dead after this!
            outdate-peer "/sbin/kill-other-node.sh";
     }
     on node1.***.com {
            device  /dev/drbd0;
            disk    /dev/vg0/mydrbd;
            address 172.16.200.11:7789;
            meta-disk    internal;
     }
     on node2.***.com {
            device  /dev/drbd0;
            disk    /dev/vg0/mydrbd;
            address 172.16.200.12:7789;
            meta-disk    internal;
     }
}
```

任务 5　数据恢复工具——extundelete

作为一名运维人员，保证数据的安全是根本职责。因此，运维人员在维护系统时要慎之又慎。但是，有时难免会出现数据被误删除的情况，应该如何快速、有效地恢复数据呢？下面介绍 Linux 系统中常用的数据恢复工具——extundelete。

3.5.1　如何使用"rm -rf"命令

在 Linux 系统下，通过"rm -rf"命令可以直接从硬盘删除任何数据，并且不会有任何提示。与 Windows 系统不同的是，Linux 系统中没有回收站的功能。这意味着，一旦数据被删除，就无法通过常规手段进行恢复。因此，在使用"rm -rf"命令时，必须非常慎重，比较稳妥的方法是把命令参数放到后面，这样可以起到提醒的作用。另外，还有一个方法，即通过 mv 命令将要删除的内容移动到系统的/tmp 目录下，并编写一个定时执行脚本来清理这些内容。这种方法可以在一定程度上降低误删除数据的风险。

保证数据安全的最佳方法是进行备份。虽然备份不是万能的，但是没有备份是万万不行的。任何数据恢复工具都有一定的局限性，不能保证完整地恢复所有数据。因此，将备份作为核心，将数据恢复工具作为辅助是运维人员必须坚持的一个准则。

3.5.2　extundelete 与 ext3grep 的异同

在 Linux 系统下，基于开源的数据恢复工具有很多，常见的有 debugfs、R-Linux、extundelete 和 ext3grep 等，其中比较常用的是 extundelete 和 ext3grep。这两个工具的恢复原理基本相同，但 extundelete 的功能更加强大。

extundelete 是一种基于 Linux 系统的数据恢复工具，它通过分析文件系统的日志和解析所有文件的 inode 信息来恢复 Linux 系统下主流的 ext3、ext4 文件系统中被误删除的文件。ext3grep 仅支持 ext3 文件系统的恢复。在恢复速度方面，extundelete 要比 ext3grep 快很多。因为 extundelete 的恢复机制是同时扫描 inode 和恢复数据，并且支持单个文件恢复、单个目录恢复、inode 恢复、block 恢复、完整磁盘恢复等。ext3grep 显得有些笨拙，它需要首先扫描所有要恢复数据的 inode 信息，然后才能开始恢复数据，因此在恢复速度上相对较慢，并且在功能上也不支持目录恢复、时间段恢复等。

3.5.3　extundelete 的恢复原理

在 Linux 系统下，可以通过"ls -id"命令来查看某个文件或目录的 inode 值。例如，查看根目录的 inode 值：

```
# ls -id /
```

根目录的 inode 值一般为 2。

extundelete 在恢复文件时并不依赖特定的文件格式。首先，extundelete 会通过文件系统的 inode 信息来获得当前文件系统下所有文件的信息，包括存在的和已经删除的文件。这些信息包括文件名称和 inode。然后，extundelete 利用 inode 信息并结合日志查询该 inode 所在的 block 位置，包括直接块和间接块等信息。最后，extundelete 利用 dd 命令备份这些信息，从而恢复数据文件。

3.5.4 安装 extundelete

目前 extundelete 的稳定版本是 extundelete-0.2.4。在安装 extundelete 之前，需要安装 e2fsprogs 和 e2fsprogs-libs 这两个依赖包。

e2fsprogs 和 e2fsprogs-libs 的安装非常简单，这里不进行介绍。下面是 extundelete 的编译安装过程：

```
[root@cloud1 app]#tar jxvf  extundelete-0.2.4.tar.bz2
[root@cloud1 app]#cd extundelete-0.2.4
[root@cloud1 extundelete-0.2.4]#./configure
[root@cloud1 extundelete-0.2.4]#make
[root@cloud1 extundelete-0.2.4]#make install
```

在成功安装 extundelete 后，系统中会生成一个 extundelete 可执行文件。

验证是否安装成功：

```
# cd /usr/local/extundelete/bin
# ./extundelete -v
extundelete version 0.2.4
libext2fs version 1.41.12
Processor is little endian.
```

设置环境变量：

```
# echo "PATH=/usr/local/extundelete/bin:$PATH" >> /etc/profile
# echo "export PATH" >> /etc/profile
# source /etc/profile
```

3.5.5 extundelete 的使用方法

在安装完 extundelete 后，就可以执行数据恢复操作了。下面介绍 extundelete 中每个参数的含义。extundelete 的使用方法如下。

命令格式：

```
extundelete [options] [action] device-file
```

其中，options（参数）的含义如下。

--version、-[vV]：显示软件版本号。

--help：显示软件帮助信息。

--superblock：显示超级块信息。

--journal：显示日志信息。

--after dtime：时间参数，表示在某段时间之后被删的文件或目录。

--before dtime：时间参数，表示在某段时间之前被删的文件或目录。

action（动作）的含义如下。

--inode ino：显示节点"ino"的信息。

--block blk：显示数据块"blk"的信息。

--restore-inode ino[,ino,...]：恢复命令参数，表示恢复节点"ino"的文件。恢复的文件会被放在当前目录下的 RESTORED_FILES 文件夹中，并且使用节点编号作为扩展名。

--restore-file 'path'：恢复命令参数，表示将恢复指定路径的文件，并把恢复的文件放在当前目录下的 RECOVERED_FILES 目录中。

--restore-files 'path'：恢复命令参数，表示恢复在路径中已列出的所有文件。

--restore-all：恢复命令参数，表示尝试恢复所有目录和文件。

-j journal：从已经命名的文件中读取扩展日志。

-b blocknumber：使用之前备份的超级块打开文件系统，一般用于查看现有超级块是不是当前所需的文件。

-B blocksize：指定数据块大小以打开文件系统，一般用于查看已知大小的文件。

任务 6　实战：extundelete 恢复数据的过程

在数据被误删除后，应立即卸载被删除数据所在的磁盘或磁盘分区。如果系统根分区的数据被误删除，则需要进入单用户模式，并将根分区以只读模式进行挂载。这是因为将文件删除后，仅清空了文件的 inode 节点中的扇区指针，而文件实际上仍然存储在磁盘上。如果磁盘以读写模式进行挂载，那么操作系统可能会重新分配这些已删除的文件的数据块。一旦这些数据块被新数据覆盖，这些数据就真的丢失了，即使使用数据恢复工具也无法找回。因此，以只读模式挂载磁盘可以降低数据块中数据被覆盖的风险，提高成功恢复数据的概率。

3.6.1　通过 extundelete 恢复单个文件

下面首先模拟数据被误删除环境，然后逐步进行有效的操作，最后恢复被误删除的单个文件。

1．模拟数据被误删除环境

在通过 extundelete 恢复数据之前，首先需要模拟一个数据被误删除环境。这里以 ext3 文件系统为例，简单的模拟操作过程如下。ext4 文件系统下的恢复方式与此相同。

```
[root@cloud1 ~]#mkdir /data
```

```
[root@cloud1 ~]#mkfs.ext3 /dev/sdc1
[root@cloud1 ~]#mount /dev/sdc1  /data
[root@cloud1 ~]# cp /etc/passwd  /data
[root@cloud1 ~]# cp -r /app/ganglia-3.4.0  /data
[root@cloud1 ~]# mkdir /data/test
[root@cloud1 ~]# echo "extundelete test" > /data/test/mytest.txt
[root@cloud1 ~]#cd /data
[root@cloud1 data]# md5sum  passwd
0715baf8f17a6c51be63b1c5c0fbe8c5  passwd
[root@cloud1 data]# md5sum  test/mytest.txt
eb42e4b3f953ce00e78e11bf50652a80  test/mytest.txt
[root@cloud1 data]# rm -rf /data/*
```

2. 卸载磁盘分区

在将数据误删除后,应立刻卸载这块磁盘分区:

```
[root@cloud1 data]#cd /data
[root@cloud1 mnt]# umount /data
```

3. 查询可恢复的数据信息

通过 extundelete 命令查询/dev/sdc1 分区中可恢复的数据信息:

```
[root@cloud1 /]# extundelete /dev/sdc1  --inode 2
```

根据输出信息可知,标记为 Deleted 状态的是已经删除的文件或目录。同时,可以看到每个已删除文件的 inode 值。接下来开始恢复文件。

4. 恢复单个文件

执行如下命令开始恢复文件:

```
[root@cloud1 /]# extundelete  /dev/sdc1  --restore-file passwd
[root@cloud1 /]# cd RECOVERED_FILES/
[root@cloud1 RECOVERED_FILES]# ls
[root@cloud1 RECOVERED_FILES]# md5sum  passwd
```

extundelete 中恢复单个文件的参数是--restore-file。这里需要注意的是,--restore-file 参数后面指定的是恢复文件路径,这个路径是文件的相对路径。相对路径是相对于原来文件的存储路径而言的,如果原来文件的存储路径是/data/passwd,那么在--restore-file 参数后面直接指定 passwd 文件即可;如果原来文件的存储路径是/data/test/mytest.txt,那么在--restore-file 参数后面通过"test/mytest.txt"进行指定即可。

在成功恢复文件后,extundelete 命令默认会在执行命令的当前目录下创建一个 RECOVERED_FILES 目录,用于存放被恢复的文件。因此,在执行 extundelete 命令时,当前目录必须是可写的。

根据上面的输出,使用 md5sum 命令进行校验。如果校验码与之前的完全一致,那么表示文件恢复成功。

3.6.2 通过 extundelete 恢复单个目录

extundelete 除了支持恢复单个文件，还支持恢复单个目录。当需要恢复目录时，可以使用--restore-directory 参数来恢复指定目录下的所有数据。

继续在上面模拟的误删除数据环境下进行操作，现在恢复/data 目录下的 ganglia-3.4.0 文件夹，操作过程如下：

```
[root@cloud1 mnt]# extundelete  /dev/sdc1  --restore-directory /ganglia-
3.4.0
[root@cloud1 mnt]# ls
[root@cloud1 mnt]# cd RECOVERED_FILES/
[root@cloud1 RECOVERED_FILES]# ls
```

可以看到已经成功恢复之前被误删除的目录 ganglia-3.4.0。进入这个目录进行检查，发现所有文件内容和大小都正常。

3.6.3 通过 extundelete 恢复所有误删除数据

当需要恢复的数据较多时，逐个指定文件或目录将是一个非常烦琐和耗时的工作。extundelete 考虑到了这一点，提供--restore-all 参数来恢复所有被删除的文件或文件夹。

继续在上面模拟的误删除数据环境下进行操作，现在需要恢复/data 目录下的所有数据，操作过程如下：

```
[root@cloud1 mnt]# extundelete  /dev/sdc1 --restore-all
[root@cloud1 mnt]# ls
[root@cloud1 mnt]# cd RECOVERED_FILES/
[root@cloud1 RECOVERED_FILES]# ls
[root@cloud1 RECOVERED_FILES]# du -sh  /mnt/RECOVERED_FILES/*
```

可以看到所有数据都已完整恢复。

3.6.4 通过 extundelete 恢复某个时间段内的数据

有时删除了大量的数据，其中很多都是无用的，我们只需恢复其中一部分数据。如果采用恢复全部数据的办法，不但耗时，而且浪费资源。在这种情况下，需要采用另外一种恢复机制，有选择性地进行恢复。extundelete 提供了--after 和--before 参数，可以恢复某个时间段内的数据。

下面通过一个简单示例，介绍如何恢复某个时间段内的数据。

首先，假定在/data 目录下有一个刚刚创建的压缩文件 ganglia-3.4.0.tar.gz，然后删除此文件，最后卸载/data 分区，并恢复一小时内的文件，操作过程如下：

```
[root@cloud1 ~]#cd /data/
[root@cloud1 data]# cp /app/ganglia-3.4.0.tar.gz  /data
[root@cloud1 data]# date +%s
[root@cloud1 data]# rm -rf ganglia-3.4.0.tar.gz
```

```
[root@cloud1 data]# cd /mnt
[root@cloud1 mnt]# umount /data
[root@cloud1 mnt]# date +%s
[root@cloud1 mnt]# extundelete  --after 1379146740 --restore-all /dev/sdc1
[root@cloud1 mnt]#  cd RECOVERED_FILES/
[root@cloud1 RECOVERED_FILES]# ls
```

可以看到，刚才删除的文件已经成功恢复，但在/data 目录下仍有很多被删除的文件没有恢复。这是--after 参数控制的结果。因为/data 目录下其他文件都是在一天之前被删除的，而我们恢复的是一个小时之内被删除的文件，所以没有恢复其他被删除文件。

在这个操作过程中需要注意是，--after 参数后面跟的时间是总秒数，起算时间为"1970-01-01 00:00:00 UTC"。通过"date +%s"命令可以将当前时间转换为总秒数。由于我们恢复的是一个小时之内的数据，因此"1379146740"这个值是通过"1379150340"减去"60*60"得到的。

项目 4　Linux 系统运维故障排查思路

项目导读

　　处理系统故障是 Linux 系统运维工作中的一项基础工作。作为一名合格的 Linux 系统运维人员，一定要有一套清晰、明确的解决故障的思路，这样在出现问题时才能迅速定位并解决问题。本项目重点介绍 Linux 系统故障的基本处理思路和常见 Linux 系统故障的处理方法。

学习目标

- 了解 Linux 系统的启动流程及日志管理
- 了解 Linux 系统无法启动的原因
- 理解 Linux 系统无响应时的处理方法
- 理解 Linux 系统常见的网络故障及其处理方法

能力目标

- 掌握 Linux 系统故障的常见处理方法
- 掌握 Linux 系统的主要启动方法
- 掌握 Linux 系统启动时故障的分析、定位与解决方法
- 掌握 Linux 系统无响应时的安全处理方法
- 掌握 Linux 系统网络故障的分析、定位与解决方法

相关知识

任务 1　处理 Linux 系统故障的储备知识

4.1.1　Linux 系统故障的处理思路

　　在 Linux 系统下，故障繁多且千差万别。每个问题呈现的现象各不相同，因此解决问题的方法也各有差异。这里无法详尽地介绍所有问题及对应的解决方法，但是解决问题的思路都是相通的，俗话说"万变不离其宗"，只要掌握了解决问题的思路，一切问题都会迎刃而解。这里给出一个处理问题的一般思路，具体如下。

　　（1）错误提示信息：每当出现错误时，Linux 系统或应用程序通常会给出错误提示信息。

这些提示信息通常能够帮助定位问题，因此一定要重视这些提示信息。如果对这些提示信息视而不见，则问题可能永远得不到解决。

（2）查阅日志文件：有时错误提示信息仅给出问题的表面现象，要想深入地了解问题，必须查阅相应的日志文件。日志文件又分为系统日志文件（/var/log）和应用的日志文件。结合这两个日志文件，一般就能定位问题。

（3）分析、定位问题：这个过程是比较复杂的，需要根据错误提示信息，结合日志文件，并考虑其他相关情况，最终找到引起问题的原因。

（4）解决问题：确定了引起问题的原因，解决问题就会变得相对简单。

从这个流程可以看出，解决问题的过程就是分析、查找问题的过程。

4.1.2　初识 Linux 系统的启动流程

理解 Linux 系统开机引导和启动过程对配置操作系统和解决相关启动问题是至关重要的。本书以经典的 BIOS、MBR、GRUB2 和 systemd 为载体，介绍操作系统的开机引导和启动过程，涉及目前主流的 Linux 发行版本所使用的引导装载程序和初始化软件。总体来说，Linux 系统的开机引导和启动过程相当容易理解。从按下开机键到 Linux 系统完成启动进入终端，该过程可以分为 5 个阶段：①BIOS 引导阶段；②引导装载程序阶段；③内核启动阶段；④systemd 启动阶段；⑤用户空间启动阶段。下面仅介绍前 4 个阶段。

1．BIOS 引导阶段

BIOS（Basic Input Output System，基本输入输出系统）可以被视为一个永久记录在 ROM 中的软件，是操作系统输入输出管理系统的一部分。早期的 BIOS 芯片是"只读"的，其中的内容是使用烧录器写入的，且一旦写入就不能更改，除非更换芯片。现代计算机系统通常使用 EPROM 芯片来存储 BIOS，其中的内容可以使用主板厂商提供的擦写程序擦除后再重新写入，从而实现 BIOS 的升级。

BIOS 的功能由两部分组成，分别是 POST 和 Runtime 服务。POST 阶段（计算机开机时，BIOS 进行自检的过程）完成后，POST 将从存储器中被清除，而 Runtime 服务会被一直保留，用于计划操作系统的启动。BIOS 的详细工作过程如下。

步骤 1：上电自检 POST（Power-on Self Test），主要负责检测系统外围关键设备（如内存、PCI-E、I/O、键盘和鼠标等）是否正常。如果内存松动，BIOS 自检阶段会报错，那么系统将无法启动。

步骤 2：步骤 1 完成后，执行一段程序来枚举本地设备并对其进行初始化。这一步骤主要根据在 BIOS 中设置的系统启动顺序来搜索用于启动系统的驱动器，如硬盘、光盘、U 盘、软盘和网络等。以硬盘启动为例，BIOS 此时会先读取硬盘驱动器的第一个扇区（MBR，512B），再执行其中的代码。实际上，这里 BIOS 并不关心启动设备第一个扇区中的内容是什么，它只负责读取并执行该扇区中的内容。

至此，BIOS 的任务就完成了，随后系统启动的控制权将转移至引导装载程序阶段。

2．引导装载程序阶段

MBR（Master Boot Record，主引导记录）存储于磁盘的头部，即磁盘的 0 柱面、0 磁头和第 1 扇区，这个位置称为主引导扇区。MBR 的大小为 512B，由 3 部分组成，即 446B、64B 和 2B。其中，446B 用于存储主引导程序（Bootloader）；64B 用于存储硬盘分区表（Disk Partition Table，DPT）；2B 为硬盘有效标志（55AA 标志），用于检查 MBR 的有效性。

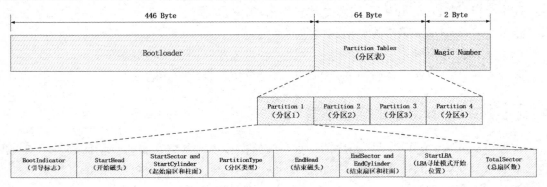

图 4-1　MBR 的组成

GRUB2 的全称是 GRUB（Grand Unified Bootloader）第二版。它是目前流行的大部分 Linux 发行版本的主要引导装载程序。GRUB2 是一个用于计算机寻找操作系统内核并将其装载到内存中的智能程序。GRUB 被设计为兼容操作系统多重引导规范，可以用来引导不同版本的 Linux 系统和其他开源操作系统，也可以链式加载专有操作系统的引导记录。

GRUB2 允许用户从任何给定的 Linux 发行版本的几个不同内核中选择一个进行引导。这个特性使得操作系统在因关键软件不兼容或其他某些原因而无法升级时，具备引导到先前版本内核的能力。GRUB2 能够通过文件/boot/grub/grub.conf 进行配置。

注意：在下文中，除非特殊指明，GRUB 均代指 GRUB2。

BIOS 引导阶段在找到 MBR 后，首先会查找引导装载器（Bootloader 程序），并读取 MBR 中的 Bootloader，即加载 Bootloader 中的 GRUB 程序。GRUB 会执行以下 3 个步骤。

步骤 1：通过 MBR 中的分区表来识别磁盘所有分区信息。

步骤 2：识别文件系统。GRUB 不是通过文件系统来访问内核的，因为此时内核尚未启动，不存在文件系统。GRUB 在执行步骤 1 后，可以访问第一个磁盘的第一个分区，而识别 MBR 中的各分区的文件系统则是由 GRUB 通过加载自身携带的系统文件来实现的。

步骤 3：通过 Bootloader 装载所有的配置文件及相关参数并装载 Linux Kernel。这些配置都位于磁盘/boot/grub 中。

GRUB 根据/boot/grub/grub.conf 文件可以查找 Kernel 的信息，并加载 Kernel 程序。当 Kernel 程序被检测并加载到内存中时，GRUB 会将控制权转移给 Kernel 程序。

3．内核启动阶段

Linux Kernel 是 Linux 系统内核，是 Linux 系统的主要基础程序。实际上，Kernel 的文件很小，仅保留基本的模块，并以一种自动解压缩的压缩格式存储，以节省空间。它与初始化的内存映像（initramfs-*）和存储设备映射表一起存储在/boot 目录下。尽管内核是 Linux

系统的核心，但文件是用户与操作系统交互所采用的主要工具。这对 Linux 系统来说至关重要，这是因为它继承了 UNIX 系统，使用文件 I/O 机制管理硬件设备和数据文件。因此，这里将围绕内核启动阶段的文件系统进行介绍。当然，在内核启动阶段还会完成内存初始化等工作。这些工作在不同版本的 Linux Kernel 实现中会有细微差别，本书不对其进行讨论，感兴趣的读者可以查阅 Linux Kernel 源码进行学习。

当 Kernel 映像（vmlinuz-*）被加载到内存中并获得控制权后，开始进入内核启动阶段。

步骤 1：解压缩 vmlinuz，运行内核映像。通常，内核映像以压缩形式存储，并不是一个可以执行的内核。因此，内核启动阶段的首要工作是自动解压缩内核映像。

步骤 2：创建 rootfs，并将其挂载到/中，解压缩 initramfs 到/（内存文件系统）中。一套 Linux 体系，只有内核本身是不能工作的。当 Linux 系统启动时，必须挂载一个根文件系统。对 Linux Kernel 来说，这个根文件系统就是 rootfs。该文件系统是一个内存文件系统，它是基于内存的，而且对用户隐藏。成功创建并挂载 rootfs 后，可以自动或手动挂载其他的文件系统。initramfs 是一个可以被编译到内核中的根文件映像，在 Linux 系统启动 init 进程之前，用来准备系统并挂载真正的 root 文件系统。initramfs 可以提供以下功能。

① 挂载加密的、逻辑的或其他特殊的根分区。

② 提供一个简约的 Shell（当系统出现问题时可以使用）。

③ 自定义引导过程（如打印欢迎消息）。

④ 加载启动所需的模块（如第三方存储驱动程序）。

⑤ 通常在用户空间中处理内核无法完成的任务。

步骤 3：执行 init 程序。此时，init 是位于 initramfs 中的 init，在内存文件系统根目录下，指向 systemd（在传统的 System V 系统中为 init 程序）。当成功加载 systemd 进程并转移控制权至 systemd 时，标志着内核引导启动过程完成。此时，Linux 系统内核和 systemd 处于运行状态，但是由于没有其他任何程序在执行，因此无法执行任何与用户功能相关的任务。

4. systemd 启动阶段

当内核启动成功后，只有完成 systemd 启动工作才能使 Linux 系统进入可操作状态，并执行用户功能性任务。systemd 的主要功能是准备软件的执行环境，包括系统的主机名称、网络设定、文件系统及其他服务的启动等。所有的动作都会通过 systemd 的默认启动服务来集合，即通过/etc/systemd/system/default.target 进行规划。

systemd 是所有进程的父进程，负责将 Linux 主机带入用户可操作状态（可以执行功能任务）。systemd 的一些功能远比旧式 init 程序更丰富，可以管理运行中的 Linux 主机的许多方面，包括挂载文件系统，以及开启和管理 Linux 主机的系统服务等。但是，systemd 的任何与系统启动过程无关的功能均不在本书的讨论范围内。

systemd 借助配置文件/etc/systemd/system/default.target 来确定 Linux 系统应该启动达到哪个目标态（target）。表 4-1 所示为传统 System V 系统中的 init 程序的运行级别与 systemd 的目标态对比。default.target 是一个真实的 target 文件的符号链接。在桌面系统中，default.target 通常链接到 graphical.target 中，类似于 init 方式的 runlevel 5；在服务器操作系统中，

default.target 默认链接到 multi-user.target 中，类似于 init 方式的 runlevel 3。emergency.target 类似于单用户模式。

表 4-1　传统 System V 系统中的 init 程序的运行级别与 systemd 的目标态对比

init 程序的运行级别	systemd 的目标态	systemd 目标态的别名	描述
	halt.target		终止系统运行但不切断电源
0	poweroff.target	runlevel0.target	终止系统运行并切断电源
S	emergency.target		单用户模式，没有运行服务进程，也没有挂载文件系统。它是最基本的运行级别，仅在主控制台中提供一个 Shell，用于用户与系统进行交互
1	rescue.target	runlevel1.target	挂载文件系统，仅运行最基本的服务进程的基本系统，并在主控制台中启动一个 Shell 访问入口，用于进行诊断
2		runlevel2.target	多用户，没有挂载 NFS 文件系统，但是所有的非图形界面的服务进程已经运行
3	multi-user.target	runlevel3.target	所有服务都已经运行，但仅支持通过命令行访问接口
4		runlevel4.target	未使用
5	graphical.target	runlevel5.target	多用户，并且支持图形界面接口
6	reboot.target	runlevel6.target	重新启动
	default.target		这个目标态总是指向 multi-user.target 或 graphical.target 的一个符号链接的别名。systemd 总是通过 default.target 来启动系统。default.target 不应该指向 halt.target、poweroff.target 或 reboot.target

sysinit.target 和 basic.target 目标态可以被视为启动过程中的状态检查点。尽管 systemd 的设计初衷是并行启动系统服务，但是部分服务或功能目标态是启动其他服务或目标态的前提。系统将在检查点暂停，直到所需的服务和目标态都满足为止。

步骤 1：systemd 处理 local-fs.target 和 swap.target。这两个 target 将被挂载到/etc/fstab 配置的文件系统中，主要包括所有文件系统与内存交换空间。

步骤 2：systemd 处理 sysinit.target。此 target 主要进行侦测硬件，加载所需的核心模块，启动所有的低级别服务块等动作。sysinit.target 的到达是进入 basic.target 的前提。

步骤 3：systemd 处理 basic.target。此 target 将加载主要外围硬件驱动程序与防火墙相关任务，启动其所需的所有单元。

步骤 4：systemd 启动用户级目标态（multi-user.target 或 graphical.target）。multi-user.target 主要完成其他一般系统或网络服务的加载。如果配置了 graphical.target，则会在 multi-user.target 完成后加载图形界面相关服务，如 gdm.service 等其他服务。

用户级目标态初始化的完成标志着 Linux 系统启动流程的完成。

4.1.3　认识 Linux 系统日志管理

系统日志详细地记录了在什么时间，哪台服务器、哪个程序或服务出现了什么情况。无论哪种操作系统，都会详细记录重要程序和服务的日志。在 Linux 系统中，日志文件用于记录 Linux 系统的各种运行信息，类似于 Linux 主机的日记。不同类型的日志文件会记载不同类型的信息，如 Linux 内核消息、用户登录事件、程序错误等。日志文件对诊断和解决 Linux 系统中产生的问题很有帮助，这是因为Linux 系统运行的程序通常会尽最大努力将系统消息、警告和错误写入对应的日志文件。特别是在遭受攻击时，如果能够保留日志文件，那么会为运维人员寻找攻击者的踪迹提供很大帮助。

1．Linux 系统日志分类

Linux 系统日志大体上可以分为两类：内核及系统日志和程序日志。

内核及系统日志：内核及系统日志通常由随 Linux 系统启动时启动的日志管理服务来管理。CentOS 7.x 中的日志服务是 rsyslogd，而 CentOS 6.x 及更早版本中的日志服务是 syslogd。rsyslogd 的功能更强大，并且其日志文件的格式与 syslogd 服务相兼容。以 rsyslogd 为例，它根据主配置文件/etc/rsyslog.conf 中的设置决定将内核消息及各种系统程序消息记录到什么位置。系统中的大部分程序会将自己的日志文件交给 rsyslogd 服务来管理。注意：日志管理服务本身主要用来采集日志，一般不产生日志。

程序日志：有些应用程序会选择独立管理日志文件，而不是交给rsyslogd 服务，这用于记录本程序运行过程中的各种事件信息。由于这些程序只负责管理自己的日志文件，因此不同程序使用的日志记录格式也会存在较大的差异。例如，apache 服务的日志是由 Apache 软件自己产生并记录的，而没有交给 rsyslogd 服务来管理。

程序日志通常由开发者来确定管理方式。程序日志对使用者来说可能是可读的，也可能是不可读的，这通常需要使用者通过阅读程序说明文件或手册，甚至联系开发者才能有效地利用其日志文件。因此，这里将围绕内核及系统日志展开讨论。

2．Linux 系统日志文件及其功能

Linux 系统和大部分服务器程序的日志文件都默认在/var/log/目录下。一部分程序共用一个日志文件，而另一部分程序使用单个日志文件。但是，由于某些大型服务器程序的日志文件不只有一个，因此它会在/var/log/目录中建立相应的子目录来存放这些日志文件。这样既可以保证日志文件目录的结构清晰，又可以快速定位日志文件。另外，还有一部分日志文件只有 root 用户才有权限读取，这可以保证相关日志信息的安全。

系统日志文件是重要的系统信息文件，其中记录了许多重要的系统事件，包括用户的登录信息、系统的启动信息、系统的安全信息、邮件相关信息、各种服务相关信息等。这些信息有些非常敏感，因此在 Linux 系统中，这些日志文件只能被 root 用户读取。

系统日志文件通常位于/var/log/目录下。表 4-2 所示为 Linux 系统中的重要日志文件。

表 4-2　Linux 系统中的重要日志文件

日志文件	说明
/var/log/cron	记录与系统定时任务相关的日志
/var/log/cups/	记录打印信息的日志
/var/log/dmesg	记录系统在开机时内核自检的信息。使用 dmesg 命令可以直接查看内核自检信息

续表

日志文件	说明
/var/log/btmp	记录错误登录的日志
/var/log/lasllog	记录系统中所有用户最后一次登录时间的日志
/var/Iog/mailog	记录邮件信息的日志
/var/log/messages	核心系统日志文件。系统启动时的引导信息、I/O 错误、网络错误、其他系统错误及系统运行时的其他状态消息都会记录在此文件中
/var/log/secure	记录验证和授权相关的信息（任何涉及身份认证的程序都会记录），包括系统的登录、SSH 登录、用户切换（使用 su 命令），授权（使用 sudo 命令），以及添加用户和修改用户密码
/var/log/wtmp	永久记录所有用户的登录、注销信息，同时记录系统的启动、重新启动、关机事件
/var/tun/ulmp	记录当前已经登录的用户的信息。这个文件会随着用户的登录和注销而不断变化，只记录当前登录用户的信息

3．Linux 系统日志等级

根据日志信息的重要程度，可将 Linux 系统日志分为不同的级别，数字级别越小，表示优先级越高，消息越重要。表 4-3 所示为 Linux 系统日志消息级别及其说明。

表 4-3　Linux 系统日志消息级别及其说明

级别	符号	说明
0	EMERG	紧急，表示导致主机系统不可用
1	ALERT	警告，表示必须马上采取解决措施
2	CRIT	严重，表示比较严重的情况
3	ERR	错误，表示运行出现错误，将影响服务或系统的正常运行
4	WARNING	警告，表示提醒用户的重要事件
5	NOTICE	注意，表示不会影响系统，用于提醒用户
6	INFO	信息，表示一般信息
7	DEBUG	调试，表示程序调试信息
8	None	无，表示不做记录
	*	所有，表示会记录所有日志等级

4．Linux 系统日志文件格式

只要是由 rsyslogd 记录的日志文件，它们的格式就都是一样的。日志文件的格式为：

{产生事件的时间_产生事件的服务器的主机名_产生事件的服务名或程序名：事件的具体信息}

/var/log/secure 日志中记录的主要是用户验证和授权方面的信息。相关命令如下：

```
[root@localhost ~]#cat /etc/log/secure
...
  Nov 18 14:31:38 localhost sshd[26434]: pam_unix(sshd:auth): authentication
failure; logname= uid=0 euid=0 tty=ssh ruser= rhost=192.168.80.1  user=root
  Nov 18 14:31:55 localhost sshd[26434]: pam_unix(sshd:session): session opened
for user root(uid=0) by (uid=0)
  ...
```

上述内容中两条 SSH 登录日志的含义如下。

第一条记录的含义如下。

产生事件的时间为 Nov 18 14:31:38；产生事件的服务器的主机名为 localhost；产生事件的服务名或程序名为 sshd，PID 为 26434；事件的具体信息为 SSH 服务身份认证失败，登录用户名为空，UID 为 0，EUID 为 0，终端为 ssh，远程用户为空，远程主机地址为 192.168.80.1，user 为 root。

第二条记录的含义如下。

产生事件的时间为 Nov 18 14:31:55；产生事件的服务器的主机名为 localhost；产生事件的服务名或程序名为 sshd，PID 为 26434；事件的具体信息为 SSH 服务为 root 用户建立会话。

5．Linux 日志管理建议

总的来说，作为一名合格的运维人员，应该提高警惕，随时注意各种可疑的状况，定期检查各种系统日志，包括一般信息日志、网络连接日志、文件传输日志及用户登录日志等。日志是系统信息最详细、准确的工具之一。只有合理利用日志，当系统出现问题时，我们才能够在第一时间发现问题，并且根据日志定位问题，从而有针对性地解决问题。

任务 2 Linux 系统无法启动的解决方法

4.2.1 MBR 扇区故障

1．故障原因

MBR 在设备正常工作时一般不会出现错误，因为大部分的磁盘读写都由 Linux 系统的文件系统控制，屏蔽了磁盘的低级操作。因此，一般造成 MBR 故障的原因有以下 3 个。

（1）由病毒、木马等造成的磁盘破坏。

（2）不正确的分区操作、磁盘读写误操作。

（3）硬件损坏。

2．故障现象

MBR 可能存在以下 4 种故障现象，如图 4-2 所示。

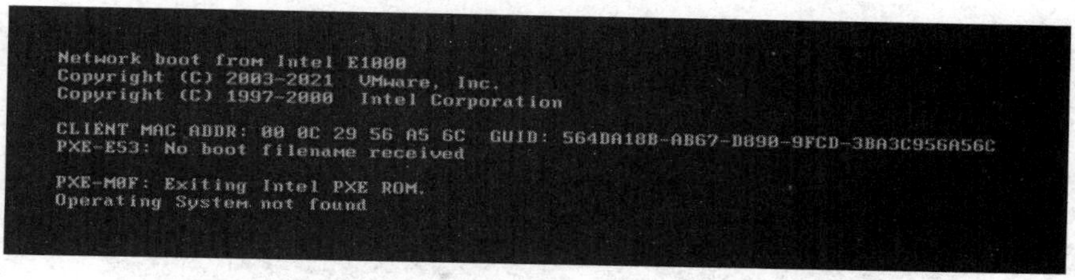

```
Network boot from Intel E1000
Copyright (C) 2003-2021  VMware, Inc.
Copyright (C) 1997-2000  Intel Corporation

CLIENT MAC ADDR: 00 0C 29 56 A5 6C  GUID: 564DA18D-AB67-D890-9FCD-3BA3C956A56C
PXE-E53: No boot filename received

PXE-M0F: Exiting Intel PXE ROM.
Operating System not found
```

图 4-2 MBR 故障现象

（1）找不到引导程序。

（2）系统启动中断。

（3）无法加载操作系统。

（4）退出 BIOS 启动界面后屏幕没有显示内容。

3. 应对思路

首先，在首次启动 Linux 系统后，应该立即备份 MBR，并且在日常使用过程中，每当对磁盘分区进行修改或对磁盘进行低级读写操作之前，必须对现有 MBR 进行备份。这样即使发生 MBR 故障，也能够及时解决问题。

然后，在有 MBR 备份的情况下，使用安装光盘或 USB 引导进入 CentOS rescue 修复模式，尝试从备份中恢复 MBR。

如果 MBR 没有备份或 MBR 备份丢失了，则同样需要进入 CentOS rescue 修复模式，切换到磁盘根文件系统，尝试重新安装 GRUB 并重建 MBR。若重建 MBR 成功，则可以尝试重新启动操作系统，使用 fdisk 命令查看分区是否正确恢复，并查看文件是否能够正确读取。

最后，在最糟糕的情况下，即使重建了 MBR 仍无法正常启动 Linux 系统或分区没有正确恢复，应立即停止任何写操作并关机，随后将硬盘送往专业数据恢复机构，以尽可能减少数据损失。

4. 具体操作

（1）系统正常使用时的备份 MBR。

步骤 1：使用 fdisk -l 命令查看磁盘及其分区情况。

根据图 4-3 中的命令返回结果，Linux 系统的磁盘文件为/dev/sda。

```
[root@localhost ~]# fdisk -l
Disk /dev/sda: 21.5 GB, 21474836480 bytes, 41943040 sectors
Units = sectors of 1 * 512 = 512 bytes
Sector size (logical/physical): 512 bytes / 512 bytes
I/O size (minimum/optimal): 512 bytes / 512 bytes
Disk label type: dos
Disk identifier: 0x000a529d

   Device Boot      Start         End      Blocks   Id  System
/dev/sda1   *        2048     2099199     1048576   83  Linux
/dev/sda2         2099200    41943039    19921920   8e  Linux LVM
```

图 4-3　使用 fdisk -l 命令查看磁盘及其分区情况

步骤 2：备份 MBR 扇区数据。

```
dd if=/dev/sda of=/root/mbr.bk bs=1 count=512
```

dd 命令是磁盘块级别的复制命令。注意：if 和 of 的路径不要写错。if 参数用于指定/dev/sda 文件对应 fdisk 命令中返回的磁盘文件路径，of 参数用于指定备份文件存放的路径。

在图 4-4 中，dd 命令从 bs=1 开始成功写入 512B 的数据。注意：及时备份和迁移数据，不要将备份文件存放在被备份的磁盘中，以免当磁盘发生故障时无法读取备份文件。

```
[root@localhost ~]# dd if=/dev/sda of=/root/mbr.bk bs=1 count=512
512+0 records in
512+0 records out
512 bytes (512 B) copied, 0.000366103 s, 1.4 MB/s
```

图 4-4　使用 dd 命令备份 MBR 扇区数据

（2）进入 CentOS rescue 修复模式。

步骤 1：插入 CentOS 安装光盘或连接 CentOS 安装 USB 引导设备。

步骤 2：从安装光盘或有引导的 USB 中启动开机操作。

步骤 3：选择"Troubleshoot ing"选项，即 CentOS rescue 修复模式，如图 4-5 所示。

图 4-5 选择"Troubleshoot ing"选项

步骤 4：选择"Rescue a CentOS system"选项，如图 4-6 所示。

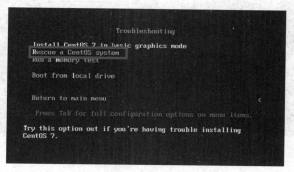

图 4-6 选择"Rescue a CentOS system"选项

步骤 5：选择选项 1（救援环境），如图 4-7 所示。

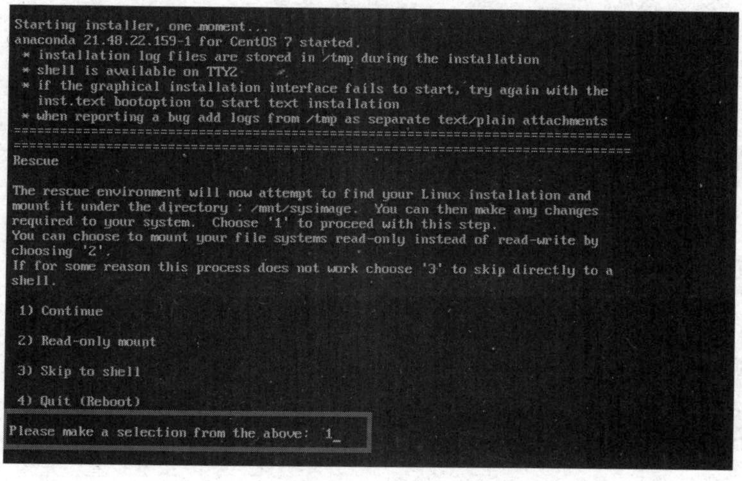

图 4-7 选择选项 1

在救援环境下，用户可以尝试找到并恢复 Linux 系统引导。在该环境下，找到的 Linux

系统会被挂载到/mnt/sysimage目录下。另外，用户也可以在救援环境下对系统进行任何所需的更改。在救援环境下，选择选项1表示继续执行此步骤，选择选项2表示挂载文件系统为只读的，而不是读写的。因此，这里选择选项1。

（3）在有备份的情况下恢复MBR。

步骤1：将存放MBR备份的设备（示例为磁盘dev的sdb1分区）挂载到/mnt/backup目录下。

```
[root@localhost ~]# mkdir /mnt/backup  #建立挂载点目录
[root@localhost ~]# mount /dev/sdb1 /mnt/backup  #挂载分区
```

步骤2：使用dd命令将MBR备份重新写入磁盘（示例中为sda）。

```
sh-4.2#dd if=/mmt/backup/mbr.bak of=/dev/sda count=1 bs=512
```

步骤3：reboot重新启动，出现引导项，表示成功解决问题，如图4-8所示。

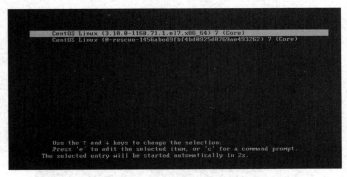

图4-8　CentOS引导界面

（4）在没有备份的情况下恢复MBR。

步骤1：切换磁盘文件系统，并获取Shell。

```
sh-4.2#chroot /mnt/sysimage/
```

步骤2：使用grub2-install命令重建分区所在磁盘的MBR。

```
bash-4.2# grub2-install /dev/sda
```

若出现如图4-9所示的返回结果，则表示重建MBR成功。

```
bash-4.2# grub2-install /dev/sda
Installing for i386-pc platform.
Installation finished. No error reported.
bash-4.2#
```

图4-9　通过重装grub来重建MBR

步骤3：reboot重新启动，出现引导项，表示MBR建立，设置成功。

4.2.2　GRUB引导故障

1．故障原因

（1）MBR中的GRUB引导程序遭到破坏。

（2）grub.conf 文件丢失、引导配置有误。

2．故障现象

Linux 主机在启动后可能仅出现"grub>"提示符，无法继续完成系统启动过程。

3．应对思路

首先，在首次安装 Linux 系统后，应该及时备份 GRUB 配置文件，并且在日常使用过程中，每当对磁盘分区进行修改或对磁盘进行低级读写操作之前，必须对现有 GRUB 配置文件进行备份。在 Linux 系统中，GRUB 配置文件一般存放在/boot/grub2/目录下，如/boot/grub2/grub.conf。

然后，在有 GRUB 文件备份的情况下，使用安装光盘或 USB 引导进入 CentOS rescue 修复模式，尝试从备份中恢复 GRUB 文件备份。

如果 GRUB 没有备份或 GRUB 备份丢失了，通常有两种方式来处理 GRUB 引导故障。在 GRUB 引导依然可以使用，仅丢失了 Linux 系统引导项的情况下，可以尝试手动输入引导命令并修复 GRUB。如果 GRUB 已经被损毁或丢失，则需要使用第二种方式，即使用安装光盘或 USB 引导进入 CentOS rescue 修复模式，并重新安装 GRUB。

若重建 GRUB 成功，则可以尝试通过重新启动操作系统，使用 fdisk 命令查看分区是否正确恢复，并查看文件是否能够被正确读取。

最后，在最糟糕的情况下，重建 GRUB 仍无法正常启动 Linux 系统或没有正确恢复分区，应立即停止任何写操作并关机，随后将硬盘送往专业的数据恢复机构，以尽可能减少数据损失。

4．具体操作

（1）（系统正常使用时的维护工作）备份 GRUB。

备份 GRUB，操作命令如下：

```
dd if =/dev/sda of=<backup path>/grub.bak bs=446 count=1
cp /boot/grub2/grub.cfg <backup path>/grub.cfg.bak
```

（2）（有 GRUB 备份）进入 CentOS rescue 修复模式，并恢复 GRUB。

步骤 1：插入安装光盘或 USB 引导。

步骤 2：从安装光盘或 USB 引导中启动 Linux 主机。

步骤 3：选择"Troubleshoot ing"选项，即 CentOS rescue 修复模式，如图 4-10 所示。

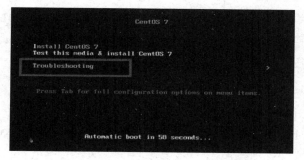

图 4-10　选项"Troubleshoot ing"选项

步骤 4：选择"Rescue a CentOS system"选项，如图 4-11 所示。

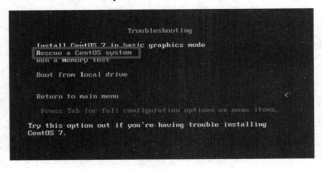

图 4-11　选择"Rescue a CentOS system"选项

步骤 5：选择选项 1（救援环境），如图 4-12 所示。

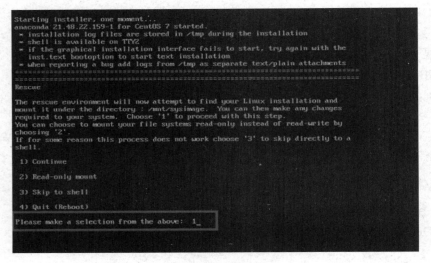

图 4-12　选择选项 1

步骤 6：将具有备份文件的分区［示例中为磁盘 sdb（dev 目录下）的 sdb1 分区］挂载到 /mnt/backup 目录下。

```
sh-4.2# mkdir /mnt/backup  #建立挂载点目录
sh-4.2# mount /dev/sdb1 /mnt/backup  #挂载分区
```

步骤 7：使用 dd 命令将 GRUB 备份重新写入磁盘（示例中为 sda1）。

```
sh-4.2# dd if =/mnt/backup/grup.bak of=/dev/sda1 #恢复备份数据
```

步骤 8：将备份的引导文件 grub.conf 及时迁移到其他磁盘中。

步骤 9：重新启动设备，等待出现引导项，并成功进入操作系统，问题得到解决。

（3）在没有 GRUB 备份的情况下，手动修复 GRUB。

如果开机后出现 Linux 系统的 grub 提示符，则可以在引导提示模式下手动修复 GRUB。GRUB 的可用命令如表 4-4 所示。

表 4-4　GRUB 的可用命令

命令	描述
set	查看环境变量。这里可以使用该命令查看启动路径和分区
ls	查看设备
insmod	加载模块
root	指定用于启动系统的分区。在救援模式下，设置 GRUB 启动分区
prefix	设定 GRUB 启动路径

步骤 1：查看磁盘分区，结果如图 4-13 所示。

```
grub> ls
```

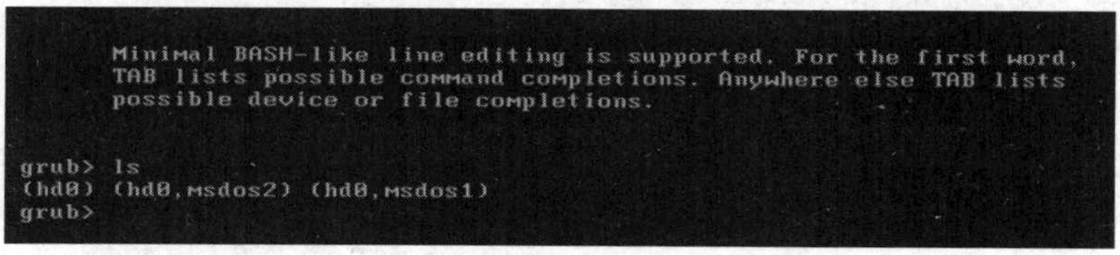

图 4-13　查看磁盘分区结果

步骤 2：查看 Linux 系统在以上哪个磁盘分区中，并找到 i386-pc/linux.mod 文件所在的路径。

```
grub> ls (hd0,msdos1)
```

若出现如图 4-14 所示的 No known filesystem 提示信息，则尝试进行下一步，直到出现如图 4-15 所示的 Linux 文件系统类型及磁盘分区信息。本示例中为(hd0,msdos1)。

图 4-14　查看磁盘分区失败

图 4-15　查看磁盘分区成功

操作命令如下：

```
grub>ls (hd0,msdos1)/<path>
```

其中，<path>需要自行搜索，一般在 grub2 或 boot/grub2 目录下。

图 4-16 所示为找到的 i386-pc 目录。

图 4-16　找到的 i386-pc 目录

步骤 3：手动设置引导，正常进入 Linux 系统。

```
grub>insmod xfs #加载文件系统模块
grub>set root=(hd0,msdos1)
# 按 Tab 键可以自动补全 xxx 处的内容。如果存在 acpi 问题，则在最后添加 acpi=off
grub>linux16 /vmlinuz-xxx-xxx root=/dev/mapper/centos-root
grub>initrd16 /initramfs-xxxxxx.img #同理，按 Tab 键可以自动补全 xxxxxx 处的内容
grub>boot #启动
```

此时可以看到，成功启动 Linux 系统，且可以正常使用。但是，在重新启动系统后仍然不能正常进入系统，这是因为没有将修改写入 GRUB 文件，需要进入 Linux 系统进行修改。成功启动 Linux 系统如图 4-17 所示。

图 4-17　成功启动 Linux 系统

步骤 4：进入 Linux 系统并修复 GRUB。

在进入 Linux 系统后，应及时在终端中重建 GRUB 引导文件 grub.cfg，操作命令如下：

```
[root@localhost ~]# grub2-install /dev/sda
[root@localhost ~]# grub2-mkconfig -o /boot/grub2/grub.cfg
```

步骤 5：使用 reboot 命令重新启动设备，等待出现引导项，并成功进入操作系统，此时问题得到解决。

（4）（无 GRUB 备份，可选）通过重建 MBR 来修复 GRUB。重复 4.2.1 节具体操作中的步骤（2）和步骤（4），并重建 GRUB 引导文件 grub.cfg。

重建引导文件 grub.cfg，操作命令如下：

```
[root@localhost ~]# grub2-mkconfig -o /boot/grub2/grub.cfg
```

4.2.3　文件系统破坏导致系统无法启动

当前 Linux 发行版普遍采用的都是 ext3、ext4、zfs 等文件系统，这些文件系统大多具有日志记录功能，并且具有一定的容错和纠错能力。例如，日志文件系统，它并不是实时将数据写入磁盘的，而是定期批量写入的。但是，文件系统的所有读写操作都会被实时记录到日志文件中。当系统因发生掉电或其他错误而导致没有将数据写入磁盘时，可以通过日志文件中的记录来回滚发生故障时的读写操作，进而确保数据和文件系统的一致性。但是，由于实际生产环境的复杂性和应用的多样性，文件系统的容错机制并不能保证每次都能成功自我修复。在这种情况下，需要运维人员进行手动修复。

1．故障原因

（1）因系统意外掉电而导致文件系统受损。

（2）实际生产环境产生的误差超出文件系统容错机制的容错范围。

2．故障现象

Linux 系统无法自动修复错误的文件系统，而是会自动进入单用户模式或出现一个交互界面，提示用户进行手动修复，提示信息如图 4-18 所示。

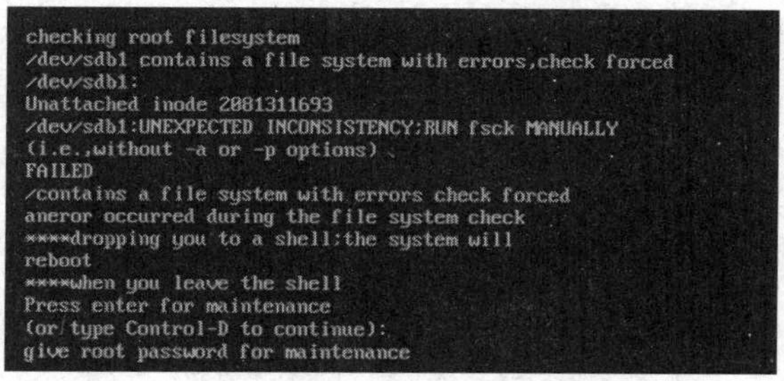

```
checking root filesystem
/dev/sdb1 contains a file system with errors,check forced
/dev/sdb1:
Unattached inode 2081311693
/dev/sdb1:UNEXPECTED INCONSISTENCY;RUN fsck MANUALLY
(i.e.,without -a or -p options)
FAILED
/contains a file system with errors check forced
aneror occurred during the file system check
****dropping you to a shell;the system will
reboot
****when you leave the shell
Press enter for maintenance
(or type Control-D to continue):
give root password for maintenance
```

图 4-18　Linux 系统无法自动修复错误文件系统时的提示信息

3．应对思路

根据提示信息可以发现，root filesystem 出现了错误，错误分区为/dev/sdb1。这个故障发生得较为频繁，通常引起这个故障的原因主要是系统突然掉电，导致文件系统不一致。在一般情况下，解决此问题的方法是在修复模式下使用 fsck 命令进行强制修复。

4．具体操作

步骤 1：根据提示，按快捷键 Ctrl+D，系统将自动重新启动，随后输入 root 密码进入系统修复模式。

步骤 2：卸载存在故障的磁盘分区（示例中的故障磁盘分区为/dev/sdb1）。

```
[root@localhost ~]# umount /dev/sdb1
```

步骤 3：执行 fsck 命令（示例中的故障磁盘分区文件系统为 ext4），结果如图 4-19 所示。

```
[root@localhost ~]# fsck.ext4 -y /dev/sdb1
```

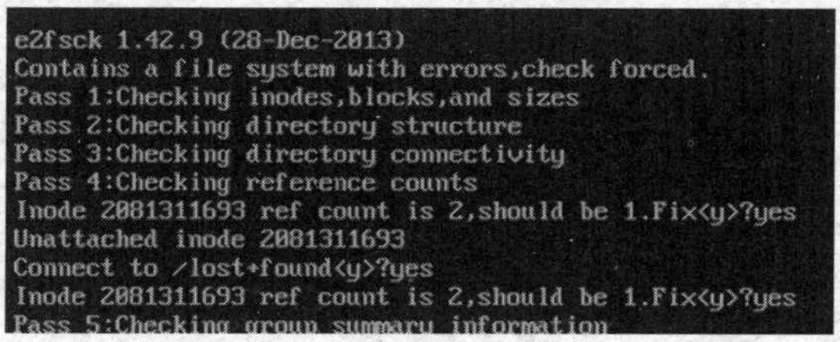

```
e2fsck 1.42.9 (28-Dec-2013)
Contains a file system with errors,check forced.
Pass 1:Checking inodes,blocks,and sizes
Pass 2:Checking directory structure
Pass 3:Checking directory connectivity
Pass 4:Checking reference counts
Inode 2081311693 ref count is 2,should be 1.Fix<y>?yes
Unattached inode 2081311693
Connect to /lost+found<y>?yes
Inode 2081311693 ref count is 2,should be 1.Fix<y>?yes
Pass 5:Checking group summary information
```

图 4-19　执行 fsck 命令修复故障磁盘分区文件系统的结果

在修复的过程中，可以看到文件系统中哪些 inode 存在问题，无法恢复的数据会被存放在文件系统的 lost+found 目录中。只要数据丢失情况不是过于严重，修复完成后一般都能成功启动系统。

4.2.4　/etc/fstab 文件丢失导致系统无法启动

/etc/fstab 文件中存放了系统的文件系统挂载相关信息。如果此文件配置正确，那么在 Linux

系统启动时，系统会读取此文件，并自动挂载系统的各个分区；如果此文件配置错误或丢失，则会导致系统无法启动。

1. 故障现象

在检测挂载分区（Mount Partition）时，系统中的所有文件都显示为只读（read only）状态，并且系统中止启动。

2. 应对思路

针对这个故障，常见的应对思路是想办法恢复/etc/fstab 文件。只要恢复了此文件，系统就能自动挂载每个分区并正常启动。可能很多读者首先想到的是将系统切换为单用户模式，然后手动挂载分区，最后根据系统信息重建/etc/fstab 文件。但是，这种方法是行不通的，因为/etc/fstab 文件丢失会导致 Linux 系统无法挂载任何一个分区，即使 Linux 系统仍能切换为单用户模式，但此时的系统只是一个 read only 的文件系统，无法向磁盘中写入任何信息，并且无法重建/etc/fstab 文件。这里我们可以考虑利用 Linux rescue 修复模式登录 Linux 系统，以便获取分区和挂载点信息，从而重建/etc/fstab 文件。

3. 具体操作

（1）进入 Linux rescue 修复模式。

（2）执行 fdisk 命令查看系统分区情况，操作命令如下。

```
fdisk -l|less
```

查看磁盘及其分区结果，如图 4-20 所示。

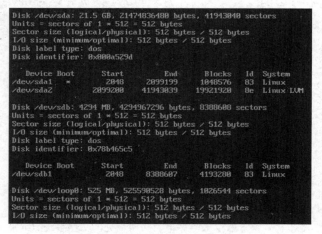

图 4-20　查看磁盘及其分区结果

从图 4-20 中可以看出，sda1 作为启动分区挂载后，该分区内有 boot 相关文件，而不是根目录，可以判断该分区为/boot 分区；而 sda2 分区的 System 为 Linux LVM。

LVM（Logical Volume Manager，逻辑盘卷管理）是 Linux 环境下对磁盘分区进行管理的一种机制。LVM 是建立在磁盘和分区上的一个逻辑层，用于提高磁盘分区管理的灵活性。

（3）创建临时目录/tmpdir，并将根分区挂载到该目录下。这是因为/etc/fstab 文件位于根分区。（注意：如果根分区使用逻辑卷，则需要先找到逻辑卷，并将其激活，再进行挂载）。

步骤 1：执行 pvs 命令查看物理卷，如图 4-21 所示。

图 4-21　执行 pvs 命令查看物理卷

从图 4-21 中可以看出，/dev/sda2 的逻辑卷组（VG）为 centos。

步骤 2：执行 lvscan 命令扫描所有逻辑卷，如图 4-22 所示。

```
sh-4.2# lvscan
  inactive          '/dev/centos/swap' [2.00 GiB] inherit
  inactive          '/dev/centos/root' [<17.00 GiB] inherit
```

图 4-22　执行 lvscan 命令扫描所有逻辑卷

从图 4-22 中可以看出，存在两个未激活的逻辑卷，其中/dev/centos/root 就是需要挂载的根分区。

步骤 3：执行 vgchange 命令激活逻辑卷组，如图 4-23 所示。

```
sh-4.2# vgchange -ay /dev/centos
  2 logical volume(s) in volume group "centos" now active
```

图 4-23　执行 vgchange 命令激活逻辑卷组

图 4-24 所示为逻辑卷组 centos 中两个逻辑卷被激活时的信息。

```
sh-4.2# lvscan
  ACTIVE            '/dev/centos/swap' [2.00 GiB] inherit
  ACTIVE            '/dev/centos/root' [<17.00 GiB] inherit
```

图 4-24　卷组 centos 中两个逻辑卷被激活时的信息

从图 4-24 中可以看出，逻辑卷组 centos 中的两个逻辑卷被激活，可以再次执行 lvscan 命令确认逻辑卷是否被激活。

步骤 4：挂载根目录（被激活的逻辑卷/dev/centos/root），如图 4-25 所示。

```
sh-4.2# mount /dev/centos/root /tmpdir/
```

图 4-25　挂载被激活的逻辑卷/dev/centos/root

（4）在/tmpdir/etc/目录下，使用 lsblk -f 命令输出设备的文件系统信息，使用 blkid 命令查询设备所采用的文件系统类型，参照图 4-26 和图 4-27 所显示的路径与 UUID 重新创建/etc/fstab 文件，或者参照其他 Linux 系统的 fstab 文件进行创建。

图 4-26　使用 lsblk -f 命令输出设备的文件系统信息

```
sh-4.2# blkid
/run/install/repo/LiveOS/squashfs.img: TYPE="squashfs"
/dev/sda1: UUID="d7727a86-d36b-4286-9ef1-3849bd91e3de" TYPE="xfs"
/dev/sda2: UUID="mBEZIJ-acBe-lNU7-hIut-i9iG-QlyE-L5JfXc" TYPE="LVM2_member"
/dev/sdb1: UUID="782ba254-d1bc-451e-8685-330327bd1546" TYPE="ext4"
/dev/sr0: UUID="2022-07-26-15-09-17-00" LABEL="CentOS 7 x86_64" TYPE="iso9660" PTTYPE="dos"
/dev/loop0: TYPE="squashfs"
/dev/loop1: LABEL="Anaconda" UUID="325e2fb6-9102-4c1b-868f-9adb5f48582c" TYPE="ext4"
/dev/loop2: TYPE="DM_snapshot_cow"
/dev/mapper/live-rw: LABEL="Anaconda" UUID="325e2fb6-9102-4c1b-868f-9adb5f48582c" TYPE="ext4"
/dev/mapper/live-base: LABEL="Anaconda" UUID="325e2fb6-9102-4c1b-868f-9adb5f48582c" TYPE="ext4"
/dev/zram0: UUID="a3e31753-251d-4a05-aa04-b9661c648999" TYPE="swap"
/dev/zram1: UUID="caa2a258-c8d5-4a31-8556-34a1b6280a5e" TYPE="swap"
```

图 4-27　使用 blkid 命令查询设备所采用的文件系统类型

最终修复的/etc/fstab 文件如图 4-28 所示。

```
/dev/mapper/centos-root /                          xfs     defaults        0 0
UUID=d7727a86-d36b-4286-9ef1-3849bd91e3de /boot                   xfs     defaults        0 0
/dev/mapper/centos-swap swap                       swap    defaults        0 0
~
```

图 4-28　最终修复的/etc/fstab 文件

在进行保存后，重新启动系统，确保能够成功进入系统和正确挂载所有分区。

任务 3　Linux 系统无响应问题分析

Linux 系统在长期运行后，难免会出现无响应的现象，俗称“死机”。在系统死机后，设备屏幕一般会输出故障信息，键盘失去响应。处理这种情况的常见方法就是重新启动系统。在重新启动系统之前，需要重点关注屏幕的输出信息，因为该信息可能提示的是引起死机的主要原因，这对解决问题很有帮助。实际上，还有另一种方法能够解决死机问题，即通过串口直连线连接客户机和服务器，将服务器的错误详细信息发送到客户机上。

引起系统死机的原因有很多，但主要包括两个方面：软件问题和硬件问题。下面总结了引起 Linux 系统死机的常见原因和解决问题的思路。

（1）系统硬件问题：主要由 SCSI 卡、主板、RAID 卡、HBA 卡、网卡、硬盘等硬件设备引起的死机。在这种情况下，需要定位硬件故障细节，并尝试通过更换硬件来解决问题。

（2）外围硬件问题：主要由网络故障引起的死机。在这种情况下，需要从网络设备、网络参数等方面查找和解决问题。

（3）软件问题：主要由系统内核 Bug、应用软件 Bug、驱动程序 Bug 等引起的死机。在这种情况下，需要按 Caps Lock/Num Lock/Scroll Lock 键。此时，对应 LED 可以正常亮灭。遇到此种问题按快捷键 Ctrl+Alt+F2（F1～F6），切换到另一个终端，并重新启动桌面环境或主机，即可恢复正常。之后，可以通过升级内核、修复程序 Bug 或更新驱动程序等方法防止再次出现这种问题。

（4）系统设置问题：主要由系统参数设置不当导致的死机。在这种情况下，可以通过将系统恢复到默认状态、关闭防火墙等方法来解决问题。

如果 Linux 系统死机且键盘没有反应，按快捷键 Ctrl+Alt+F2 也无效，那么强制关机可能会造成不可逆的损伤，此时可以使用“魔法键 REISUB”。通过按快捷键 Alt+SysRq+R、E、I、S、U、B 可以安全重启计算机。按住快捷键 Ctrl + Alt + SysRq（或 PrtSc 键）的同时按 R、

E、I、S、U、B 键，会依次执行以下操作。R（键盘）：重新调用键盘，并解开与控制台之间的连接；E（调用）：向进程发送 TERM 信号，并请求它们正常退出；I（发送信号）：向所有进程发送 KILL 信号以终止这些进程；S（同步）：将所有挂载的文件系统进行同步，以避免丢失数据；U（卸载）：卸载所有挂载的文件系统；B（重启）：重新启动系统。

任务 4　Linux 系统下常见网络故障的处理思路

据统计，Linux 系统下 60%的故障来自网络方面，40%的故障来自系统本身。因此可以看出，熟练解决 Linux 系统下的网络故障对 Linux 系统运维工作有着巨大帮助。

解决 Linux 系统网络故障的顺序是从 Linux 系统自身的底层网络开始，逐步向外扩展，由点及面。下面介绍解决 Linux 系统网络故障的一般思路。

（1）检查网络硬件问题：可以通过检查网线、网卡、集线器、路由器、交换机等是否正常来确认网络故障是否是由硬件引起的。

（2）检查网卡是否可以正常工作：可以从网卡驱动是否正常加载、网卡 IP 地址设置是否正确、系统路由配置是否正确这 3 个方面进行确认。

（3）检查 DNS 设置是否正确：可以从 Linux 系统的 DNS 客户端配置文件/etc/resolv.conf、本地主机文件/etc/hosts 进行确认。

（4）检查服务是否可以正常开启：可以通过 telnet 或 netstat 显示网络状态命令来检测是否已开启服务。

（5）检查访问权限是否可以打开：可以从本机 iptables 防火墙的状态、Linux 内核强制访问控制策略和 SELinux 等方面进行确认。

（6）检查局域网主机之间的连通是否正常：可以通过 ping 自身 IP 地址、ping 局域网其他主机 IP 地址、ping 网关地址等方式进行确认。

接下来针对上面给出的解决网络故障的一般思路进行详细阐述。

4.4.1　检查网络硬件问题

在检查网络故障时，首先考虑的是网络硬件设备是否存在问题，如网线、网卡、集线器、路由器、交换机等是否正常，这些是网络正常运行的基本条件。如果发现某台设备出现故障，只需更换存在问题的硬件即可解决故障。

4.4.2　检查网卡是否可以正常工作

（1）检查网卡驱动是否可以正常加载。

通过 insmod、ifconfig 命令可以判断网卡是否可以正常加载。如果通过 insmod 或 ifconfig 命令可以显示网络接口（eth0、eth1 等）的配置信息，则表示系统已经找到网卡驱动程序，检测到网络设备，网卡加载正常。

（2）检查网卡 IP 地址设置是否正确。

接下来需要检查网卡的软件设置，如 IP 地址是否配置、配置是否正确、IP 地址的配置与局域网其他服务器的配置是否有冲突。

（3）检查系统路由（路由表信息）配置是否正确。

检查系统路由表状态是处理网络故障的一种很重要的方法。下面通过一个简单的例子来阐述这一点。

假如某台服务器有两块网卡，其中 ens36 网卡的 IP 地址为 10.110.89.156，网关为 10.110.89.254，ens33 网卡的 IP 地址为 192.168.80.131，网关为 192.168.80.2；ens36 网卡通过端口映射的方式对外提供 SSH 连接服务，而 eth33 网卡仅用于在局域网主机之间共享数据。现在出现的问题是，外界无法通过 SSH 服务远程登录到此服务器，而网卡加载没有问题，网卡 IP 地址设置也没有问题。在这种情况下，需要查看此系统的路由配置。在 CentOS 7 系统中，查看路由配置的命令为 ip route，而查看路由表的命令为 routel。

执行 ip route 命令查看路由配置（见图 4-29）。由图 4-29 基本可以确定默认路由配置不当。

```
[root@localhost ~]# ip route
default via 192.168.80.2 dev ens33 proto dhcp metric 100
10.110.89.0/24 dev ens36 proto kernel scope link src 10.110.89.156 metric 101
192.168.80.0/24 dev ens33 proto kernel scope link src 192.168.80.131 metric 100
```

图 4-29　执行 ip route 命令查看路由配置

从 ip route 命令的输出信息可知，这台服务器的默认路由是 192.168.80.2，绑定在 ens33 网卡上。由于 192.168.80.0/24 网段的 IP 地址仅用于在局域网主机之间共享数据，没有对外连接的访问权限，因此外界无法登录 Linux 系统是正常的。

确定了问题所在，解决起来就很简单，删除 192.168.80.0/24 网段的默认路由，在 ens36 网卡上添加 10.110.89.0/24 网段的默认路由即可，具体操作命令如图 4-30 所示。

```
[root@localhost ~]# ip route delete default
[root@localhost ~]# ip route
10.110.89.0/24 dev ens36 proto kernel scope link src 10.110.89.156 metric 101
192.168.80.0/24 dev ens33 proto kernel scope link src 192.168.80.131 metric 100
[root@localhost ~]# ip route add default via 10.110.89.254 dev ens36
[root@localhost ~]# ip route
default via 10.110.89.254 dev ens36
10.110.89.0/24 dev ens36 proto kernel scope link src 10.110.89.156 metric 101
192.168.80.0/24 dev ens33 proto kernel scope link src 192.168.80.131 metric 100
```

图 4-30　默认路由配置

在图 4-30 中，第 1 条命令 ip route delete default 用于删除原始默认路由；第 2 条命令 ip route 用于确定路由表是否按照预期发生改变；第 3 条命令 ip route add 用于添加一条默认路由，默认网关为 10.110.89.254，出口设备为 ens36 网卡。

此时，外界即可通过 SSH 服务正常远程登录 Linux 系统。

4.4.3　检查 DNS 设置是否正确

在 Linux 系统中，有 3 个文件用于指定系统到哪里寻找相关域名解析的库，分别是文件 /etc/host.conf、etc/resolv.conf 和 /etc/nsswitch.conf。其中，/etc/host.conf 文件用于指定系统如何解析主机名。Linux 系统通过域名解析库来获得主机名对应的 IP 地址。在安装完 CentOS 7 系统后，默认的 /etc/host.conf 文件中的内容如图 4-31 所示。

```
[root@localhost ~]# cat /etc/host.conf
order hosts bind
multi on
```

图 4-31　默认的 /etc/host.conf 文件中的内容

其中，order 命令用于指定主机名查询顺序，这里表示首先查找 /etc/host.conf 文件对应的解析。/etc/host.conf 文件中包含 IP 地址和主机名之间的映射，还包含主机名的别名 IP 地址。在没有域名服务器的情况下，系统中的所有网络程序都通过查询该文件来解析某个主机名对应的 IP 地址，否则其他主机名通常使用 DNS 来解析。/etc/resolv.conf 文件用于配置 DNS 客户部分，其中包含主机的域名搜索顺序和 DNS 服务器的地址。

/etc/nsswitch.conf 文件是由 SUN 公司开发的名称解析服务，可以将域名解析为 IP 地址，将用户名解析为 UID 等。该文件规定了通过哪些途径、按照什么顺序、查找哪些特定类型的信息，以及指定系统在某个方法生效或失效时将采取何种动作。由于 /etc/nsswitch.conf 文件提供了更多的资源控制方式，因此它现在已经基本取代了 /etc/host.conf 文件。虽然 Linux 系统中默认这两个文件都存在，但实际上起更大作用的是 /etc/nsswitch.conf 文件。

/etc/nsswitch.conf 文件中每行的配置都规定了搜索方式，其格式为：

```
Info: methoInfo: method[[action]] [method[[action]]...]
```

其中，Info 表示该行所描述的信息类型；method 表示搜索信息的方法（每条配置至少需要一个 method）；action 表示 method 返回结果的响应处理动作。

/etc/nsswitch.conf 文件中的 hosts 配置如图 4-32 所示。

```
#hosts:         db files nisplus nis dns
hosts:          files dns myhostname
```

图 4-32　/etc/nsswitch.conf 文件中的 hosts 配置

图 4-32 中的内容表示系统首先查询 /etc/hosts 文件，如果没有找到对应的解析，则转到 DNS 配置文件指定的 DNS 服务器上进行解析。

了解了 Linux 系统下域名解析的原理和过程，就可以根据 /etc/host.conf、/etc/resolv.conf 和 /etc/nsswitch.conf 文件中的设置确定解析的顺序，从而判断域名解析可能出现的问题。

4.4.4　检查服务是否可以正常开启

当一个应用出现故障时，必须检查服务本身，如服务是否开启、配置是否正确等。检查服务是否开启分为两步。第一步是检查服务的端口是否开启。例如，我们无法以 root 用户身份通过 SSH 登录 10.110.89.156 这台 Linux 系统服务器，首先检查 SSHD 服务的 22 端口是否开启，如图 4-33 所示。

图 4-33 中的输出信息表示 10.110.89.156 的 22 端口对外开放，或者说 SSHD 服务处于开启状态。如果没有任何输出，则可能是服务没有启动，或者服务端口被屏蔽。

```
_$ telnet 10.110.89.156 22
Trying 10.110.89.156...
Connected to 10.110.89.156.
Escape character is '^]'.
SSH-2.0-OpenSSH_7.4

Protocol mismatch.
Connection closed by foreign host
```

图 4-33　检查 SSHD 服务的 22 端口是否开启

另外，可以在服务器上通过 systemctl status 命令检查 SSHD 服务的状态，如图 4-34 所示。

图 4-34　SSHD 服务的状态

从图 4-34 中可以看出，SSHD 服务的状态是正在运行。

第二步是检查 SSHD 服务配置是否正确。既然 SSHD 服务已开启，那么可能是 SSHD 服务配置存在问题。经过检查 SSHD 服务的配置文件/etc/ssh/sshd_config，发现有下面一行配置：

```
Password Authentication no
```

由此可知，SSH 服务的配置文件中配置了不允许通过口令方式进行认证。若需要通过口令进行登录，则需要将上述配置修改为：

```
Password Authentication no
```

经过以上操作发现，可以以非 root 用户身份进行登录，但是 root 用户仍不能登录，随后检查 SSHD 服务端的配置文件/etc/ssh/sshd_config，发现有下面一行配置被注释掉了：

```
#Permit Root Login yes
```

由此可知，SSH 服务端默认限制了 root 用户不能登录 Linux 服务器。如果需要 root 用户登录 Linux 服务器，则需要删除注释符号#，具体如下：

```
Permit Root Login yes
```

通过逐层检查端口和服务配置文件，我们最终找到了问题的根源。需要说明的是，本例的重点不在于指导读者如何以 root 用户身份登录 Linux 服务器，而是要借助这个例子让读者学会处理类似服务问题的思路和方法。

4.4.5　检查访问权限是否可以打开

（1）检查本机防火墙 iptables 的状态。

当某些服务无法访问时，一定要检查是否被 Linux 本机防火墙 iptables 屏蔽了。通过 iptables -L 命令可以查看 iptables 的配置策略。例如，无法访问某台 Linux 服务器提供的 WWW 服务，经过检查，系统网络、域名解析都正常，服务也正常启动，随后检查服务器的 iptables 策略配置，输出信息如图 4-35 所示。

由图 4-35 可知，这台 Linux 服务器仅设置了预设策略，而更为严重的是将 INPUT 链和

OUTPUT 链都设置为 DROP。也就是说，所有外部数据都无法进入该服务器，而服务器数据也无法传出，这种设置相当于网络不可用。为了能够访问这台服务器提供的 WWW 服务，需要添加以下两条策略，如图 4-36 所示。

```
user@user:~$ sudo iptables -L -n
Chain INPUT (policy DROP)

target      prot opt source                        destination

Chain FORWARD (policy ACCEPT)

target      prot opt source                        destination

Chain OUTPUT (policy DROP)

target      prot opt source                        destination

user@user:~$
```

图 4-35   iptables 的策略配置

```
user@user:~$ sudo iptables -A INPUT -i eth0 -p tcp --dport 80 -j ACCEPT
user@user:~$ sudo iptables -A OUTPUT -p tcp --sport 80 -m state --state ESTABLISHED -j ACCEPT
user@user:~$
```

图 4-36   添加 iptables 策略

这样，网络上的其他人就能够访问这台 Linux 服务器的 WWW 服务了。

（2）检查 Linux 内核强制访问控制策略和 SELinux。

SELinux 是一个系统级的安全防护工具，它可以最大限度地保证 Linux 系统的安全。但是，SELinux 有时会给 Linux 系统下软件的运行带来一些问题，这些问题大部分是对 SELinux 不了解导致的。为了迅速定位问题，最简单的方法是先关闭 SELinux，再测试软件运行是否正常。这虽然不是一个好方法，但是在判断问题时往往很有用。虽然 SELinux 是一款很好的安全访问控制软件，但是对于尚未熟练运用 SELinux 访问控制策略的读者，建议先暂时关闭它。等到对 Linux 系统有了更深入的认识后，开启 SELinux 将是一个明智的策略。

4.4.6   检查局域网主机之间的连通是否正常

通过前面的检查，可以基本排除 Linux 系统自身的问题。接下来需要扩展到 Linux 主机之外的网络环境，检查网络之间的连通是否存在故障。先通过 ping 命令测试局域网主机之间的连通性，再 ping 网关，检测从主机到网关的连通是否正常。

例如，在某台主机上 ping 网关，输出信息如图 4-37 所示。

```
user@user:~$ ping 10.110.89.254
64 bytes from 10.110.89.254: icmp_seq=4 ttl=255 time= 3078ms
64 bytes from 10.110.89.254: icmp_seq=4 ttl=255 time= 3031ms
64 bytes from 10.110.89.254: icmp_seq=4 ttl=255 time= 3093ms
64 bytes from 10.110.89.254: icmp_seq=4 ttl=255 time= 2945ms
64 bytes from 10.110.89.254: icmp_seq=4 ttl=255 time= 3052ms
64 bytes from 10.110.89.254: icmp_seq=4 ttl=255 time= 3073ms
```

图 4-37   在主机上 ping 网关

由图 4-37 可知，这台主机到网关的延时很长。随后测试局域网中的其他主机到这台服务器的 ping 状态，发现延时也非常长。此时，可以基本判断这台服务器的网络连接存在问题。在检查网口并更换网线后，发现 ping 的延时恢复到正常状态，仅有 0.03ms 左右。

至此，我们简单介绍了排查网络故障的常见处理思路和方法。实际上，任何网络故障的出现都是有原因的，只要根据上面给出的处理思路逐一排查，99%的问题都可以得到很好的解决。

项目 5　　Linux 系统故障排查案例实战

项目导读

本项目主要介绍 Linux 系统运维过程中常见的一些故障案例，这些案例都来自实际生产环境。每个案例都会介绍一个小问题，这些问题实际上非常简单，相信大家也都遇到过。需要说明的是，本项目的重点不在于解决问题，因为系统运维过程中的问题种类繁多，无法逐一介绍每种问题。这里重点讲述解决问题的思路。针对问题，我们首先介绍问题现象，其次阐述解决问题的思路，再次介绍问题排查的过程，最后给出解决问题的方法。通过这样的介绍，使读者掌握解决问题的统一方法和思路。有了这样的思路，相信所有问题都能迎刃而解。

学习目标

- 了解 Linux 系统运维过程中一些常见的故障
- 了解 Apache 的常见故障
- 理解 Linux 系统运维过程中故障的解决方法

能力目标

- 掌握常见故障的解决方法和思路
- 掌握 Apache 的故障处理方法
- 掌握 NAS 系统存储故障处理方法

相关知识

任务 1　常见的 Linux 系统故障案例

5.1.1　使用 su 命令切换用户时引发的问题

这是某公司客户的案例：客户的一台 Oracle 数据库服务器突然宕机了。由于在线业务的需求，客户在没有考虑太多的情况下直接重新启动了服务器。系统重新启动时没有出现问题，但当客户准备切换为 oracle 用户来启动数据库时，怎么都无法进行 su 切换，从而导致问题的出现。

1．问题现象

在 root 用户下，使用 su 命令切换为一个普通用户 oracle 时出现了错误，如图 5-1 所示。

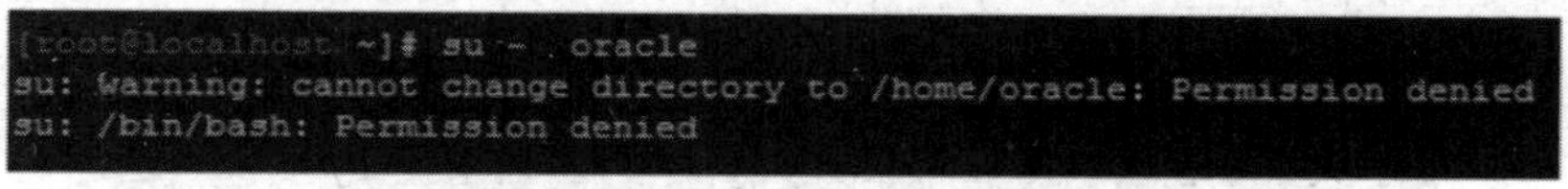

图 5-1　su 切换发生的 Permission denied 错误

于是，尝试直接通过 oracle 用户登录系统，发现此时 oracle 用户也无法登录，出现与图 5-1 所示相同的错误。

2．解决思路

由图 5-1 中的错误提示可知，权限出现了问题。那么，可以从权限方面进行排查，基本思路如下。

（1）用户/home/oracle 目录权限问题。

（2）su 命令执行权限问题。

（3）su 命令依赖的共享库权限问题。

（4）SELinux 问题。

（5）系统根空间问题。

3．排查过程

根据解决思路，我们进行逐一排查。考虑到使用 su 命令切换为 oracle 用户时会读取/home/oracle 目录下的环境变量配置文件。因此，首先检查/home/oracle 目录的权限是否存在问题，输出结果如下：

```
[root@localhost home]# ls -al /home|grep oracle
drwx------ 4 oracle oinstall 4096 01-31 10:45 oracle
```

由输出结果可知，/home/oracle 目录的属主是 oracle 用户，而 oracle 用户对这个目录具有"rwx"权限。因此，oracle 用户目录的权限设置是正确的，可以排除这个问题。

继续检查 su 命令的执行是否存在权限问题，输出结果如下：

```
[root@localhost home]# ll /bin/su
-rwsr-xr-x 1 root root 24120 2007-11-30 /bin/su
```

由输出结果可知，su 命令执行权限没有问题。因此，可以排除这个问题。

继续检查 su 命令依赖的共享库权限，使用 ldd 命令检查 su 命令依赖的共享库文件，如图 5-2 所示。

根据上述操作，逐一检查 su 命令依赖的每个库文件的权限，发现它们都正常，并且具有可执行权限。因此，可以排除这个问题。

根据解决思路，继续检查 SELinux 的设置，执行命令如图 5-3 所示。

由图 5-3 可知，SELinux 处于关闭状态。因此，可以排除这个问题。

到这里为止，问题变得扑朔迷离，到底是哪里出现了问题呢？作为 Linux 系统运维人员，定期检查系统根分区的状态至关重要。首先，检查根分区的磁盘空间大小，发现剩余空间充足。因此，可以排除空间问题。考虑到报告的错误是权限有问题，我们应紧紧围绕权限展开排查，不要偏离这个核心。因此，继续尝试检查/home 目录下各个用户的权限，执行命令如图 5-4 所示。

图 5-2   使用 ldd 命令检查 su 命令依赖的共享库文件

图 5-3   检查 SELinux 的设置

图 5-4   检查/home 目录下各个用户的权限

由图 5-4 可知，每个用户的目录权限都是"rwx------"，即"700"，没有任何问题。虽然这个结果没有任何问题，但是我们一直只关注用户对应的目录，而忽略了其他输出信息，而问题往往隐藏在我们未曾关注的信息中。在这个命令输出的前两行中，第一行权限对应的目录是"."，代表当前目录，即/home 目录，其权限为"rwxr-xr-x"，即"755"；第二行权限对应的目录是".."，即根目录，其权限为"rw-rw-rw-"，即"666"。此时，终于找到问题了，原来是由根目录权限问题引起的。

将根目录权限设置为"rw-rw-rw-"显然是错误的。在正常情况下，根目录的权限应该为"755"。这里为何设置变为了"rw-rw-rw-"，很可能是因为误操作。使用 ls 命令查看根目录的权限有时并不清晰，并且容易被很多运维人员忽略。实际上，我们可以使用 stat 命令查看根目录的权限，如图 5-5 所示。

图 5-5   使用 stat 命令查看根目录的权限

通过 stat 命令，可以很清晰地看到根目录的权限是"0666"，这才是导致 su 命令执行失败的根本原因。

4．解决方法

知道了问题产生的原因，解决问题就变得非常简单，执行如下命令：

```
[root@localhost~]#chmod 755 /
```

之后就可以顺利执行 su 命令。

这个问题主要是根目录缺失可执行权限引起的。由于在 Linux 系统下，所有操作都是在根目录下进行的，因此导致/home/oracle 目录缺失执行权限。实际上，根目录权限的缺乏对系统中运行的每个用户都存在相同的影响。因此，当权限出现问题时，一定要注意根目录的权限。

5.1.2　"Read-only file system" 问题

这个问题经常发生在有大量磁盘读写操作且磁盘分区很大的环境中。下面简单介绍案例的应用环境：这是一个 Web 服务器故障案例，客户利用两台服务器加一个磁盘阵列搭建了一个双机热备的 Web 系统，所有网站数据都存储在磁盘阵列中。两台服务器共享一个磁盘阵列分区，在正常情况下，主服务器应挂载磁盘阵列分区以提供网站服务。当主服务器发生故障时，备用服务器会接管磁盘阵列分区，继续提供网站服务。

1．问题现象

工作人员接到客户电话，反馈他们的网站无法添加数据，但网站仍可以正常访问，服务器和磁盘阵列也没有任何报警信息。

2．解决思路

根据上述信息，基本排查思路如下。

（1）网站程序问题。

（2）服务器磁盘故障。

3．排查过程

首先通知研发人员对网站程序进行排查。经过排查，发现没有程序出现问题，而在程序日志中有一条信息：

```
java.lang.RuntimeException: Cannot make directory: file:/www/data/html/
2013-03-30
```

根据上述信息可知，程序不能创建目录。那么，尝试手动创建一个目录。登录 Web 服务器，在/www/data/html 目录下创建一个目录 test，操作命令如下：

```
[root@localhost html]# mkdir test
mkdir: cannot create directory `test': Read-only file system
```

根据上述信息可知，/www/data/html 目录所在的磁盘分区出现了问题。经过排查，发现/www/data/html 目录是挂载的磁盘阵列分区，因此找到了问题的根源。

4．解决方法

磁盘出现 "Read-only file system" 的原因有很多，可能是文件系统数据块不一致造成的，也可能是磁盘故障造成的。主流的 ext3、ext4 文件系统都具有很强的自我修复机制。对于简单的错误，文件系统一般可以自行修复。当遇到无法修复的致命错误时，为了保证数据的一致性和安全性，文件系统会暂时禁止写操作，将其转为只读模式，从而出现了上面的"Read-only file system"故障。

手动修复文件系统错误的命令是 fsck。在修复文件系统前，应卸载文件系统所在的磁盘分区，操作命令如下：

```
[root@localhost ~]# umount /www/data
umount: /www/data: device is busy
```

系统提示无法卸载，可能是因为这个磁盘中正在运行文件对应的进程。检查正在运行的文件进程，操作命令如下：

```
[root@localhost ~]# fuser -m /dev/sdb1
/dev/sdb1: 8800
```

继续检查 8800 端口对应的进程，如图 5-6 所示。

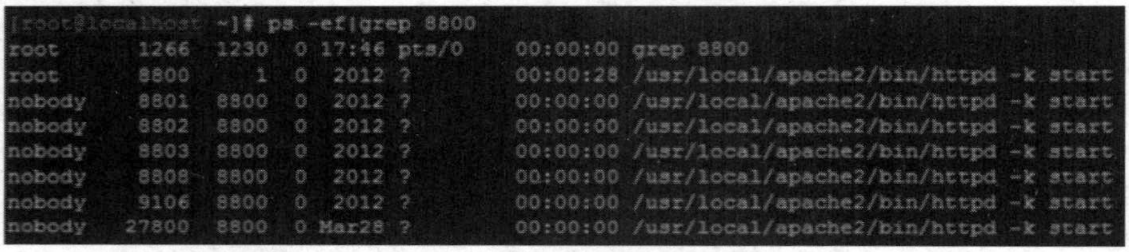

图 5-6   8800 端口对应的进程

由图 5-6 可知，系统的 apache 进程尚未停止。首先停止 apache 进程，然后卸载磁盘，操作命令如下：

```
[root@localhost ~]#/usr/local/apache2/bin/apachectl stop
[root@localhost ~]# umount /www/data
```

最后，使用 fsck 命令修复磁盘分区，如图 5-7 所示。

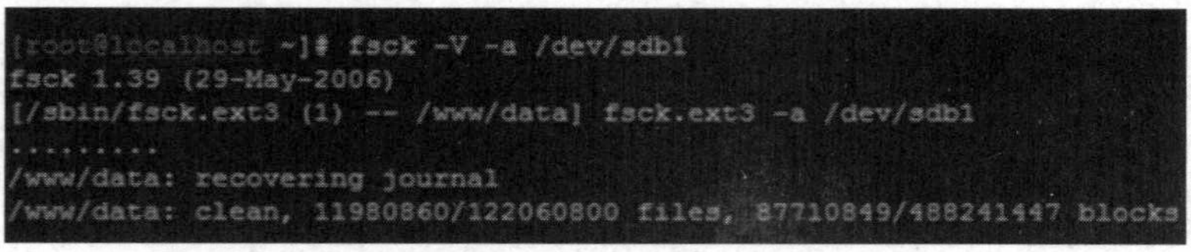

图 5-7   使用 fsck 命令修复磁盘分区

修复过程比较简单，上面省略了很多输出信息。修复的时间取决于磁盘的大小和文件系统的损坏程度。如果有些数据无法修复，则系统会询问是否删除。此时，可以根据情况进行选择。修复完成后，被删除的文件会保留在对应磁盘分区挂载点的 lost+found 目录中。

修复完成后，执行挂载操作，操作命令如下：

```
[root@localhost ~]# mount /dev/sdb1 /www/data
```

在/www/data 目录下验证是否可以创建文件，结果为可以创建文件。至此，问题被圆满解决。

5.1.3　"Argument list too long"问题

运维人员应该对"Argument list too long"问题并不陌生。在执行 rm、cp、mv 等命令时，如果需要操作的文件数有很多，那么可能会使用通配符批量处理大量文件。这时，可能会出现"Argument list too long"问题。

1．问题现象

这是一台 MySQL 数据库服务器，其中运行了很多定时任务，今天通过如下 crontab 命令添加了一个计划任务，在退出时发生了错误，如图 5-8 所示。

```
#crontab -e
```

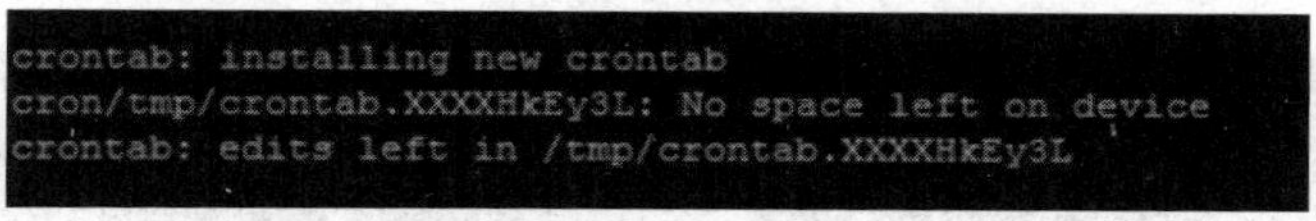

```
crontab: installing new crontab
cron/tmp/crontab.XXXXHkEy3L: No space left on device
crontab: edits left in /tmp/crontab.XXXXHkEy3L
```

图 5-8　crontab 命令编辑完成后发生的错误

2．解决思路

根据图 5-8，可以基本判定磁盘空间已满。此时应检查服务器的磁盘空间。首先检查/tmp 分区空间，然后检查根分区的磁盘空间，最后检查系统其他分区的磁盘空间。

3．排查过程

通过 df 命令查看 MySQL 数据库服务器上所有磁盘分区的情况。经过检查，发现/tmp 分区空间充裕，根分区也还有大量剩余空间，它们都不存在问题，但是/var 磁盘分区空间已经使用 100%。至此，已经确定问题的根源，是由/var 磁盘分区空间耗尽导致的。由于 crontab 在保存时会将文件信息写到/var 目录下，因此出现这个错误也是情理之中的。

4．解决方法

使用"du -sh"命令检查/var 目录下所有文件或目录的大小，发现/var/spool/ clientmqueue 目录占用了/var 磁盘分区空间的 90%。那么，/var/spool/clientmqueue 目录下的文件都是怎么产生的呢？是否可以将其删除？下面简单介绍/var/spool/clientmqueue 目录下的文件是怎么产生的。

我们可以任意打开/var/spool/clientmqueue 目录下的文件，发现其中都是一些邮件信息，邮件内容大多是关于 Cron Daemon 的。实际上，/var/spool/clientmqueue 就是一个邮件暂存目录。Linux 服务器在默认情况下会发送一些邮件，如当 cron 执行的程序产生输出时，会向执行 cron 进程的用户发送邮件。在发送邮件时，系统会先将邮件复制到/var/spool/clientmqueue 目录下，再等待 MTA（Mail Transfer Agent，邮件传送代理）程序进行处理。MTA 的主要功能是先将/var/spool/clientmqueue 目录中的邮件转移到/var/spool/mqueue 目录下，再通过 sendmail 服务将邮件发送到真正的目的地。检查 MySQL 数据库服务器的 sendmail 服务，会发现它没有开启，这就是/var/spool/clientmqueue 目录异常增大的原因：由于缺少发送邮件的客户端服务，因此邮件都被积压在这个目录下了。

在确认这些内容都没用后，切换到/var/spool/ clientmqueue 目录下，执行 rm 命令删除所有的文件，出现如下错误：

```
[root@localhost clientmqueue]# rm *
/bin/rm: argument list too long
```

此时，出现了本节开头我们谈到的问题。

当在 Linux 系统中尝试向系统命令传递大量参数时，会出现"Argument list too long"错误。这是 Linux 系统一直以来存在的限制。查看这个限制可以通过命令"getconf ARG_MAX"来实现，如图 5-9 所示。

2621440 是 CentOS 6.x 版本的一个最大值。在 CentOS 5.x 中，这个值相对较小，如图 5-10 所示。

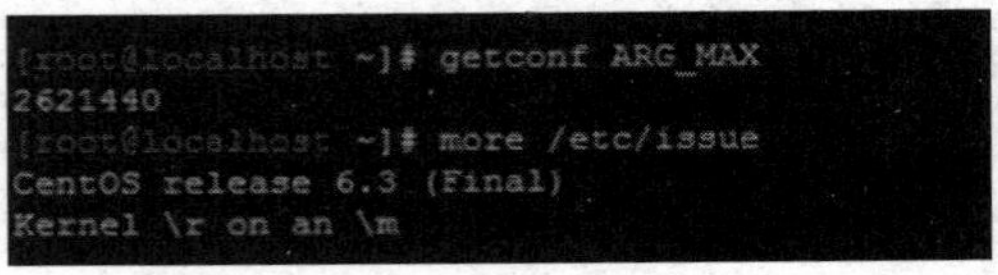

```
[root@localhost ~]# getconf ARG_MAX
2621440
[root@localhost ~]# more /etc/issue
CentOS release 6.3 (Final)
Kernel \r on an \m
```

图 5-9　CentOS 6.3 版本的 Linux 系统传递
参数限制

```
[root@localhost ~]# getconf ARG_MAX
131072
[root@localhost ~]# more /etc/issue
CentOS release 5.8 (Final)
Kernel \r on an \m
```

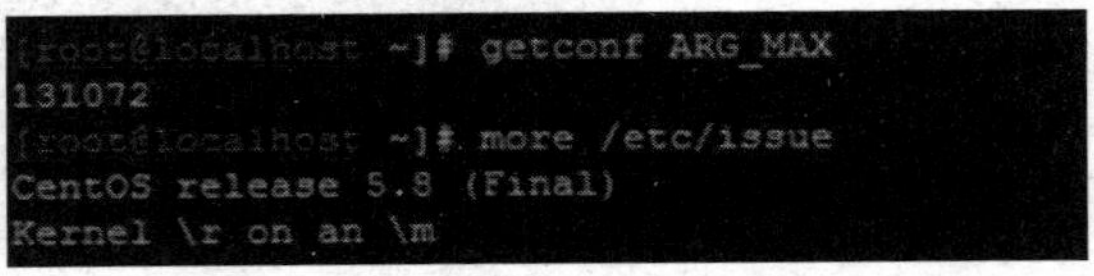

图 5-10　CentOS 5.8 版本的 Linux 系统传递
参数限制

因此，"Argument list too long"问题更多发生在较低版本的 Linux 系统中。

知道了产生问题的原因，就有很多种解决方法。这里我们提供 4 种解决此问题的方法，并分别进行介绍。

（1）手动将命令行参数分为较小的部分。

例如：

```
rm [a-n]* -rf
rm [o-z]* -rf
```

（2）使用 find 命令执行删除操作。

这种方法的基本原理是通过 find 命令筛选文件列表，将符合要求的文件传递给一系列命令。这种方法既简洁又高效。

例如：

```
find /var/spool/clientmqueue -type f -print -exec rm -f {} \;
```

但是，这种方法也有缺点：需要遍历所有文件。因此，在文件数量极多时会比较耗时。

（3）通过 Shell 脚本解决"Argument list too long"问题。

这种方法是先编写一个 Shell 脚本，再通过循环语句解决"Argument list too long"问题，与使用 find 命令的方法类似。

例如：

```
#!/bin/bash
# 设置需要删除的文件夹
RM_DIR='/var/spool/clientmqueue'
cd $RM_DIR
```

```
for I in `ls`
do
rm -f $I
done
```

（4）重新编译 Linux 内核。

这种方法需要手动增加内核中分配给命令行参数的页数。打开 kernel source 中的 include/linux/binfmts.h 文件，找到如下命令行：

```
# define MAX_ARG_PAGES 32
```

将"32"改为更大的值，如 64 或 128，并重新编译内核。

这种方法是永久有效的，可以彻底解决问题，但是比较复杂，建议高级用户使用，不建议没有 Linux 系统经验的用户使用。

5.1.4　inode 耗尽问题

1. 问题现象

客户的一台 Oracle 数据库服务器在重新启动后，无法启动 oracle 监听，如图 5-11 所示。

图 5-11　inode 耗尽问题现象

由图 5-11 可以判断，应该是由磁盘空间耗尽而导致的无法启动 oracle 监听。因为 Oracle 数据库服务器在启动监听时需要创建监听日志文件，而图 5-11 中的 3 个 TNS 错误都是由最后一行错误导致的。因此，首先检查服务器磁盘空间，如图 5-12 所示。

图 5-12　检查服务器磁盘空间

由图 5-12 可知，所有分区的磁盘空间都较为充裕，而 oracle 监听写日志的路径在/var 分区下。虽然/var 分区仅剩 3.2GB 可用磁盘空间，但是对写一个监听日志文件来说是足够的。为什么还提示磁盘空间不足呢？

2. 解决思路

既然错误提示与磁盘空间有关，那么深入研究一下关于磁盘空间的问题。在 Linux 系统中，对磁盘空间的占用分为 3 部分：第 1 部分是物理磁盘空间，第 2 部分是 inode 节点所占用的磁盘空间，第 3 部分是 Linux 系统用来存储信号量的磁盘空间。我们平时接触较多的是物理磁盘空间，对 inode 节点所占用的磁盘空间和 Linux 系统用来存储信号量的磁盘空间接触较少。既然不是物理磁盘空间的问题，那么检查是否是 inode 节点耗尽的问题。通过“df -i”命令查看系统可用的 inode 节点，如图 5-13 所示。

```
[root@localhost ~]# df -i
Filesystem            Inodes   IUsed     IFree   IUse% Mounted on
/dev/sda6            5244736   131285   5113451    3%  /
/dev/sda8          160989184     7387 160981797    1%  /backup
/dev/sda5            5244736   156624   5088112    3%  /usr
/dev/sda2           13107200   333727  12773473    3%  /home
/dev/sda3            5244736  5244736         0  100%  /var
/dev/sda1              26104       41     26063    1%  /boot
tmpfs                4110598        1   4110597    1%  /dev/shm
```

图 5-13　系统可用的 inode 节点

由图 5-13 可知，确实是因 inode 节点耗尽而导致无法写日志文件的。由于 inode 节点已经全部被使用，虽然仍有可用磁盘空间，但是文件系统已经无法记录这些空余空间了，因此无法新建文件或文件夹。由于这里涉及 inode 节点知识，因此接下来简单介绍一下 Linux 系统中 inode 节点的概念。

在 Linux 系统中，文件由数据块和元数据组成。数据块是多个连续性的扇区，是文件存取的最小单位。“块”（Block）的大小通常是 4KB，即由连续 8 个扇区组成一个块。元数据用于记录文件的创建者、创建日期、大小等。这种存储文件元数据的区域被称为 inode，又被称为“索引节点”。

由于 inode 节点同样用于存储文件相关属性信息，因此 inode 节点同样会消耗磁盘空间。在进行磁盘格式化时，操作系统会自动将磁盘分成两个区域：一个是数据区，用于存放文件数据；另一个是 inode 区（Inode Table），用于存放 inode 所包含的信息。

每个 inode 节点的大小一般是 128B 或 256B。inode 节点的总数在格式化文件系统时就已经确定。通过如下命令可以查看某个磁盘分区 inode 节点的总数：

```
[root@localhost ~]# dumpe2fs -h /dev/sda3|grep 'Inode count'
dumpe2fs 1.39 (29-May-2006)
Inode count: 5244736
```

举一个形象的例子，如果将文件系统比作一本书，那么 inode 就是这本书的目录。在格式化文件系统时，这本书的最大目录数已经确定。在写书（保存文件到磁盘）的过程中，可能会发生的情况是，纸用完了（磁盘空间不足），此时将无法保存新的文件；或者目录写满了（inode 节点全部分配完了）。在后一种情况下，虽然还有纸（磁盘空间），但是目录（inode）已经用完了，这时在文件系统中依然不能新建文件。这是因为没有目录，无法通过索引找到文件。

另外，每个 inode 都有一个号码，操作系统使用 inode 号码来区分不同的文件。通过“ls -i”命令可以查看文件名对应的 inode 号码，例如：

```
[root@localhost ~]# ls -i install.log
325762 install.log
```

如果要查看文件的详细 inode 信息，则可以通过 stat 命令来实现，如图 5-14 所示。

```
[root@localhost ~]# stat install.log
  File: `install.log'
  Size: 39224          Blocks: 88          IO Block: 4096   regular file
Device: 806h/2054d     Inode: 325762       Links: 1
Access: (0644/-rw-r--r--)  Uid: (    0/    root)   Gid: (    0/    root)
Access: 2011-07-26 19:09:02.000000000 +0800
Modify: 2011-07-26 19:17:38.000000000 +0800
Change: 2011-07-26 19:17:43.000000000 +0800
```

图 5-14　查看文件的详细 inode 信息

3．解决方法

知道了这个问题是由 inode 导致的后，接下来查看/var 目录为何耗尽了 inode。经过检查发现，/var/spool/clientmqueue/目录中有 500 多万个文件。经过分析，确定这个问题是系统的 crontab 任务导致的。因为系统开启了多个 crontab 任务，如果 crontab 任务没有重定向，则默认会在/var/spool/clientmqueue/目录下创建一个监听日志文件。随着时间的推移，这些文件会不断积累，导致文件数量激增。解决方法很简单，只需删除这些没用的文件即可。删除方法是直接使用 rm 命令，这时可能会提示"Argument list too long"错误，而解决这个问题的方法在 5.1.3 节中已经详细介绍了。通过如下命令即可完成删除操作：

```
[root@localhost ~]# find /var/spool/clientmqueue/ -name "*" -exec rm -rf {} \;
```

在删除监听日志文件后，重新启动 oracle 监听，并查看新的监听日志文件。至此，问题得到圆满解决。

5.1.5　文件已被删除，但空间未被释放的问题

1．问题现象

运维的监控系统发来通知，报告一台服务器空间满了。工作人员登录服务器并进行查看后，发现根分区确实没有剩余磁盘空间了，如图 5-15 所示。

```
[root@localhost ~]#  df -h
Filesystem            Size  Used Avail Use% Mounted on
/dev/sda3             97G   97G    0  100% /
/dev/sda1             99M   18M   76M  20% /boot
tmpfs                 16G    0   16G   0% /dev/shm
```

图 5-15　服务器磁盘空间

这里首先说明一下服务器的删除策略。由于 Linux 系统没有回收站功能，因此我们会先将线上服务器上所有需要删除的文件移动到系统的/tmp 目录下，再定期清除/tmp 目录下的数据。这个策略本身没有问题，但是通过检查发现这台服务器的系统分区中并没有单独划分/tmp 分区，因此/tmp 下的数据实际上占用了根分区的空间。既然找到了问题，那么删除/tmp 目录下的一些大数据即可。检查/tmp 目录下最大的 3 个数据文件，如图 5-16 所示。

```
[root@localhost ~]#  du -sh /tmp/*|sort -nr|head -3
66G     /tmp/access_log
36K     /tmp/hsperfdata_root
36K     /tmp/hsperfdata_mapred
```

图 5-16　检查/tmp 目录下最大的 3 个数据文件

由图 5-16 可知，在/tmp 目录下有一个 66GB 大小的文件 access_log。这个文件应该是由 Apache 产生的访问日志文件。从日志大小来看，可能已经很久没有清理 Apache 日志文件了。基本判断是这个文件导致了根空间爆满。在确认此文件可以删除后，执行如下删除操作：

```
[root@localhost ~]# rm /tmp/access_log
```

查看根分区空间是否被释放，如图 5-17 所示。

图 5-17　查看根分区空间是否被释放

由图 5-17 可知，根分区空间仍然没有被释放，这是怎么回事呢？

2．解决思路

在一般情况下，删除文件后会释放磁盘空间，但是也存在特殊情况，如文件被进程锁定，或者有进程一直在向这个文件中写入数据等。要理解这个问题，需要了解 Linux 系统下文件的存储机制和存储结构。

一个文件在文件系统中的存放分为两部分：指针部分和数据部分。指针部分位于文件系统的 meta-data（元数据）中。在删除数据部分后，指针部分会从 meta-data 中被清除，而数据部分会被存储在磁盘中。在将数据对应的指针从 meta-data 中清除后，文件数据部分所占用的空间可以被覆盖并写入新的内容。当删除 access_log 文件后，空间未被释放的原因是 httpd 进程仍一直向这个文件中写入数据，导致虽然删除了 access_log 文件，但是由于进程被锁定，文件对应的指针部分未从 meta-data 中被清除。因此，系统内核认为文件并未被删除，从而导致在通过 df 命令查询空间时显示未被释放。

3．排查过程

既然有了解决问题的思路，那么接下来查看是否存在进程一直在向 access_log 文件中写入数据的问题。这里需要使用 Linux 系统下的 lsof 命令。通过 lsof 命令可以获取一个已经被删除但仍然被应用程序占用的文件列表，如图 5-18 所示。

图 5-18　被应用程序占用的文件列表

由图 5-18 可知，access_log 文件被 httpd 进程锁定，而 httpd 进程仍一直向这个文件中写入日志数据。由第 7 列信息可知，access_log 文件的大小竟达到了 70GB，而系统根分区的总大小才 100GB。由此可知，access_log 文件就是导致系统根分区空间耗尽的罪魁祸首。最后一列的"deleted"状态说明这个日志文件已经被删除，但由于进程还在一直向此文件中写入数据，因此空间尚未释放。

4．解决方法

到这里问题基本排查清楚了。解决这类问题有很多种方法，其中最简单的方法是关闭或重新启动 httpd 进程。当然，也可以重新启动操作系统，但这并不是最佳的方法。对于这种不断向文件中写入日志数据的进程，为了释放文件所占用的磁盘空间，最佳的方法是在线清空这个文件，具体可以通过如下命令来实现：

```
[root@localhost ~]# echo " " >/tmp/access_log
```

通过这种方法，不但可以马上释放磁盘空间，也可以保障进程继续向文件中写入日志数据。这种方法经常用于在线清理 Apache、Tomcat、NGINX 等 Web 服务产生的日志文件。

5.1.6　"Too many open files" 问题

1．问题现象

一个基于 Java 的 Web 应用系统在后台添加数据时，出现了无法添加的提示。于是工作人员登录服务器查看 Tomcat 日志，发现了以下异常信息：

```
java.io.IOException: Too many open files
```

通过上述异常信息，可以基本判断是系统可用的文件描述符不足。由于 Tomcat 服务是以系统用户 www 启动的，因此以 www 用户身份登录系统后，通过 "ulimit -n" 命令查看系统允许打开的最大文件描述符的数量，输出信息如下：

```
[www@tomcatserver ~]$ ulimit -n
65535
```

由上述输出信息可知，这台服务器允许打开的最大文件描述符的数量是 65 535。这么大的值应该足够使用，但是为什么会提示这样的错误呢？

2．解决思路

这个案例涉及 Linux 系统下的 ulimit 命令。这里简单介绍一下 ulimit 命令的作用和使用技巧。ulimit 命令主要用于限制进程对资源的使用，它支持各种类型的限制，常用的如下。

- 内核文件的大小限制。
- 进程数据块的大小限制。
- Shell 进程创建文件的大小限制。
- 可加锁内存的大小限制。
- 常驻内存集的大小限制。
- 打开文件句柄数的限制。
- 分配堆栈的最大大小限制。
- CPU 占用时间限制和用户最大可用的进程数限制。
- Shell 进程所能使用的最大虚拟内存限制。

ulimit 命令的基本格式为：

```
ulimit [options] [limit]
```

ulimit 命令的参数（options）含义如表 5-1 所示。

表 5-1　ulimit 命令的参数（options）含义

参数	含义
-a	显示当前系统所有的 limit 资源信息
-H	设置硬资源限制，一旦设置就不能增加
-S	设置软资源限制，设置后可以增加，但是不能超过硬资源限制
-c	最大的 core 文件的大小，以块为单位
-f	进程可以创建文件的最大值，以块为单位
-d	进程最大的数据段的大小，以 KB 为单位
-m	最大内存大小，以 KB 为单位
-n	允许打开的最大文件描述符的数量
-s	线程的大小，以 KB 为单位
-p	管道缓冲区的大小，以 KB 为单位
-u	用户最大可用的进程数
-v	进程最大可用的虚拟内存，以 KB 为单位
-t	最大 CPU 占用时间，以秒为单位
-l	最大可加锁内存大小，以 KB 为单位

在使用 ulimit 命令时，包括以下几种使用方法。

（1）在用户环境变量中使用。

如果用户使用的是 bash，那么可以通过在用户目录的环境变量文件 .bashrc 或 .bash_profile 中添加"ulimit -u 128"命令来限制用户最多可以使用 128 个进程。

（2）在应用程序的启动脚本中使用。

如果应用程序是 Tomcat，那么可以通过在 Tomcat 的启动脚本 startup.sh 中添加"ulimit -n 65535"命令来限制用户最多可以使用 65 535 个文件描述符。

（3）直接在 Shell 终端执行 ulimit 命令。

这种方法的资源限制仅在执行命令的终端生效，在退出或关闭终端后，限制会失效，并且不影响其他 Shell 终端。

有时为了方便，也可以将用户的资源限制统一由一个文件来配置。这个文件就是 /etc/security/limits.conf。该文件不但能对指定用户的资源进行限制，还能对指定组的资源进行限制。该文件的使用规则如下：

```
<domain> <type> <item> <value>
```

其中，参数含义如下。

domain：表示用户或组的名称，可以使用*作为通配符，表示任何用户或用户组。

type：表示限制的类型，可以有两个值，即 soft 和 hard。这两个值分别表示软、硬资源限制。

item：表示需要限定的资源名称，常用的有 nofile、cpu、stack 等，分别表示最大打开句柄数、占用的 CPU 时间、最大的堆栈大小。

value：表示限制各种资源的具体数值。

除了 limits.conf 文件，还可以通过在/etc/security/limits.d 目录中创建文件来设置资源限制。系统会先读取/etc/security/limits.d 目录下的所有文件，再读取 limits.conf 文件。在设置完所有资源限制后，退出 Shell 终端并重新登录，ulimit 设置即可自动生效。

3．解决方法

在介绍完 ulimit 命令后，继续介绍本案例。既然 ulimit 设置没问题，那么一定是设置没有生效的问题。接下来检查启动 Tomcat 服务的 www 用户环境变量中是否添加了 ulimit 资源限制。经过检查发现，www 用户环境变量中没有添加 ulimit 资源限制。继续检查 Tomcat 启动脚本 startup.sh 文件中是否添加了 ulimit 资源限制。经过检查发现，startup.sh 文件中没有添加 ulimit 资源限制。继续检查 limits.conf 文件中是否添加了 ulimit 资源限制，操作命令如下：

```
[root@tomcatserver ~]# cat /etc/security/limits.conf|grep www
www soft nofile 65535
www hard nofile 65535
```

由上述输出信息可知，limits.conf 文件中添加了 ulimit 资源限制。既然已经添加了限制，配置也没有错误，为何还会报错呢？经过长时间思考，编者判断只有一种可能，即 Tomcat 的启动时间早于 ulimit 资源限制的添加时间。因此，首先查看 Tomcat 的启动时间，操作命令如下：

```
[root@tomcatserver ~]# more /etc/issue
CentOS release 6.3 (Final)
Kernel \r on an \m
[root@tomcatserver ~]# uptime
15:10:19 up 283 days, 5:37, 4 users, load average: 1.20, 1.41, 1.35
[root@tomcatserver ~]# pgrep -f tomcat
4667
[root@tomcatserver ~]# ps -eo pid,lstart,etime|grep 4667
4667 Sat Jul 6 09:33:39 2013 77-05:26:02
```

由上述输出信息可知，这台服务器已经有 283 天没有重新启动过了。Tomcat 是在 2013 年 7 月 6 日 9 点左右启动的，已经启动了约 77 天 5 小时。继续查看 limits.conf 文件的最后修改时间，如图 5-19 所示。

```
[root@tomcatserver ~]# stat /etc/security/limits.conf
  File: `/etc/security/limits.conf'
  Size: 1880            Blocks: 8          IO Block: 4096   regular file
Device: 802h/2050d      Inode: 36538264    Links: 1
Access: (0644/-rw-r--r--)  Uid: (    0/    root)   Gid: (    0/    root)
Access: 2013-07-12 19:27:10.000000000 +0800
Modify: 2013-07-12 15:48:49.000000000 +0800
Change: 2013-07-12 15:48:49.000000000 +0800
```

图 5-19　查看 limits.conf 文件的最后修改时间

通过 stat 命令可以很清楚地看出，limits.conf 文件的最后修改时间是 2013 年 7 月 12 日。通过询问相关的 Linux 系统管理人员，基本确认是在这个时候添加的 ulimit 资源限制。这样此案例的问题就变得非常明显了。由于 ulimit 资源限制的添加时间晚于 Tomcat 最后一次的启动时间，而在此期间内，Tomcat 服务一直未重新启动，操作系统也一直未重新启动，因此 ulimit 资源限制对 Tomcat 是无效的。同时，由于此操作系统是 CentOS 6.3，系统默认的最大可用句柄数是 1024，Java 进程仍使用 Linux 系统默认的值，因此出现"Too many open files"错误也是合理的。

在弄清楚问题之后，解决问题的方法就非常简单了，重新启动 Tomcat 服务即可。

任务 2　Apache 常见错误故障案例

本任务主要介绍 Linux 系统下 Web 运维过程中常见的一些故障案例。这些案例都基于 Apache 的错误或故障，虽然与系统没有直接关系，但是通过分析和排查故障发现，实际上大部分故障都与系统参数设置有很大关系。因此，下面的案例都基于 Linux 系统的故障进行分析和排查。在介绍过程中，不仅介绍故障的解决方法，还介绍与故障相关的 Linux 系统知识。这些知识对判断和解决问题至关重要。

5.2.1　"No space left on device"错误

1．问题现象

这也是一个客户案例：客户反馈在执行"apachectl start"命令启动 Apache 时没有报错信息，但是不能访问网页。客户的网站是基于 Apache+PHP+MySQL 的在线交易平台。根据客户描述的现象，工作人员的第一反应是防火墙屏蔽了 HTTP 端口或 SELinux，于是登录服务器查看相关信息，如图 5-20 所示。

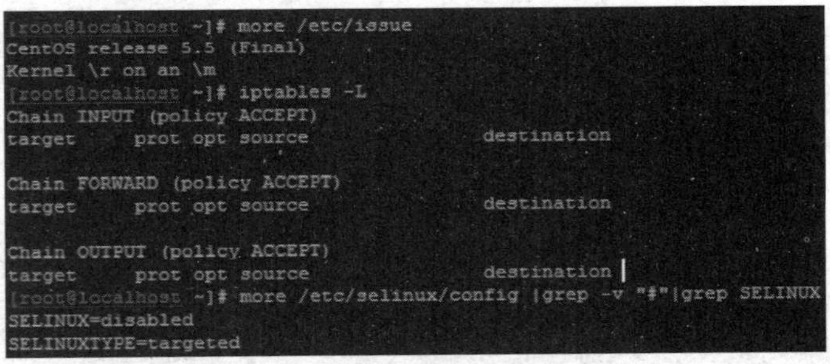

```
[root@localhost ~]# more /etc/issue
CentOS release 5.5 (Final)
Kernel \r on an \m
[root@localhost ~]# iptables -L
Chain INPUT (policy ACCEPT)
target     prot opt source               destination
Chain FORWARD (policy ACCEPT)
target     prot opt source               destination
Chain OUTPUT (policy ACCEPT)
target     prot opt source               destination
[root@localhost ~]# more /etc/selinux/config |grep -v "#"|grep SELINUX
SELINUX=disabled
SELINUXTYPE=targeted
```

图 5-20　系统防火墙和 SELinux 状态

由图 5-20 可知，防火墙所有策略都处于开启状态，没有任何限制，而 SELinux 处于关闭状态，应该不是防火墙的问题。

既然不是防火墙的问题，那么查看 httpd 进程是否存在及 httpd 端口是否正常启动，如图 5-21 所示。

图 5-21 中的操作命令首先查看了 Apache 上的 httpd 进程，显示没有 httpd 进程在运行，同时 httpd 对应的端口 80 也没有启动。于是，重新启动 Apache，但在启动 Apache 的过程中没有报错，且启动完成后仍然没有 httpd 进程在运行。由此可知，应该是 Apache 内部出现了问题。

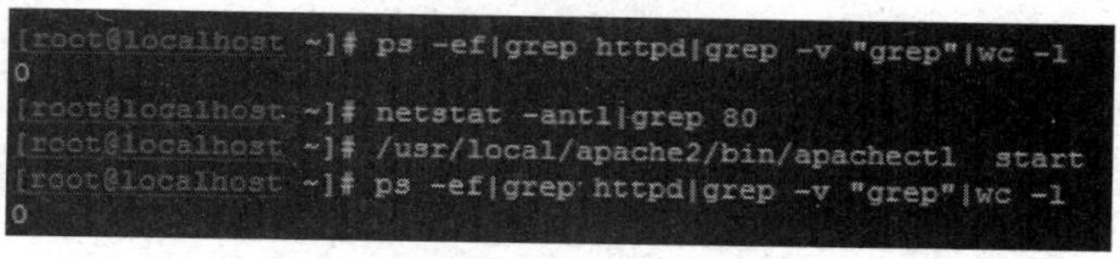

图 5-21　httpd 进程及 httpd 端口

2．解决思路

在判断是 Apache 的问题后，首先需要查看 Apache 的启动（error）日志。在查看 Apache 的 error 日志后，发现其中有一条可疑的输出信息，内容为：

```
No space left on device: mod_rewrite: could not create rewrite_log_lock
Configuration Failed
```

工作人员看到这条输出信息后，感觉应该是磁盘空间耗尽的问题，于是赶紧查看系统所有磁盘分区，结果发现所有磁盘分区都还有很多可用空间，这就有些奇怪了。

在前面的案例中，详细地介绍了 Linux 系统下对磁盘空间的占用分为 3 部分：物理磁盘、inode 节点所占用的磁盘空间和 Linux 系统用来存储信号量的磁盘空间。通过检查服务器的物理磁盘空间，发现仍有很多剩余空间，因此可以排除物理磁盘空间问题。接着通过 "df -i" 命令查看系统可用的 inode 节点，发现每个分区可用的 inode 都还有很多，因此可以排除 inode 节点问题。那么，应该是存储信号量的磁盘空间耗尽问题。

这里简单介绍一下与 Linux 系统信号量相关的知识。信号量是一种锁机制，用于协调进程之间互斥的访问临界资源，以确保某种共享资源不被多个进程同时访问。Linux 系统的信号量用于进行进程之间的通信。它有两种标准实现，分别是 System v 及 POSIX。现在大多数 Linux 系统都实现了这两种标准。这两种标准都可用于进行线程之间的通信，只是系统调用方式略有不同。

- System v 信号量通过系统调用 semget 来创建。通过 Linux 系统命令 ipcs 即可显示进程之间通信时使用的 System v 类型信号量及共享内存。
- POSIX 信号量可用于线程和进程之间的通信，并且可分为有名的信号量和无名的信号量两种。也就是说，是否保存在磁盘上可以通过有名和无名的说法来对应。有名的信号量会以文件形式保存在/dev/shm 下，因此可用于不相关进程之间的通信，而无名的信号量只能用于线程间和父子进程之间的通信。

在对信号量有了简单了解后，可以发现 Apache 使用的进程之间的通信方式应该是 System v，因此可以通过 ipcs 命令查看和解决这个问题。

3．解决方法

在解决这个问题之前，首先查看 Linux 系统默认信号量的设置值，操作命令如下：

```
[root@localhost ~]#cat /proc/sys/kernel/sem
250 32000 32 128
```

这 4 个输出值的含义如下。

- SEMMSL（250）：用于控制每个信号集的最大信号数量。
- SEMMNS（32000）：用于控制整个 Linux 系统中信号（而不是信号集）的最大数量。

- SEMOPM（32）：用于控制每个 semop 函数调用可以执行的信号操作数量。
- SEMMNI（28）：用于控制整个 Linux 系统中信号集的最大数量。

接着通过 ipcs 命令查看 httpd 进程占用了多少信号量，操作命令如下：

```
[root@localhost ~]#ipcs -s | grep daemon
```

其中，"daemon" 表示启动 Apache 进程的用户，默认是 daemon 用户，也可能是 nobody 用户，具体根据实际环境而定。在执行完此命令后，发现有很多基于 daemon 的信号量输出，终于找到了问题所在。解决信号量耗尽的方法很简单，通过 ipcrm 命令进行清除即可。其中，最简单的方法是执行如下组合命令：

```
[root@localhost ~]#ipcs -s | grep nobody | perl -e 'while () { @a=split(/\s+/);
print `ipcrm sem $a[1]`}'
```

执行完上述命令后，重新启动 Apache，并查看是否有 httpd 进程启动。经过检查发现，此时 httpd 进程已启动，表明 Apache 可以正常工作。

5.2.2 "Apache(20014)" 错误

1. 问题现象

这是一个简单的客户案例：客户反映网站无法访问了，并且 Apache 也无法启动。客户的网站是基于 Apache+Tomcat+MySQL 的，其服务器信息如图 5-22 所示。

```
Linux:~ # uname -a
Linux linux 2.6.5-7.97-default #1 Fri Jul 2 14:21:59 UTC 2004 i686 i686 i386 GNU/Linux
linux:~ # more /etc/issue
Welcome to SUSE LINUX Enterprise Server 9 (i586)  - Kernel \r (\l).
linux:~ # /usr/local/apache2/bin/apachectl start
(20014)Internal error: Error retrieving pid file logs/httpd.pid
```

图 5-22 服务器信息

这里提示 httpd.pid 文件错误。熟悉 Apache 的读者应该知道，httpd.pid 文件实际上是 Apache 的进程 pid 文件，用于存储 Apache 的启动进程 ID。

2. 解决思路

既然提示 httpd.pid 文件错误，那么查看这个文件是否存在及其内容即可。查看 httpd.pid 文件的操作命令如下：

```
linux:~ #more /usr/local/apache2/logs/httpd.pid
```

发现 httpd.pid 文件存在，但是内容为空，这里肯定存在问题。要解决这个问题，首先要了解 Apache 的启动机制及 httpd.pid 文件的作用。httpd.pid 文件为文本文件，其中内容只有一行，记录了 httpd 进程的 PID。通过 cat 命令可以查看 httpd.pid 文件的内容。通过这个 httpd.pid 文件可以防止进程启动多个副本。只有能够获得 httpd.pid 文件的进程才能正常启动并把自身的 PID 写入该文件，而同一个程序的多余进程则会自动退出。同时，httpd.pid 文件在 Apache 正常启动时创建，在 Apache 正常关闭时自动删除。Apache 在启动时会查找 httpd.pid 文件是否存在，如果该文件不存在，则创建此文件，将 Apache 启动的进程 ID 写入 httpd.pid 文件，并提示启动成功。如果该文件存在，但内容为空，则会出现"(20014)Internal error"错误。

在这个案例中，httpd.pid 文件存在，但是内容为空，这可能是磁盘空间耗尽导致的，也可能是系统突然断电导致的。总之，导致这个问题的原因有很多种，这里不对其进行深究，因为我们的目的是找到解决问题的方法。

3．解决方法

解决这个问题有两种方法：一种方法是直接删除 httpd.pid 空文件，另一种方法是向 httpd.pid 文件中写入一个数字，操作命令如下：

```
linux:~ #echo "28976">>/usr/local/apache2/logs/httpd.pid
linux:~ #more /usr/local/apache2/logs/httpd.pid
28976
```

再次启动 Apache：

```
linux:~ #/usr/local/apache2/bin/apachectl start
```

此时，Apache 可以正常启动了。查看 httpd.pid 文件中的内容，具体如下：

```
linux:~ #more /usr/local/apache2/logs/httpd.pid
7789
```

由上述内容可以看出，Apache 在成功启动后，自动获得了一个新的 PID。进程之间即可使用这个 PID 进行通信。Apache 在启动后，会保持这个 PID 不变，直到下次重新启动时才更新。

5.2.3　"could not bind to address 0.0.0.0:80" 错误

1．问题现象

客户的一台 Web 服务器是基于 Apache+JK+Tomcat 构建的一个电商平台。在更换硬件并重新启动后，客户反映 Apache 无法启动，但是 Tomcat 服务可以启动。启动 Apache 时的错误信息如图 5-23 所示。

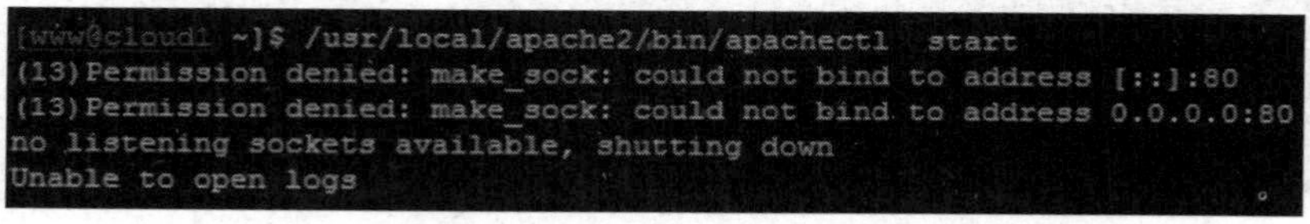

```
[www@cloud1 ~]$ /usr/local/apache2/bin/apachectl  start
(13)Permission denied: make_sock: could not bind to address [::]:80
(13)Permission denied: make_sock: could not bind to address 0.0.0.0:80
no listening sockets available, shutting down
Unable to open logs
```

图 5-23　启动 Apache 时的错误信息

查看启动用户和 Apache 监听的端口，输出信息如图 5-24 所示。

由图 5-24 可知，Apache 的启动用户是 www，监听端口是 80，并且/usr/local/apache2 目录的所有文件和目录的权限属主都是 www 用户。因此，可以排除读写权限的问题。继续排查，更改 Apache 的监听端口，将其改为 8000，查看是否能够正常启动，如图 5-25 所示。

```
[www@cloud1 apache2]$ whoami
www
[www@cloud1 apache2]$ cat /usr/local/apache2/conf/httpd.conf |grep Listen
# Listen: Allows you to bind Apache to specific IP addresses and/or
# Change this to Listen on specific IP addresses as shown below to
#Listen 12.34.56.78:80
Listen 80
```

图 5-24　查看启动用户和 Apache 监听的端口

```
[www@cloud1 apache2]$ sed -i 's/Listen 80/Listen 8000/' /usr/local/apache2/conf/httpd.conf
[www@cloud1 apache2]$ cat /usr/local/apache2/conf/httpd.conf |grep Listen
# Listen: Allows you to bind Apache to specific IP addresses and/or
# Change this to Listen on specific IP addresses as shown below to
#Listen 12.34.56.78:80
Listen 8000
[www@cloud1 apache2]$ /usr/local/apache2/bin/apachectl  start
[www@cloud1 apache2]$ ps -ef|grep httpd
www      31756     1  0 18:39 ?        00:00:00 /usr/local/apache2/bin/httpd -k start
www      31758 30870  0 18:39 pts/4    00:00:00 grep httpd
```

图 5-25　修改 Apache 监听端口为 8000 后重新启动 Apache 服务

虽然这次启动没有报错，但是根据 httpd 进程的状态来看，启动可能仍存在问题。继续查看 Apache 启动日志，如图 5-26 所示。

```
[Mon Sep 16 18:39:40 2013] [warn] pid file /usr/local/apache2/logs/httpd.pid overwritten -- Unclean shutdown of previous Apache run?
[Mon Sep 16 18:39:40 2013] [error] (13)Permission denied: could not create /usr/local/apache2/logs/httpd.pid
[Mon Sep 16 18:39:40 2013] [error] httpd: could not log pid to file /usr/local/apache2/logs/httpd.pid
```

图 5-26　Apache 启动日志

由图 5-26 可知，Apache 启动日志果然存在问题。通过启动日志基本判断是 Apache 的 httpd.pid 文件无权限的问题。继续检查 httpd.pid 文件的权限，操作命令如下：

```
[root@cloud1 logs]# ll /usr/local/apache2/logs/httpd.pid
-rw-r--r-- 1 root www 6 Sep 16 17:33 /usr/local/apache2/logs/httpd.pid
```

由上述输出信息可知，httpd.pid 文件权限的属主为 root 用户。将 httpd.pid 文件权限的属主修改为 www 用户，操作命令如下：

```
[root@cloud1 logs]# chown www /usr/local/apache2/logs/httpd.pid
```

重新启动 Apache 服务并查看启动进程，如图 5-27 所示。

```
[www@cloud1 apache2]$ /usr/local/apache2/bin/apachectl  restart
httpd not running, trying to start
[www@cloud1 apache2]$ ps -ef|grep httpd
www      31756     1  0 18:39 ?        00:00:00 /usr/local/apache2/bin/httpd -k start
www      32408     1  0 18:43 ?        00:00:00 /usr/local/apache2/bin/httpd -k restart
www      32409 32408  0 18:43 ?        00:00:00 /usr/local/apache2/bin/httpd -k restart
www      32410 32408  0 18:43 ?        00:00:00 /usr/local/apache2/bin/httpd -k restart
www      32411 32408  0 18:43 ?        00:00:00 /usr/local/apache2/bin/httpd -k restart
www      32414 32408  0 18:43 ?        00:00:00 /usr/local/apache2/bin/httpd -k restart
www      32573 30870  0 18:43 pts/4    00:00:00 grep httpd
```

图 5-27　重新启动 Apache 服务并查看启动进程

由图 5-27 可知，这次 Apache 启动成功了。因此，可以排除 Apache 配置问题。通过 8000 端口可以启动 Apache，而通过 80 端口则无法启动，这是什么问题呢？

2．解决思路

既然这个案例与端口相关，那么需要了解一下 Linux 系统中的端口。Linux 系统中可用的端口范围是 0～65 535，可分为 3 类，分别是公认端口、注册端口和动态端口。

公认端口的范围为 0～1023，属于系统预留端口，主要用于绑定一些服务，如 80 端口绑定的是 HTTP 服务，21 端口绑定的是 ftp 服务，22 端口绑定的是 SSHD 服务等。对于公认端口，Linux 系统做了一些安全限制，即普通用户无法绑定这类端口，只有 root 用户才能绑定和使用这类端口。

注册端口的范围是 1024～49 151，主要用于分配给用户进程或应用程序。这些进程主要是用户自定义安装的应用程序。

动态端口的范围是 49 152～65 535。动态分配是指当一个系统进程或应用程序需要进行网络通信时，它会向主机申请一个端口；主机会从可用的端口号中为这个进程或应用分配一个。当这个进程或应用关闭时，将释放所占用的端口。

通过以上对端口的介绍，这个案例的问题也就明确了。在上面的错误现象中，普通 www 用户无法启动 Apache 的 80 端口，这是因为 80 端口属于公认端口，普通用户无权绑定，而 8000 端口属于注册端口，普通用户可以自由使用。这就是此案例需要查找的原因。

3．解决方法

如何使用 Apache 的 80 端口呢？这里介绍两种使用方法，具体如下。

（1）将 Apache 以 root 用户身份启动，这是最简单的方法。

（2）修改 Apache 目录下 httpd 文件的 SUID 属性。

第一种方法实现起来相对简单，但是存在安全问题。如果黑客入侵了 80 端口，他就拥有了 root 权限。因此，编者不推荐使用第一种方法，因为保证程序的安全才是最重要的。这里简单介绍第二种方法的实现过程。首先，通过 root 用户进行如下授权，如图 5-28 所示。

图 5-28　对 Apache 的 httpd 文件进行授权

然后，以 www 用户身份重新启动 Apache，发现这次可以正常启动了，如图 5-29 所示。

图 5-29　以 www 用户身份重新启动 Apache

由图 5-29 可知，实际上 Apache 仍是以 root 用户身份启动的，上面的修改只是保证普通用户可以正常启动 Apache。另外，启动的 httpd 进程对应的用户除了 root 用户，还有 www 用户，实际上，这是一种父进程和子进程的关系。父进程由 root 用户启动后，会派生出多个子进程，而这些子进程的启动用户是可定义的，可以在配置文件 httpd.conf 的如下选项中进行修改：

```
User www
Group www
```

任务3　NAS系统存储故障引起的Linux系统恢复案例

1．问题现象

NAS系统基于Linux内核，自带存储包含16块磁盘，共分为两组，每组都采用了RAID5。然而，Linux系统无法正常启动，在服务启动到CUPS时停止，按快捷键Ctrl+C强制断开也没有响应。查看磁盘状态均正常，没有出现报警或警告现象。

2．解决思路

通过上面这些现象，首先判断NAS系统硬件应该没有问题，NAS系统存储盘应该也是正常的。现在Linux系统无法启动，应该是Linux系统本身存在问题。因此，首先从Linux系统进行排查。

3．排查过程

（1）第一次排查过程。

NAS系统本身基于Linux内核，装载了一个文件系统管理软件，该软件可以对系统磁盘、系统服务、文件系统等进行管理和操作。在正常情况下，基于Linux内核的NAS系统应该在init3或init5模式下启动。由于NAS系统仅使用了Linux系统的一个内核模块和几个简单服务，因此判断NAS系统下的Linux系统肯定是在init 3模式下启动的。那么，既然现在无法在多用户字符界面下启动，为何不让Linux系统直接进入单用户（init1）模式呢？因为单用户模式下仅启用系统所需的核心服务，而CPUS服务属于应用程序级别的服务，肯定不会在单用户模式下启动。这样就避免了CUPS服务无法启动的问题。因此，下面的工作是进入Linux系统的单用户模式。

很多Linux发行版本都可以在启动的引导界面下通过相关设置进入单用户模式。通过查看NAS系统的启动过程，基本判断这个Linux系统与RHEL/CentOS发行版非常相似。因此，尝试通过RHEL/CentOS进入单用户模式。

通过RHEL/CentOS进入单用户模式很简单，即首先在系统启动的引导界面下按E键，然后编辑正确的内核引导选项，在最后面加上"single"选项，直接按B键即可。

重新启动NAS系统后，硬件会进行自检，并开始启动Linux系统。此时会发现，尽管我们一直在等待NAS系统的引导界面，但是系统直接跳过引导界面，进入了内核镜像加载阶段。没有进入引导界面，如何进入单用户模式呢？经过简单思考，工作人员决定在硬件检测完后直接按E键，结果出现了"奇迹"——真的可以进入引导界面！经过简单观察，发现第二个选项正是需要引导的内核选项，于是工作人员使用键盘上的上下方向键选中这个内核选项，并按E键，进入编辑界面。在内核引导的编辑界面的最后面输入"single"，并按Enter键，返回上一个界面，并按B键，开始进行单用户引导。经过1min，系统成功进入了单用户模式下的Shell命令行。

进入单用户模式后，可以进行许多操作。首先需要在多用户模式下禁用CUPS服务的自启动，操作命令如下：

```
chkconfig --levle 35 cups off
```

执行成功后，重新启动系统进入多用户模式，查看系统是否能够正常启动。

（2）第二次排查过程。

在禁用 CUPS 服务的自启动后，重新启动 NAS 系统后发现问题仍然存在，NAS 系统仍然在启动到 CUPS 服务时停止了。难道上面的命令没有生效吗？明明已经禁止了 CUPS 服务的自启动，怎么它还是启动了呢？因此，继续重新启动 NAS 系统并进入单用户模式，查看问题究竟出在哪里。

在进入单用户模式后，执行 chkconfig 命令，依旧可以成功。难道是 CUPS 服务出了问题？先查看配置文件，操作命令如下：

```
vi /etc/cups/cupsd.conf
```

在这里发现了一个问题，在通过 vi 命令打开 cupsd.conf 文件时，提示“write file in swap”。文件确实存在，为什么提示指向它在虚拟内存中呢？经过思考，只有一种可能，NAS 系统设备的 Linux 系统分区应该没有正确挂载，导致在进入单用户模式时，所有文件都存储在虚拟内存中。要验证这一点非常简单，执行 df 命令即可，如图 5-30 所示。

```
[root@NASserver ~]# df -h
Filesystem            Size  Used Avail Use% Mounted on
/dev/                  11G  4.3G  5.8G  43% /
tmpfs                 593M  4.0K  593M   1% /dev/shm
```

图 5-30　执行 df 命令

由图 5-30 可知，Linux 系统的分区并未挂载。通过“fdisk -l”命令检查磁盘分区的状态，输出信息如图 5-31 所示。

```
[root@NASserver ~]# fdisk -l

Disk /dev/sda: 85.8 GB, 85899345920 bytes
255 heads, 63 sectors/track, 10443 cylinders
Units = cylinders of 16065 * 512 = 8225280 bytes

   Device Boot      Start         End      Blocks   Id  System
/dev/sda1   *           1          13      104391   83  Linux
/dev/sda2              14       10443    83778975   8e  Linux

Disk /dev/sdb: 1999.8 GB, 1999844147200 bytes
255 heads, 63 sectors/track, 243133 cylinders
Units = cylinders of 16065 * 512 = 8225280 bytes

   Device Boot      Start         End      Blocks   Id  System
/dev/sdb1   *           1      243133  1952965791   83  Linux

Disk /dev/sdc: 1999.8 GB, 1999844147200 bytes
255 heads, 63 sectors/track, 243133 cylinders
Units = cylinders of 16065 * 512 = 8225280 bytes

   Device Boot      Start         End      Blocks   Id  System
/dev/sdc1   *           1      243133  1952965791   83  Linux
```

图 5-31　磁盘分区的状态

由图 5-31 可知，NAS 系统的系统盘是/dev/sda，仅划分了/dev/sda1 和/dev/sda2 这两个系统分区，而数据磁盘是经过 RAID5 完成的，在系统上的设备标识分别是/dev/sdb1 和/dev/sdc1。由于单用户模式默认没有挂载任何 NAS 系统磁盘，因此这里尝试手动挂载 NAS 系统的系统盘，操作命令如下：

```
[root@NASserver ~]#mount /dev/sda2 /mnt
[root@NASserver ~]#mount /dev/sda1 /opt
```

这里的/mnt、/opt 是随意挂载的目录，读者可以挂载到其他空目录下。完成挂载后分别进入这两个目录，并查看其中的内容，如图 5-32 和图 5-33 所示。

图 5-32　内容 1

图 5-33　内容 2

通过查看这两个目录中的内容，可以初步判断/dev/sda2 应该是 Linux 系统的根分区，而/dev/sda1 应该是/boot 分区。现在已经挂载了分区，再次执行 df 命令查看挂载情况，如图 5-34 所示。

图 5-34　挂载情况

至此，已经发现了问题。/dev/sda2 磁盘分区已经没有可用的空间了，而这个分区正好是 NAS 系统的根分区。根分区空间耗尽将导致系统启动失败。

下面把思路转到前面介绍的案例中。由于系统的 CUPS 服务在启动时会将启动日志写入根分区，而根分区空间已耗尽，因此导致无法写入日志，进而导致 CUPS 服务无法启动。这就是此案例中 NAS 系统每次启动到 CUPS 服务时就停止的原因。

4．解决方法

由于 NAS 系统只有根分区和/boot 分区，因此系统产生的相关日志都会存储在根分区中。现在根分区已经满了，首先可以清理的是/var 目录下的系统相关日志文件，通常可以清理的目录有/var/log。执行如下命令查看/var/log 日志目录占据的磁盘空间大小：

```
[root@NASserver ~]# du -sh /var/log
50.1G /var/log
```

　　由上述输出信息可知，/var/log 目录占据了根分区 70%的空间。清理这个目录下的日志文件即可释放大部分根分区空间。清理完后重新启动 NAS 系统，发现 CUPS 服务能够正常启动，NAS 服务也能够正常启动。

项目 6　轻量级运维利器——PSSH、PDSH 和 Mussh

项目导读

　　随着企业 IT 基础架构规模不断扩张，业务也迅速扩大，企业运维人员要管理的服务器和业务系统也迅速增加，从之前的几十台增加到上百台甚至几千台。面对这么多的服务器，要执行相同的系统配置操作，一台一台地部署显然是不现实的。即使是通过编写 Shell 脚本来完成操作，效率依旧十分低下。此时，需要一些自动化运维工具来批量完成任务。本项目重点介绍 3 个轻量级运维利器，分别是 PSSH、PDSH 和 Mussh。这 3 个工具体积小巧、操作简单，功能却十分强大，可以为自动化运维提供强有力的支持。

学习目标

- 了解多台服务器运维的基本内容
- 了解自动化运维工具的操作方法
- 了解运维脚本的编写与使用方法

能力目标

- 熟练单台服务器运维的操作方法
- 掌握多台服务器并行运维的方法
- 掌握编写脚本与自动化并行运维服务器的方法

相关知识

任务 1　并行 SSH 运维工具——PSSH

6.1.1　PSSH 的功能

　　PSSH（Parallel-SSH）是为小规模自动化而设计的异步并行的 SSH 库，包括 PSSH、PSCP、Prsync、Pslurp 和 Pnuke 工具，支持文件并行复制、远程并行执行命令，以及终止远程主机上的进程等。它的源代码是使用 Python 语言编写开发的。该项目最初位于 Google Code，是由 BrentN.Chun 编写和维护的。但是，由于工作繁忙，BrentN.Chun 于 2009 年 10 月将维护工作移交给了 AndrewMcNabb。PSSH 是早期在 Python 2 上开发的工具。因此，PSSH 在目前主流的 Python 3 中存在兼容性问题。幸运的是，lilydjwg/pssh 提供了一个兼容 Python 3 的版本。本书采用的就是该版本。

PSSH 的特性如下。

（1）可扩展性：支持扩展到上百台，甚至上千台主机使用。

（2）易于使用：只需两行代码，即可在任意数量的主机上运行命令。

（3）执行高效：PSSH 号称是现有的 Python SSH 库中执行速度最快的。

（4）资源消耗：与其他 Python SSH 库相比，PSSH 的资源消耗最少。

在本地主机上创建 RSA 钥和公钥：

```
user@user:~$ mkdir ~/.ssh
user@user:~$ cd ~/.ssh && ssh-keygen -t rsa
```

通过上述命令并输入密钥相关选项（本书直接采用默认值），即可创建一组密钥和公钥。

1．将公钥文件传输到目标远程主机中

```
user@user:~$ scp id_rsa.pub [username]@[ip]:~/.ssh/authorized_keys
```

在通过 scp 命令将公钥文件传输到目标远程主机中时，需要先创建 .ssh 目录。根据实际情况，替换目标主机的用户名 username 和 IP 地址。

2．测试密钥认证是否成功

```
user@user:~$ ssh [username]@[ip] ls
```

如果执行 ls 命令不需要输入密码，则说明配置成功，可以安装和使用 PSSH。

6.1.2　PSSH 的安装与语法

本书采用的 Python 版本为 3.10.6，通过 pip install 命令即可直接安装 PSSH，操作命令如下：

```
user@user:~$ pip install git+https://***.com/lilydjwg/pssh.git
```

在安装完成后，PSSH 会包含以下 5 个可执行程序，它们的名称及功能如表 6-1 所示。

表 6-1　PSSH 5 个可执行程序的名称及功能

名称	功能
pssh	在多台远程主机上并行执行 SSH 命令
pscp	从多台主机上并行复制文件
prsync	并行地在多台主机上使用 rsync 同步文件
pnuke	在多台主机上并行终止进程
pslurp	在多台主机上并行复制文件到一台中心主机上

在安装完 PSSH 后，可以执行 "pssh --help" 命令查看 pssh 命令的详细参数及其含义。

表 6-2 列出了其中一些参数及其含义。

表 6-2　pssh 命令中的部分参数及其含义

参数	含义
-h HOST_FILE	此参数后面跟一个远程主机列表文件，文件内容格式为[user@]host[port]，每行一个，可以省略用户名和端口号，省略时默认用户为执行 pssh 命令所在的用户，默认端口为22。例如： 　user@10.0.0.1:4399 　10.0.0.2
-H HOST_STRING	此参数后面跟单个远程主机名或 IP 地址，格式为[user@]host[port]，格式和上方-h 参数中的 IP 地址一致
-l USER	远程服务器用户名
-p PAR	指定最大的并发线程数
-o OUTDIR	标准输出文件的输出目录（可选参数）
-e ERRDIR	错误日志输出文件的输出目录（可选参数）
-t TIMEOUT	设置超时时间
-O OPTION	SSH 参数配置，具体用法可参考 ssl_config 文件
-v, --verbose	打开警告和诊断消息（可选参数）
-A, --askpass	开启询问密码设置（可选参数）
-x ARGS	额外的命令行参数，用于处理空格、引号和反斜杠
-X ARG,	额外的命令行参数
-g HOST_GLOB	Shell 的正则匹配，可用于过滤主机（可选参数）
-I, --send-input	从服务器的标准输入中读取数据，并将其作为输入发送至本地 SSH 客户端
-P, --print	在执行远程命令后，输出该命令的执行结果
--no-headers	当输出数据时，不输出数据头部

其他命令和 pssh 命令的使用方法没有大的差异，读者可以自行输入"pssh --help"命令来获取更多信息。

6.1.3　PSSH 的应用实例

PSSH 十分强大，我们可以根据实际的情况需要选择对应的命令工具。如果需要在远程主机上批量执行脚本命令，则可以使用 pssh 命令；如果需要批量结束多台服务器上的进程，则可以使用 pnuke 命令；如果需要将一些文件传输到远程的多台主机上，或者将多台远程主机的某些文件复制到本地主机，则可以使用 pscp 命令和 pslurp 命令；如果需要传输某些文件夹到远程多台主机上，则必须使用 prsyne 命令。

创建服务器信息清单文件：

```
user@user:$ cd~ ~ && vim list.txt
```

通过 vim 命令创建一台服务器信息清单文件，并且将服务器信息写入该文件，如图 6-1所示。这里写入了 test01、test02 这两个内网服务器及其相关信息。

```
test01@10.110.89.150
test02@10.110.89.151
```

图 6-1　使用 PSSH 对远程服务器执行相关操作

首先，使用 PSSH 执行远程单台服务器上的 Shell 命令，如图 6-2 所示。

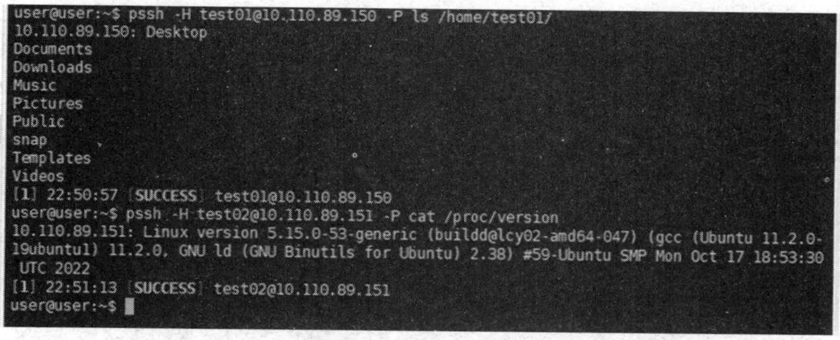

图 6-2　使用 PSSH 执行远程单台服务器上的 Shell 命令

图 6-2 中的第 1 条命令代表在 test01 服务器上执行 ls 命令；第 12 条命令代表在 test02 服务器上使用 cat 命令输出 Linux 系统版本信息。

为了在多台服务器上进行批量操作，下面通过读取服务器信息清单文件的方式，对多台服务器进行批量操作，如图 6-3 所示。

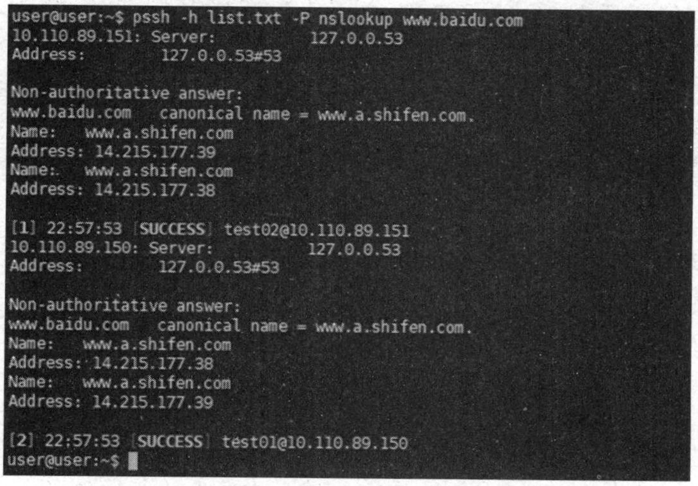

图 6-3　通过读取服务器信息清单文件的方式进行批量操作

通过 nslookup 命令向 DNS 服务器查询 www.baidu.com 域名对应的 IP 地址等信息，从而判断 DNS 服务是否正常，这是排查网络故障的常用手段。通过 PSSH 可以在多台服务器上快速、高效地进行网络故障排查。由于获取的结果和服务器信息清单文件的顺序不一致，因此可以推测 PSSH 是并行工作的。使用-O 参数和-A 参数如图 6-4 所示。

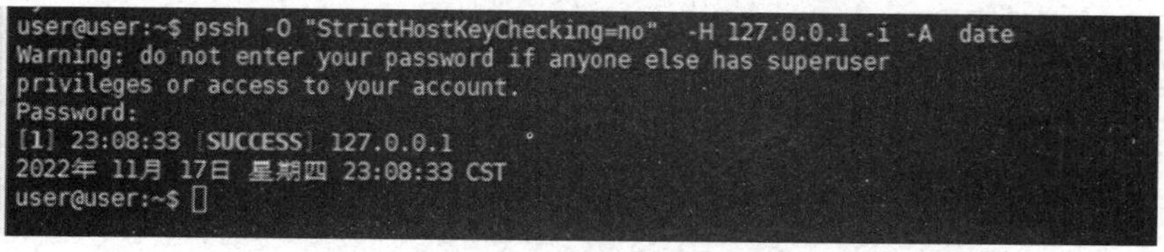

图 6-4　使用-O 参数和-A 参数

在图 6-4 中，-O 参数后的“StrictHostKeyChecking=no”是 SSHD 服务配置文件 ssh config 中的一个选项，用于让远程主机自动接受本地主机的 hostkey，而不需要用户每次都手动输入 yes；通过-A 参数，可以使用密码进行远程登录，而不需要进行配置与上传证书；127.0.0.1 是默认值，在使用 PSSH 时会自动补全为当前用户名和默认 SSH 端口。补全后的完整用户名为 user@127.0.0.1:22，指向当前主机。

pssh 命令可以调用 weget 在主机上的下载文件。批量下载测试如图 6-5 所示。

```
user@user:~$ pssh -h list.txt -i "wget https://mirrors.ustc.edu.cn/archlinux/community/os/x8
6_64/autossh-1.4g-2-x86_64.pkg.tar.zst "
[1] 23:38:43 [SUCCESS] test01@10.110.89.150
      --2022-11-17 23:38:42--  https://mirrors.ustc.edu.cn/archlinux/community/os/x86_64/a
utossh-1.4g-2-x86_64.pkg.tar.zst
Resolving mirrors.ustc.edu.cn (mirrors.ustc.edu.cn)... 202.141.160.110, 2001:da8:d800:95::11
0
Connecting to mirrors.ustc.edu.cn (mirrors.ustc.edu.cn)|202.141.160.110|:443... connected.
HTTP request sent, awaiting response... 200 OK
Length: 26856 (26K) [application/octet-stream]
Saving to: 'autossh-1.4g-2-x86_64.pkg.tar.zst'

     0K .......... .......... ......                            100%  747K=0.04s

2022-11-17 23:38:43 (747 KB/s) - 'autossh-1.4g-2-x86_64.pkg.tar.zst' saved [26856/26856]

[2] 23:38:43 [SUCCESS] test02@10.110.89.151
      --2022-11-17 23:38:42--  https://mirrors.ustc.edu.cn/archlinux/community/os/x86_64/a
utossh-1.4g-2-x86_64.pkg.tar.zst
Resolving mirrors.ustc.edu.cn (mirrors.ustc.edu.cn)... 202.141.160.110, 2001:da8:d800:95::11
0
Connecting to mirrors.ustc.edu.cn (mirrors.ustc.edu.cn)|202.141.160.110|:443... connected.
HTTP request sent, awaiting response... 200 OK
Length: 26856 (26K) [application/octet-stream]
Saving to: 'autossh-1.4g-2-x86_64.pkg.tar.zst'

     0K .......... .......... ......                            100%  662K=0.04s

2022-11-17 23:38:43 (662 KB/s) - 'autossh-1.4g-2-x86_64.pkg.tar.zst' saved [26856/26856]
```

图 6-5　批量下载测试

这里需要注意的是，对于下载等耗时操作，若耗时过长，则需要使用-t 参数来增加 PSSH 的延迟时间。在默认情况下，PSSH 的响应时间为 60s。

同样地，我们也可以使用 tar 命令远程解压缩主机上的文件：

```
user@user:~$ pssh -h list.txt -i "tar -xvf autossh-1.4g-2-x86_64.pkg.tar.zst"
```

在 Linux 系统的运行过程中，我们通常需要使用 sudo 命令对自己的权限进行升级。在使用 pssh 命令时，不建议直接获取 root 权限对多台服务器进行批量操作。因为在拥有 root 权限的情况下对多台服务器进行远程操作具有极大的风险。误操作将导致严重的危害和影响。在确保安全的情况下，我们可以通过修改相关配置文件，使 sudo 命令不需要输入密码即可获取权限，从而在 root 权限下对服务器进行批量操作。例如，进行安装操作：

```
user@user:~$ pssh -h list.txt -i "cd autossh && make && sudo make install"
```

（1）pscp 命令与 pslurp 命令的应用。

pscp 命令的主要作用是将本地文件并行地复制到远程多台主机上，而 pslurp 命令是把文件从远程多台主机复制到本地主机。虽然利用 PSSH 调用 scp 命令能够达到同样的效果，但是在运维工作中，当需要批量传送文件时，这两个命令能更加简单、高效地完成相关任务。

```
user@user:~$ vim test
```

第一个例子：首先通过 vim 命令创建一个 test 文件，并向其中写入任意字符；然后通过

pscp 命令将该文件上传到各台服务器的/tmp/目录下，如图 6-6 所示。

```
user@user:~$ pscp -h list.txt test /tmp/
[1] 00:05:19 [SUCCESS] test01@10.110.89.150
[2] 00:05:19 [SUCCESS] test02@10.110.89.151
user@user:~$ pscp -h list.txt  -r  testdir /tmp/
[1] 00:05:22 [SUCCESS] test02@10.110.89.151
[2] 00:05:22 [SUCCESS] test01@10.110.89.150
user@user:~$
```

图 6-6　pscp 命令应用示例

如果需要复制的文件比较多，一个一个地执行会非常麻烦，此时可以通过复制目录的方式来实现。第二个例子：将本地的 testdir 目录复制到远程主机的/tmp/目录下。在复制目录时，会使用-r 参数，该参数表示递归地复制指定目录下的所有文件。这里需要注意权限问题，指定远程主机上的目标路径一定要确保当前用户具有读写权限，否则会导致错误。

在复制成功后，利用 pssh 命令即可查看远程主机上是否存在相关文件，如图 6-7 所示。

```
user@user:~$ pssh -h list.txt -i "ls -l /tmp/ | grep test"
[1] 00:08:02 [SUCCESS] test01@10.110.89.150
-rw-rw-r-- 1 test01 test01    8 11月 18 00:05 test
drwxrwxr-x 2 test01 test01 4096 11月 18 00:05 testdir
drwx------ 2 test01 test01 4096 11月 17 19:59 tracker-extract-3-files.1000
[2] 00:08:02 [SUCCESS] test02@10.110.89.151
-rw-rw-r-- 1 test02 test02    8 11月 18 00:05 test
drwxrwxr-x 2 test02 test02 4096 11月 18 00:05 testdir
drwx------ 2 test02 test02 4096 11月 17 20:20 tracker-extract-3-files.1000
user@user:~$
```

图 6-7　利用 pssh 命令查看远程主机上的文件

接下来使用 pslurp 命令下载刚刚上传的文件，如图 6-8 所示。

```
user@user:~$ pslurp -L /tmp/ -h list.txt  /tmp/test test_
[1] 00:20:41 [SUCCESS] test02@10.110.89.151
[2] 00:20:41 [SUCCESS] test01@10.110.89.150
user@user:~$ pslurp -L /tmp/ -h list.txt -r /tmp/testdir testdir__
[1] 00:21:01 [SUCCESS] test01@10.110.89.150
[2] 00:21:01 [SUCCESS] test02@10.110.89.151
```

图 6-8　pslurp 命令应用示例

与 pscp 命令一样，pslurp 命令也可以通过-r 参数来指定一个文件夹。在添加-L 参数后，会在-L 参数指定的本地文件夹下创建[用户@]主机 IP[:port]文件夹，用于存储从远程主机上复制的文件。test_参数与 testdir_参数用于对复制的文件和文件夹进行重命名。另外，以上所有参数都不能省略。下载结果如图 6-9 所示，读者可以通过 tree 命令来查看相关的内容。

```
user@user:/tmp$ tree 10.110.89.15*
10.110.89.150:None
├── test_
└── testdir__
    └── testdir
10.110.89.151:None
├── test_
└── testdir__
    └── testdir

2 directories, 1 file
```

图 6-9　下载结果

（2）prsync 命令与 pnuke 命令的应用。

prsync 命令的主要作用是通过 rsync 协议将文件或目录从本地主机同步到远程多台主机上。在使用 prsync 命令前，需要先创建一个目录（见图 6-10）并向其中写入一些内容。

```
user@user:~$ mkdir test_sync
user@user:~$ echo 123 > test_sync/1.txt
user@user:~$ echo 456 > test_sync/2.txt
user@user:~$ tree test_sync/
test_sync/
├── 1.txt
└── 2.txt

0 directories, 2 files
user@user:~$
```

图 6-10　创建目录

使用 prsync 命令将该目录同步到多台服务器上。这点与 pscp 命令类似，但是 prsync 命令可以采用-a 参数来保持文件的属性值不变，包括文件的创建时间、修改时间、读写权限等。prsync 命令也可以指定新目录，从而自动创建目录，这是 pscp 命令无法实现的。prsync 命令还可以使用-z 参数对传输数据进行压缩，这在低带宽环境下十分有用。prsync 命令应用示例如图 6-11 所示。

```
user@user:~$ prsync -h list.txt -a -r test_sync/ /tmp/new_dir
[1] 01:24:23 [SUCCESS] test01@10.110.89.150
[2] 01:24:23 [SUCCESS] test02@10.110.89.151
```

图 6-11　prsync 命令应用示例

pnuke 命令的主要作用是在远程多台主机上并行终止某个进程，与 killall 命令类似。pnuke 命令的使用方法非常简单，具体如下：

```
user@user:~$ pnuke -h list.txt httpd
```

上述命令可以并行关闭所有远程主机上的 httpd 服务。pnuke 命令的作用类似于 killall 命令，后面跟的 httpd 是服务名。实际上，只要可以通过 killall 命令关闭的服务，都可以通过 pnuke 命令来批量完成。读者在使用 pnuke 命令时需要注意权限问题。对于某些由特权用户创建的进程，普通用户无法终止它们。

任务 2　并行分布式运维工具——PDSH

6.2.1　PDSH 的功能

PDSH 的全称是 Parallel Distributed Shell，与 PSSH 类似，它是一个多线程远程 Shell 客户机，可以在多台远程主机上并行执行命令。PDSH 支持多种远程 Shell 服务，包括标准的 RSH、Kerberos IV 和 SSH。在使用 PDSH 之前，同样必须保证本地主机和要管理远程主机之间单向信任。PDSH 中包含 pdcp 命令，该命令可以将本地文件批量复制到多台远程主机上，这在大规模文件分发环境下非常有用。

6.2.2　PDSH 的安装与语法

PDSH 的安装非常简单，读者可以通过 GitHub 仓库下载最新的源码包进行编译安装。目前，PDSH 的最新版本为 pdsh-2.34。

通过 GitHub 仓库下载最新的源码包进行编译安装：

```
user@user:~$ wget https://***.com/chaos/pdsh/releases/download/ pdsh-2.34/
pdsh-2.34.tar.gz
```

在下载完后，解压缩并进入 pdsh 目录后进行编译安装。编译安装过程如下：

```
user@user:~$ tar -xvf pdsh-2.34.tar.gz && cd pdsh-2.34/
user@user:~/pdsh-2.34$ ./configure --with-ssh --with-rsh --with-mrsh
--with-dshgroups --with-machines=etc/.pdsh/machines
user@user:~/pdsh-2.34$ make && sudo make install
```

其中，--with-ssh 参数表示启用 ssh 模块，其他参数的含义与此类似。--with-dshgroups 参数表示启用主机组支持。在启用此参数后，可以将一组主机列表写入一个文件，并将其放到~/.dsh/group 或 /etc/dsh/group 目录下，随后可以使用 pdsh 命令的 -g 参数进行调用。--with-machines 参数是 --with-dshgroups 参数的扩展，通过将所有要管理的主机列表写入指定的 ~/.pdsh/machines 文件，随后通过 PDSH 命令的 -a 参数进行调用，可以实现所有主机的便捷管理。

PDSH 也可以使用 apt 命令进行直接安装：

```
user@user:~$ sudo apt install pdsh
```

在安装完后，输入命令，查看 PDSH 版本信息，如图 6-12 所示。

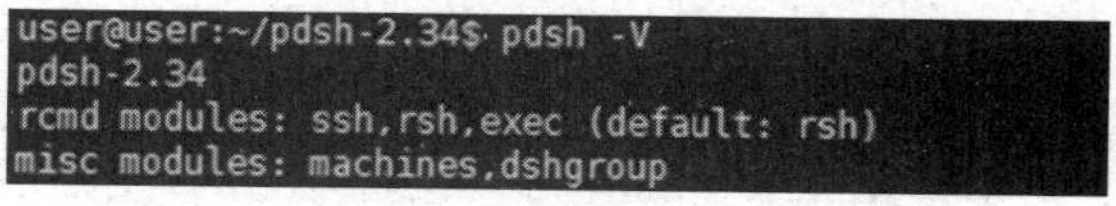

图 6-12　PDSH 版本信息

在默认情况下，当前安装的 PDSH 没有 setuid 权限。这是因为大多数 rcmd 连接协议不一定需要根权限。如果使用 rcmd/rsh 或 rcmd/qsh 模块中的任何一个，则需要在安装后将 PDSH 和 pdcp 的权限更改为 setuid root。例如：

```
user@user:~$ chown root PREFIX/bin/pdsh PREFIX/bin/pdcp
user@user:~$ chmod 4755 PREFIX/bin/pdsh PREFIX/bin/pdcp
```

此外，通过 pdsh-L 命令可以显示当前所有加载的模块信息。在安装完 PDSH 后，还有另一个实用工具 pdcp，后面将详细讲述 pdsh 和 pdcp 命令的使用方法。

在安装完 PDSH 后，通过执行 pdsh -h 和 pdcp -h 命令即可得到 pdsh 和 pdcp 命令的完整使用方法。由于 pdsh 和 pdcp 命令的参数大同小异，因此这里以 pdsh 命令为主，介绍一些常用的参数及其含义。表 6-3 所示为 pdsh 命令常用的参数及其含义。

表 6-3　pdsh 命令常用的参数及其含义

参数	含义
-S	返回远程命令的最大返回值
-h	输出帮助文档
-V	输出版本信息

参数	含义
-q	列出设置选项
-b	禁用哪些功能（仅限于批处理模式）
-d	启用额外的调试信息
-l user	指定远程主机的某个账户
-t seconds	设置连接超时时间（默认为 10s）
-u seconds	设置 SSH 命令的超时时间（默认为无限）
-f n	设置远程主机连接的并发数量
-w host,host,...	在命令行上设置目标服务器列表时，可以指定多台服务器，服务器之间使用逗号进行分隔
-x host,host,...	指定需要过滤的主机列表
-R name	设置 rcmd 模块
-M name,...	选择一个或多个 misc 模块进行初始化
-N	禁用主机名：输出行上的标签
-L	列出所有已加载模块的信息并退出
-g groupname	指定 dsh 组 groupname 中的目标主机
-X groupname	排除 dsh 组 groupname 中的目标主机

6.2.3 PDSH 的应用实例

PDSH 在对远程主机进行批量操作管理时比 PSSH 更灵活。与 PSSH 类似，PDSH 同样需要设置本地主机和远程主机之间的证书信任链接。PDSH 支持多种访问远程主机的方式。在对安全性要求较高的环境中，可以选择 SSH 来访问远程主机。为了方便理解和使用，本节采用 SSH 来给出相关的应用实例。

（1）PDSH 的使用方法。

与 PSSH 一样，PDSH 也可以执行远程单台服务器上的 Shell 命令，实现过程如图 6-13 所示。

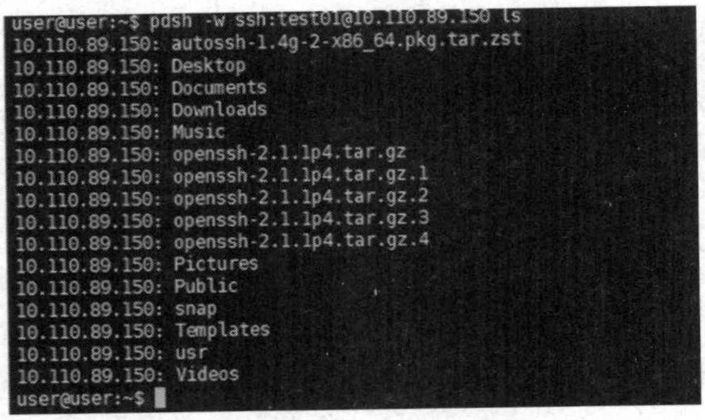

图 6-13　实现过程

当需要对多台服务器进行操作时，可以写入多台服务器信息，并使用逗号进行分隔，具体操作命令如下：

```
user@user:~$ pdsh -w ssh:test01@10.110.89.150,ssh:test02@10.110.89.151 ls
```

PDSH 在对服务器进行批量操作方面具有更好的支持。举一个例子，假如需要统计一批连续 IP 地址的服务器操作系统信息，可以直接执行如下命令：

```
user@user:~$ pdsh -w ssh:10.110.89.15[0-4] "cat /proc/version"
```

在这个实例中，仅调用了 10.110.89.150～10.110.89.154 的这 5 台远程服务器的“cat /proc/version”命令，以获取操作系统信息。

如果在进行批量操作时想要过滤几台主机，则可以使用 pdsh 命令的-x 参数来排除这些主机。例如，在图 6-14 中就排除了 10.110.89.150 和 10.110.89.153 这两台主机。

```
user@user:~$ pdsh -w ssh:10.110.89.15[0-4] -x 10.110.89.150,10.110.89.153 -l test02 date
10.110.89.151: 2022年 11月 20日 星期日 01:21:32 CST
10.110.89.154: 2022年 11月 20日 星期日 01:17:56 CST
10.110.89.152: 2022年 11月 20日 星期日 01:21:32 CST
user@user:~$ 
```

图 6-14　通过 pdsh 命令批量操作服务器

在进行连接时，PDSH 默认会使用当前服务器的用户名。如图 6-14 所示，目标服务器不存在名为 user 的用户，因此还需要使用-l 参数来指定用户名 test02。10.110.89.151、10.110.89.152、10.110.89.154 这 3 台服务器恰好都存在该用户名，可以在这些服务器上执行获取日期的命令。

与 pssh 命令类似，pdsh 命令可以通过将主机名写入文件并使用-a 参数进行直接调用来实现批量管理。回顾一下，在编译安装 PHSD 时，使用了--with-machines 参数来指定管理文件，文件路径是 etc/.pdsh/machines。直接在 machines 文件（配置文件）中写入主机列表，如图 6-15 所示。

使用 PSSH 批量操作服务器与使用配置文件批量操作服务器的效果相似，二者的区别仅在于是否使用配置文件。当需要管理的服务器列表名称不规律且无法使用正则表达式进行全覆盖时，可以将服务器信息清单写入文件，并使用 pdsh 命令的-a 参数进行调用，以便进行管理。

当需要处理的业务较为复杂，管理的主机数量庞大时，需要实现对远程主机的分组管理。在此之前，需要激活 PDSH 的 dshgroup 模块，即在编译 PDSH 时指定--with-dshgroups 参数即可。在激活 dshgroup 模块后，就可以将不同用途的服务器进行分组。例如，将主机名列表文件放到/etc/.pdsh/目录下，使用-g 参数指定主机列表，如图 6-16 所示。

```
user@user:~/pdsh-2.34$ cat /etc/.pdsh/machines
10.110.89.151
10.110.89.152
10.110.89.154
user@user:~/pdsh-2.34$ pdsh -R ssh -a -l test02 date
10.110.89.151: 2022年 11月 20日 星期日 01:58:55 CST
10.110.89.154: 2022年 11月 20日 星期日 01:55:20 CST
10.110.89.152: 2022年 11月 20日 星期日 01:58:55 CST
user@user:~/pdsh-2.34$ 
```

图 6-15　在文件中写入主机列表

```
user@user:~$ cat /etc/.pdsh/webservers
10.110.89.151
10.110.89.152
10.110.89.154
user@user:~$ pdsh -R ssh -g /etc/.pdsh/webservers -l test02 date
10.110.89.152: 2022年 11月 20日 星期日 02:15:46 CST
10.110.89.151: 2022年 11月 20日 星期日 02:15:46 CST
10.110.89.154: 2022年 11月 20日 星期日 02:12:11 CST
user@user:~$ 
```

图 6-16　使用-g 参数指定主机列表

PDSH 支持使用-X 参数指定过滤服务器信息清单文件，用于过滤服务器，如图 6-17 所示。

```
user@user:~$ cat /etc/.pdsh/blacklist
10.110.89.154
user@user:~$ pdsh -R ssh -g /etc/.pdsh/webservers -X /etc/.pdsh/blacklist -l test02 date
10.110.89.151: 2022年 11月 20日 星期日 02:17:33 CST
10.110.89.152: 2022年 11月 20日 星期日 02:17:33 CST
user@user:~$ 
```

图 6-17　使用-X 参数进行过滤

由图 6-17 可知，blacklist 文件中写入了一个 10.110.89.154 地址，与图 6-16 的输出结果相比，这次过滤了 blacklist 文件中的主机。

pdsh 命令还支持交互模式。当不确定需要执行的命令时，可以通过交互模式进行。PDSH 交互命令窗口如图 6-18 所示。

```
user@user:~$ pdsh -R ssh -a -l test02
pdsh> uname -a
10.110.89.151: Linux test02 5.15.0-53-generic #59-Ubuntu SMP Mon Oct 17 18:53:30 UTC 2022 x86_64 x
86_64 x86_64 GNU/Linux
10.110.89.152: Linux test02 5.15.0-53-generic #59-Ubuntu SMP Mon Oct 17 18:53:30 UTC 2022 x86_64 x
86_64 x86_64 GNU/Linux
10.110.89.154: Linux test02 5.15.0-53-generic #59-Ubuntu SMP Mon Oct 17 18:53:30 UTC 2022 x86_64 x
86_64 x86_64 GNU/Linux
pdsh> date
10.110.89.151: 2022年 11月 20日 星期日 02:22:53 CST
10.110.89.154: 2022年 11月 20日 星期日 02:19:18 CST
10.110.89.152: 2022年 11月 20日 星期日 02:22:53 CST
pdsh> cat /proc/version
10.110.89.151: Linux version 5.15.0-53-generic (buildd@lcy02-amd64-047) (gcc (Ubuntu 11.2.0-19ubun
tu1) 11.2.0, GNU ld (GNU Binutils for Ubuntu) 2.38) #59-Ubuntu SMP Mon Oct 17 18:53:30 UTC 2022
10.110.89.154: Linux version 5.15.0-53-generic (buildd@lcy02-amd64-047) (gcc (Ubuntu 11.2.0-19ubun
tu1) 11.2.0, GNU ld (GNU Binutils for Ubuntu) 2.38) #59-Ubuntu SMP Mon Oct 17 18:53:30 UTC 2022
10.110.89.152: Linux version 5.15.0-53-generic (buildd@lcy02-amd64-047) (gcc (Ubuntu 11.2.0-19ubun
tu1) 11.2.0, GNU ld (GNU Binutils for Ubuntu) 2.38) #59-Ubuntu SMP Mon Oct 17 18:53:30 UTC 2022
pdsh> 
```

图 6-18 PDSH 交互命令窗口

交互模式的操作过程和直接执行 pdsh 命令没什么区别，唯一不同的是将在远程执行的命令放到 pdsh 命令行下完成。在 pdsh 命令行模式下，可以依次执行远程操作命令，就像在本地操作一样。图 6-18 中分别执行了 uname、date 和 cat 命令。

（2）pdcp 应用实例。

pdcp 主要用于本地主机与远程主机之间的文件复制。与 PDSH 不同的是，在使用 pdcp 时，本地主机和所有远程主机上都必须安装 PDSH。实际上，这是因为 PDCP 在进行文件传输时要调用远端主机上的 pdcp 命令，这也是使用 pdcp 相对麻烦的一个原因。使用 pdcp 非常简单，图 6-19 所示为 pdcp 的经典使用方法。

```
user@user:~$ pdcp -R ssh -w test02@10.110.89.151 -r pdsh-2.34 /home/test02/
user@user:~$ pdcp -R ssh -w test02@10.110.89.151 pdsh-2.34.tar.gz /home/test02/
user@user:~$ pdcp -R ssh -w test02@10.110.89.151 -r pdsh-2.34 /home/test02/
user@user:~$ pdsh -R ssh -w test02@10.110.89.151 "tree -L 2"
10.110.89.151: .
10.110.89.151: ├── pdsh-2.34
10.110.89.151: │   ├── aclocal.m4
10.110.89.151: │   ├── AUTHORS
10.110.89.151: │   ├── bootstrap
10.110.89.151: │   ├── config
10.110.89.151: │   ├── config.h
10.110.89.151: │   ├── config.h.in
10.110.89.151: │   ├── config.log
10.110.89.151: │   ├── config.status
10.110.89.151: │   ├── configure
10.110.89.151: │   ├── configure.ac
10.110.89.151: │   ├── COPYING
10.110.89.151: │   ├── DISCLAIMER.LLNS
10.110.89.151: │   ├── DISCLAIMER.UC
10.110.89.151: │   ├── doc
10.110.89.151: │   ├── INSTALL
10.110.89.151: │   ├── libtool
10.110.89.151: │   ├── Makefile
10.110.89.151: │   ├── Makefile.am
10.110.89.151: │   ├── Makefile.in
10.110.89.151: │   ├── NEWS
10.110.89.151: │   ├── pdsh.spec
10.110.89.151: │   ├── README
10.110.89.151: │   ├── README.KRB4
10.110.89.151: │   ├── README.modules
10.110.89.151: │   ├── scripts
10.110.89.151: │   ├── src
10.110.89.151: │   ├── stamp-h1
10.110.89.151: │   ├── tests
10.110.89.151: │   └── TODO
10.110.89.151: └── pdsh-2.34.tar.gz
10.110.89.151:
10.110.89.151: 6 directories, 25 files
user@user:~$ 
```

图 6-19 pdcp 的经典使用方法

在图 6-19 中，通过 pdcp 向目标主机发送了一个文件和一个文件夹。pdcp 命令后加上-r 参数表示递归发送文件夹下的所有文件。这里需要注意的是，在发送文件夹时，文件夹的路径的最后面不能包含 "/"，否则便不会创建最上层的文件夹，而是直接发送文件夹下的所有文件。pdcp 命令的其他参数基本与 pdsh 命令的一致。

任务 3　多主机 SSH 封装器——Mussh

6.3.1　Mussh 的功能

Mussh 的全称是 Multihost SSH Wrapper，它是一个 SSH 封装器，由一个 Shell 脚本实现，可以批量管理多台远程主机。Mussh 的显著特点是可以在多台远程主机上执行本地脚本，包括 Shell、Perl、Python 脚本。在使用 PSSH 工具包之前，必须保证本地主机和管理的远程主机之间的单向信任。

6.3.2　Mussh 的安装与语法

Mussh 的安装非常简单，读者可以从官网获取 Mussh 的安装包。目前，Mussh 的最新版本是 mussh-1.0。这里下载的安装包为 mussh-1.0.tgz。将安装包解压缩到本地管理主机上，即可完成 Mussh 的安装。解压缩后可以直接使用 mussh 命令。Mussh 也可以通过 apt 命令进行直接安装，如下所示：

```
user@user:~$ sudo apt install mussh
```

在安装完 Mussh 后，可以执行 mussh --help 命令来查看 mussh 命令的相关使用方法。表 6-4 所示为 mussh 命令的参数及其含义。

表 6-4　mussh 命令的参数及其含义

参数	含义
d [n]	Shell 调试模式，其中 n 的值为 0~2
-v [n]	SSH 调试模式，其中 n 的值为 0~3
-m [n]	并发进程数。如果将 n 设置为 0，则表示无限制
-q	安静模式
-i [identity..]	加载密钥文件
-o	设置 SSH 参数
-b	将每台主机的输出打印到一个块中，不与其他主机的输出进行混合
-B	允许将所有主机的输出混合在一起，默认开启
-u	去除重复的主机名，默认开启
-U	此参数与-u 参数相反，无论指定的主机名是否重复均会生效
-P	如果密钥认证失败，则不提示输入密码进行登录
-l	查看在远程主机上执行命令的用户
-s	指定在远程主机上执行脚本的 Shell 路径，如 mussh -s/usr/bin/python-Cmysql_check.py

参数	含义
-t	设置在远程主机上执行命令的超时时间
-h	指定某台主机或多台主机，主机之间使用逗号进行分隔
-H	指定某台服务器信息清单文件
-c	指定执行某条或多条 Shell 命令，命令之间使用逗号进行分隔

6.3.3 mussh 命令的应用实例

mussh 命令的使用方法与 pssh、pdsh 命令的使用方法基本类似。在完成本地管理主机与远程多台主机之间的 SSH 认证之后，就可以使用 mussh 命令批量管理远程服务器了，如图 6-20 所示。

```
user@user:~$ mussh -h test01@10.110.89.150 test02@10.110.89.151 -c date
test01@10.110.89.150: 2022年 11月 20日 星期日 20:14:38 CST
test02@10.110.89.151: 2022年 11月 20日 星期日 20:14:38 CST
user@user:~$
```

图 6-20 mussh 命令的批量操作

在图 6-20 中，主要使用了-h 和-c 参数（注意-h 参数后面多台主机的写法），通过-c 参数指定了需要在远程主机上执行的命令。当需要执行多条命令时，每条命令之间需要使用分号进行分隔。

当需要管理的远程主机较多时，可以先将所有主机名或 IP 地址写到一个文件中，再通过 mussh 命令的-H 参数进行调用即可，如图 6-21 所示。

```
user@user:~$ cat list.txt
test01@10.110.89.150
test02@10.110.89.151
user@user:~$ mussh -H list.txt -c date
test01@10.110.89.150: 2022年 11月 20日 星期日 20:24:09 CST
test02@10.110.89.151: 2022年 11月 20日 星期日 20:24:09 CST
user@user:~$
```

图 6-21 通过文件进行批量操作

图 6-22 所示为批量执行脚本文件。

```
user@user:~$ cat hello.py
print("hello mussh")
user@user:~$ mussh -o "port=22" -H list.txt  -s /usr/bin/python3 -C "hello.py"
test01@10.110.89.150: hello mussh
test02@10.110.89.151: hello mussh
user@user:~$
```

图 6-22 批量执行脚本文件

在图 6-22 中，使用了-o、-s 和-C 这 3 个参数。如果远程主机开放的 SSH 端口不是默认的 22 端口，那么需要通过 mussh 命令的-o 参数来指定 SSH 端口。这实际上是通过-o 参数调用 SSH 服务配置文件 ssh config 中的参数选项。在执行一个本地脚本时，可以通过-C 参数来实现，这个脚本可以是 Shell 脚本、Python 脚本、Perl 脚本等，只要远程主机上有相应的执行环境即可。如果远程主机上的脚本执行路径不是默认的，那么需要通过-s 参数指定执行脚本所需的 Shell 路径。

项目 7 分布式监控系统——Ganglia

项目导读

Ganglia 是由 UC Berkeley 发起的一个开源集群监视项目，是一个跨平台的、可扩展的高性能计算（High Performance Computing，HPC）系统下的分布式监控系统，适用于监控集群和网格。它可以监视和显示集群中节点的各种状态信息，首先通过运行在各个节点上的 gmond 守护进程来采集 CPU、内存、硬盘利用率、I/O 负载、网络流量情况等数据，然后将这些数据汇总到 gmetad 守护进程下，并使用 RRDtool 来存储数据，最后将这些数据以曲线的形式通过 PHP 页面进行呈现。Ganglia 已经被移植到应用广泛的操作系统和处理器架构上。目前，全球范围内有成千上万的集群正在使用它。Ganglia 已被用于连接大学校园和全球各地。它可以处理 2000 个节点的集群。

Ganglia 的特点如下。

（1）具有良好的扩展性，分层架构设计能够适应大规模服务器集群的需求。

（2）负载开销低，支持高并发。

（3）支持多种操作系统（如 UNIX 等）和 CPU 架构，并且支持虚拟机。

学习目标

- 了解 Ganglia 的组成
- 了解 Ganglia 的工作原理
- 理解 Ganglia 的监控原理

能力目标

- 掌握 Ganglia 的安装和配置方法
- 掌握 Ganglia 的管理和维护方法
- 掌握 Ganglia 监控功能的扩展方法

相关知识

1. Ganglia 的组成

Ganglia 由 3 部分组成，分别是 gmond、gmetad、webfrontend，它们的作用如下。

gmond：Ganglia Monitoring Daemon，它是一个守护进程，运行在每个需要监控的节点上，用于收集本节点的信息并将这些信息发送给其他节点，同时接收其他节点发送过来的数据，默认的监听端口为 8649。集群中的每台计算机都运行 gmond 守护进程。接收所有度量数据的主机可以显示这些数据，并且可以将这些数据的精简表单传递到层次结构中。这种层次结构模式使得 Ganglia 可以实现良好的扩展。gmond 带来的系统负载非常低，这使得它能够在集群中的各台计算机上运行，而不会影响系统性能。多次收集这些数据会影响节点的性能。在网络中，当大量小消息同时出现时，可能会出现"抖动"。为了避免这个问题，可以通过保持节点时钟一致性来解决。

gmetad：Ganglia Meta Daemon，它是一个守护进程，运行在一个数据汇聚节点上，定期检查每个监控节点的 gmond 进程并从中获取数据，随后将数据指标存储在本地 RRD 存储引擎中。gmetad 可以部署在集群内任意一个节点或通过网络连接到集群的独立主机。它通过单播路由的方式与 gmond 进行通信，收集区域内节点的状态信息，并以 XML 数据的形式将信息保存到数据库中。

webfrontend：它是一个基于 Web 的图形化监控页面，需要和 gmetad 安装在同一个节点上。它从 gmetad 中获取数据，并读取 RRD 数据库，利用 RRDtool 生成图表，并在 Web 页面中进行展示，页面美观、丰富，功能强大。

图 7-1 所示为 Ganglia 架构图。

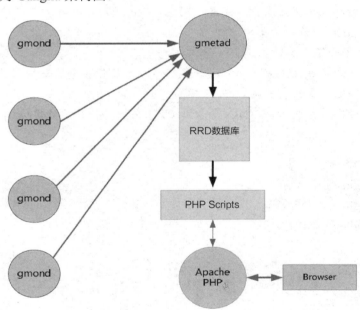

图 7-1　Ganglia 架构图

由图 7-1 可知，一个 Ganglia 是由多个 gmond 守护进程和一个主 gmetad 守护进程组成的。首先，所有 gmond 守护进程将收集到的监控数据汇总到 gmetad 管理端；然后，gmetad 守护进程将数据存储到 RRD 数据库中；最后，通过 PHP 程序（PHP Scripts 和 Apache PHP）在 Web 页面中展示这些数据。

图 7-1 展示的是较为简单的 Ganglia 架构图。在复杂的网络环境下，还存在更复杂的 Gnaglia 架构。图 7-2 所示为分布式 Ganglia 架构图。

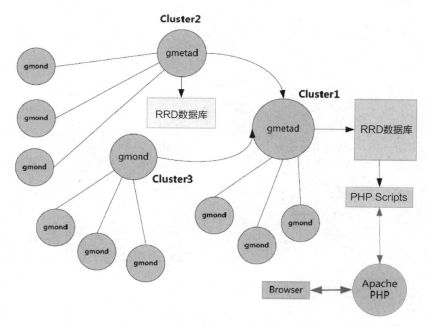

图 7-2 分布式 Ganglia 架构图

由图 7-2 可知，gmond 守护进程可以等待 gmetad 守护进程来收集监控数据，也可以将监控数据交给其他 gmond 守护进程，让其他 gmond 守护进程将数据最终交付给 gmetad 守护进程。同时，gmetad 守护进程也可以收集其他 gmetad 守护进程的监控数据。例如，对于图 7-2 中的 Cluster1 和 Cluster2 集群，Cluster2 就是一个 gmetad 守护进程，它将自身收集到的监控数据传送给 Cluster1；Cluster1 负责汇总所有集群的监控数据，并通过 Web 页面展示这些数据。

2. Ganglia 的工作原理

在分布式 Ganglia 架构中，经常提到的几部分包括 node、cluster 和 grid，这 3 部分构成了 Ganglia 分布式监控系统。

node：Ganglia 分布式监控系统中的最小单位，即被监控的单台服务器。

cluster：一个服务器集群，由多台服务器组成，它是一组具有相同监控属性一组服务器的集合。

grid：一个网格，由多个服务器集群组成，即由多个 cluster 组成一个 grid。

从上面的介绍可以看出，这三者之间的关系：①一个 grid 对应一个 gmetad，并且在 gmetad 配置文件中可以指定多个 cluster；②一个 node 对应一个 gmond。gmond 负责采集其所在机器的监控数据，还可以接收来自其他 gmond 的监控数据，而 gmetad 会定时到每个 node 上收集监控数据。

在 Ganglia 分布式监控系统中，gmond 和 gmetad 之间是如何传输数据的呢？图 7-3 所示为 Ganglia 的数据流向图，这也是 Ganglia 的内部工作原理图。

图 7-3 中 Ganglia 的基本工作流程如下。

（1）gmond 收集本机的监控数据，并将其发送到其他机器上，同时收集其他机器的监控数据。gmond 之间通过 UDP 进行通信，传递的文件格式为 XDL。

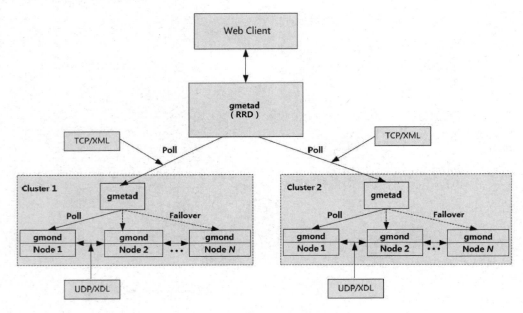

图 7-3　Ganglia 的数据流向图

（2）gmond 节点之间的数据传输方式除了支持单播点对点传输，还支持多播传输。

（3）gmetad 周期性地到 gmond 节点或 gmetad 节点上获取（Poll）数据。由于 gmetad 只有 TCP 通道，因此 gmond 与 gmetad 之间的数据都以 XML 格式进行传输。

（4）gmetad 既可以从 gmond 中获取 XML 数据，也可以从其他 gmetad 中获取 XML 数据。

（5）gmetad 将获取的数据更新到 RRD 数据库中。

（6）通过 Web 页面从 gmetad 中获取数据，读取 RRD 数据库，生成图片并进行显示。

Ganglia 的收集数据工作可以在单播（Unicast）或多播（Multicast）模式下进行，默认采用多播模式。

单播模式：每个被监控节点发送自己收集的本机监控数据到指定的一台或多台机器上。单播模式可以跨越不同的网段。在多个网段的网络环境中，可以采用单播模式来采集数据。

多播模式：每个被监控节点发送自己收集的本机监控数据到同一个网段内的所有机器上，同时接收同一个网段内所有机器发送过来的监控数据。由于监控数据是以广播包的形式发送的，因此多播模式需要所有主机在同一个网段内。但是，在同一个网段内，可以定义不同的发送通道。

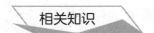

任务 1　Ganglia 的安装

本任务在安装 Ganglia 时，采用的操作系统是 CentOS 5.8 x86_64 的 Linux 发行版本，其他版本的安装与此类似。

Ganglia 可以通过源码编译和 yum 源两种方式进行安装。yum 源方式安装方便，可以自动安装依赖关系，但是版本往往不是最新的。通过源码编译方式可以安装最新版的 Ganglia。

7.1.1　yum 源方式

由于 CentOS 系统中默认的 yum 源不包含 Ganglia，因此我们必须安装扩展的 yum 源。从下面这个地址下载 Linux 附加软件包（EPEL），并安装扩展 yum 源：

```
[root@node1 ~]# wget http://dl.fedoraproject.org/pub/epel/5/i386/
epel-release-5-4.noarch.rpm
[root@node1 ~]# rpm -ivh epel-release-5-4.noarch.rpm
```

在安装完 yum 源后，就可以直接通过 yum 源方式安装 Ganglia 了。

通过 yum 源方式安装 Ganglia 分为两部分，分别是 gmetad 的安装和 gmond 的安装。gmetad 需要安装在监控管理端中，对应的 yum 安装包名称为 ganglia-gmetad；gmond 需要安装在被监控客户端中，对应的 yum 安装包名称为 ganglia-gmond。

1．在监控管理端中安装 gmetad

通过 yum 命令查看可用的 Ganglia 安装信息：

```
[root@monitor ~]# yum list ganglia*
Available Packages
ganglia.i386 3.0.7-1.el5 epel
ganglia.x86_64 3.0.7-1.el5 epel
ganglia-devel.i386 3.0.7-1.el5 epel
ganglia-devel.x86_64 3.0.7-1.el5 epel
ganglia-gmetad.x86_64 3.0.7-1.el5 epel
ganglia-gmond.x86_64 3.0.7-1.el5 epel
ganglia-web.x86_64 3.0.7-1.el5 epel
```

从上述输出信息可知，通过 yum 源方式安装的 Ganglia 版本为 Ganglia 3.0.7-1。这个版本不是最新版本。接着安装 ganglia-gmetad：

```
[root@monitor ~]# yum -y install ganglia-gmetad.x86_64
```

安装 gmetad 需要 RRDtool 的支持。通过 yum 源方式进行安装，系统会自动查找 gmetad 所需的依赖安装包并完成安装，这也是 yum 源方式安装的优势。

2．在被监控客户端中安装 gmond

```
[root@node1 ~]# yum -y install ganglia-gmond.x86_64
```

这样，Ganglia 就安装完成了。通过 yum 源方式安装的 Ganglia 默认配置文件位于/etc/ganglia 目录下。

7.1.2　源码编译方式

通过源码编译方式安装 Ganglia 具有一定的复杂性，但是可以使用最新的版本。通过源码编译方式安装 Ganglia 也分为两部分，分别是在监控管理端中安装 gmetad（ganglia-gmetad）和在被监控客户端中安装 gmond（ganglia-gmond）。这里安装的是 Ganglia 稳定版本 Ganglia 3.4.0，安装路径是/opt/app/ ganglia。

1. 在监控管理端中安装 ganglia-gmetad

首先在监控管理端中通过 yum 命令安装 Ganglia 的基础依赖包，操作命令如下：

```
[root@monitor ~]# yum install -y expat expat-devel pcre pcre-devel zlib
cairo-devel libxml2-devel devel libxml2-develpango-devel pango libpng-devel
libpng freetype freetype-devel libart_lgpl-devel apr-devel
```

然后安装 apr、confuse、rrdtool，操作命令如下：

```
[root@monitor ~]# tar zxvf apr-1.4.6.tar.gz
[root@monitor ~]# cd apr-1.4.6
[root@monitor apr-1.4.6]# ./configure
[root@monitor apr-1.4.6]# make
[root@monitor apr-1.4.6]# make install
[root@monitor ~]# tar zxvf confuse-2.7.tar.gz
[root@monitor ~]# cd confuse-2.7
[root@monitor confuse-2.7]# ./configure CFLAGS=-fPIC --disable-nls
[root@monitor confuse-2.7]# make
[root@monitor confuse-2.7]# make install
[root@monitor ~]# tar zxvf rrdtool-1.4.7.tar.gz
[root@monitor ~]# cd rrdtool-1.4.7
[root@monitor rrdtool-1.4.7]# ./configure --disable-tcl --prefix=/opt/
rrdtool
[root@monitor rrdtool-1.4.7]# make
[root@monitor rrdtool-1.4.7]# make install
```

最后安装 ganglia-gmetad，操作命令如下：

```
[root@monitor ~]# tar zxvf ganglia-3.4.0.tar.gz
[root@monitor ~]# cd ganglia-3.4.0
[root@monitor ganglia-3.4.0]# ./configure --prefix=/opt/app/ganglia \
>--with-static-modules --enable-gexec --enable-status --with-gmetad
--with-python=/usr\
>--with-librrd=/opt/rrdtool --with-libexpat=/usr --with-libconfuse=/usr/local \
>--with-libpcre=/usr/local
[root@monitor ganglia-3.4.0]# make;make install
[root@monitor ganglia-3.4.0]# cd gmetad
# 复制 gmetad 服务配置文件
[root@monitorgmetad]# cp gmetad.conf /opt/app/ganglia/etc/
# 复制 gmetad 服务启动脚本到/etc/init.d 目录中
[root@monitorgmetad]# cp gmetad.init /etc/init.d/gmetad
[root@monitorgmetad]# sed -i \
```

```
>"s/^GMETAD=\/usr\/sbin\/gmetad/GMETAD=\/opt\/app\/ganglia\/sbin\/gmetad/g" \
>/etc/init.d/gmetad # 修改/etc/init.d/gmetad 文件中 gmetad 命令的默认路径
    [root@monitorgmetad]# chkconfig --add gmetad
    [root@monitorgmetad]# ip route add 239.2.11.71 dev eth0
```

注意：239.2.11.71 是 Ganglia 默认的多播地址，将这个多播地址绑定到相应的网卡设备（这里是 eth0，可以根据不同环境进行修改）上即可。在设置了多播地址后，Ganglia 管理端主机即可发送和接收多播信息。

至此，ganglia-gmetad 的安装完成。

2. 在被监控客户端中安装 ganglia-gmond

ganglia-gmond 的安装与 ganglia-gmetad 类似，对系统依赖包和基础软件包的安装完全相同，只是 ganglia-gmond 不需要 RRDtool 的支持。因此，这里重点讲述 ganglia-gmond 的编译安装过程。

```
    [root@node1 ~]# tar zxvf ganglia-3.4.0.tar.gz
    [root@node1 ~]# cd ganglia-3.4.0
    [root@node1 ganglia-3.4.0]# ./configure --prefix=/opt/app/ganglia --enable-gexec\
>--enable-status --with-python=/usr --with-libapr=/usr/local/apr/bin/
apr-1-config \
>--with-libconfuse=/usr/local --with-libexpat=/usr --with-libpcre=/usr
    [root@node1 ganglia-3.4.0]# make
    [root@node1 ganglia-3.4.0]# make install
    [root@node1 gmond]# cd gmond
    # 用于生成 gmond 服务配置文件
    [root@node1 gmond]# ./gmond -t > /opt/app/ganglia/etc/gmond.conf
    # 复制 gmond 服务启动脚本到/etc/init.d 目录中
    [root@node1 gmond]# cp gmond.init /etc/init.d/gmond
    [root@node1 gmond]# sed-i \
>"s/^GMOND=\/usr\/sbin\/gmond/GMOND=\/opt\/app\/ganglia\/sbin\/gmond/g" \
>/etc/init.d/gmond            # 修改/etc/init.d/gmond 文件中 gmond 命令的默认路径
    [root@node1 gmond]# chkconfig --add gmond
    [root@node1 gmond]# ip route add 239.2.11.71 dev eth0
```

与 ganglia-gmetad 的安装相同，在 ganglia-gmond 中也需要把 239.2.11.71 多播地址绑定到系统对应的网卡上。

到这里为止，ganglia-gmond 的安装完成。

任务 2　Ganglia 的配置

Ganglia 主要有两个配置文件，分别是监控管理端的 gmetad.conf 配置文件和被监控客户端的 gmond.conf 配置文件。根据 Ganglia 安装方式的不同，配置文件的路径也不相同。通过

yum 源方式安装的 Ganglia 默认的配置文件位于/etc/ganglia 目录，而通过源码编译方式安装的 Ganglia 默认的配置文件路径位于 Ganglia 安装路径的 etc 目录。例如，前面通过源码方式安装的 Ganglia，默认的配置文件路径为/opt/app/ganglia/etc。在监控管理端，只需配置 gmetad.conf 配置文件即可，而在被监控客户端也只需配置 gmond.conf 配置文件即可。

Ganglia 支持多种架构，这是由 gmetad 的特性决定的。gmetad 可以周期性地到多个 gmond 节点中收集监控数据，这是 Ganglia 的两层架构。同时，gmetad 不但可以从 gmond 中收集监控数据，也可以从其他 gmetad 中获取监控数据，这是 Ganglia 的三层架构。多种架构方式体现了 Ganglia 作为分布式监控系统的灵活性和扩展性。

本任务介绍一个简单的 Ganglia 配置架构，即一个监控管理端和多个被监控客户端的两层架构。我们假定 gmond 工作在多播模式下，并且有一个 Cluster1 集群，其中有 4 台主机需要被监控，主机名为 cloud0~cloud3，这 4 台主机在同一个网段内。

7.2.1 Ganglia 监控管理端的配置

监控管理端的配置文件是 gmetad.conf，这个配置文件中的内容比较多，但是需要修改的配置仅有如下几个：

```
data_source "Cluster1" cloud0 cloud2
gridname "TopGrid"
xml_port 8651
interactive_port 8652
rrd_rootdir "/var/lib/ganglia/rrds"
```

其中，各参数含义如下。

data_source：此参数定义了集群名字，以及集群中的节点。其中，Cluster1 是这个集群的名称，cloud0 和 cloud2 指明了从这两个节点中收集数据。Cluster1 后面的节点名称可以是 IP 地址，也可以是主机名。由于采用多播模式，每个 gmond 节点都有本 Cluster1 集群节点的所有监控数据，因此不需要把所有节点都写入 data_source。但是，建议最少写入两个节点，这样可以确保在 cloud0 节点出现故障时，gmetad 会自动到 cloud2 节点中采集监控数据，从而保证 Ganglia 的高可用性。

上面的代码通过 data_source 参数定义了一个服务器集群 Cluster1。对于需要监控多个应用系统的情况，可以对不同用途的主机进行分组，从而定义多个服务器集群。通过下面的方法可以定义分组方式：

```
data_source "my cluster" 10 localhost my.machine.edu:8649 1.2.3.5:8655
data_source "my grid" 50 1.3.4.7:8655 grid.org:8651 grid-backup.org:8651
data_source "another source" 1.3.4.7:8655 1.3.4.8
```

通过定义多个 data_source 可以实现监控多个服务器集群。在定义每个服务器集群的集群节点时，可以采用主机名或 IP 地址等形式，并且可以指定端口。如果不指定端口，则默认端口是 8649。此外，还可以设置采集数据的频率。例如，上述代码中的"10 localhost""50 1.3.4.7:8655"等，分别表示每隔 10s、50s 采集一次数据。

　　gridname：此参数定义了一个网格名称。一个网格由多个服务器集群组成，每个服务器集群由 data_source 参数定义。

　　xml_port：此参数定义了一个收集数据汇总的交互端口。如果不指定端口，则默认端口是 8651。通过 telnet 端口可以获得监控管理端收集的被监控客户端的所有数据。

　　interactive_port：此参数定义了 Web 端获取数据的端口。这个端口在配置 Ganglia 的 Web 页面时需要指定。

　　rrd_rootdir：此参数定义了 RRD 数据库的存放路径。gmetad 在收集到监控数据后会将其更新到该路径下对应的 RRD 数据库中。

　　至此，Ganglia 监控管理端的配置完成。

7.2.2　Ganglia 被监控客户端的配置

　　在安装完 Ganglia 被监控客户端 gmond 后，配置文件位于 Ganglia 安装路径的 etc 目录下，名称为 gmond.conf。这个配置文件稍微复杂，具体内容如下：

```
globals {
  daemonize = yes        # 是否以后台方式运行，这里表示以后台方式运行
  setuid = yes           # 是否设置运行用户。在 Windows 系统中需要将该选项设置为 false
  user = nobody   # 设置运行的用户名称，必须是操作系统中存在的用户，默认是 nobody
  debug_level = 0 # 调试级别，默认是 0，表示不输出任何日志，数字越大表示输出的日志越多
  max_udp_msg_len = 1472
  # 是否发送监控数据到其他节点中
  # 将该选项设置为 no，表示本节点将不再广播任何自己收集到的监控数据到网络上
  mute = no
  # 是否接收其他节点发送过来的监控数据
  # 将该选项设置为 no，表示本节点将不再接收任何其他节点广播的数据包
  deaf = no
  allow_extra_data = yes       # 是否发送扩展数据
  # 是否删除一个节点，0 表示永远不删除，除 0 之外的整数表示节点的不响应时间
  # 在超过这个时间后，Ganglia 会刷新集群节点信息，进而删除此节点
  host_dmax = 0 /*secs */
  cleanup_threshold = 300 /*secs */  #gmond 清理过期数据的时间
  gexec = no                   # 是否启用 gexec 来告知主机是否可用，这里为不启用
  # 在单播协议中，新添加的节点在多长时间内响应一次以表示自己的存在
  # 0 表示仅在 gmond 启动时响应一次，单位为 s
  send_metadata_interval = 0
}
cluster {
  # 集群的名称，这是区分此节点属于某个集群的标志
  # 该名称必须和监控服务端 data_source 中的某一项名称匹配
  name = "Cluster1"
  owner = "junfeng"            # 节点的拥有者，即节点的管理员
  latlong = "unspecified"      # 节点的坐标，如经度、纬度等，一般无须指定
```

```
url = "unspecified"            # 节点的 URL 地址，一般无须指定
}
host {
location = "unspecified"       # 节点的物理位置，一般无须指定
}
udp_send_channel {             # UDP 包的发送通道
# 指定发送的多播地址，其中 239.2.11.71 是一个 D 类地址
# 如果使用单播模式，则需要指定 host = host1。在单播模式下也可以配置多台主机
mcast_join = 239.2.11.71
udp_send_channel port = 8649           # 监听端口
ttl = 1
}
udp_recv_channel {             # 接收 UDP 包的配置
mcast_join = 239.2.11.71       # 指定接收的多播地址，这里同样是 239.2.11.71
port = 8649                    # 监听端口
bind = 239.2.11.71             # 绑定地址
}
tcp_accept_channel {
port = 8649           # 通过 TCP 协议监听的端口，在远端可以通过连接到 8649 端口获取监控数据
}
```

在一个集群内，所有被监控客户端的配置是一样的。完成一个被监控客户端的配置后，将配置文件复制到此集群内的所有客户端主机上即可完成客户端主机的配置。

7.2.3 Ganglia 的 Web 页面配置

由于 Ganglia 的 Web 页面是基于 PHP 的，因此需要安装 PHP 环境。PHP 环境的安装这里不做介绍，读者可以从官网下载最新版本的 ganglia-web 程序，并将其放到 Apache Web 的根目录下即可。这里下载推荐 Ganglia Web 3.5.7 版本。

配置 Ganglia 的 Web 页面比较简单，只需要修改几个 PHP 文件即可。首先修改 conf_default.php 文件。这里可以将 conf_default.php 文件重命名为 conf.php，也可以保持不变。Ganglia 的 Web 页面默认先查找 conf.php 文件，如果未找到，则继续查找 conf_default.php 文件。具体需要修改的内容如下：

```
$conf['gweb_confdir'] = "/var/www/html/ganglia";    # Ganglia Web 的根目录
$conf['gmetad_root'] = "/opt/app/ganglia";          # Ganglia 的程序安装目录
# Ganglia Web 页面读取 RRD 数据库的路径，这里是/opt/app/ganglia/rrds
$conf['rrds'] = "${conf['gmetad_root']}/rrds";
# 需要 "777" 权限
$conf['dwoo_compiled_dir'] = "${conf['gweb_confdir']}/dwoo/compiled";
$conf['dwoo_cache_dir'] = "${conf['gweb_confdir']}/dwoo/cache"; # 需要 "777" 权限
$conf['rrdtool'] = "/opt/rrdtool/bin/rrdtool";          #指定 RRDtool 的路径
$conf['graphdir']= $conf['gweb_root'] . '/graph.d';#生成图形模板目录
```

```
$conf['ganglia_ip'] = "127.0.0.1";              # gmetad 服务所在服务器的地址
$conf['ganglia_port'] = 8652; # 发布 gmetad 服务器的交互式端口，用于提供监控数据
```

这里需要说明的是，"$conf['dwoo_compiled_dir']" 和 "$conf['dwoo_cache_dir']" 指定的路径在默认情况下可能不存在，因此需要手动建立 compiled 和 cache 目录，并将 Linux 系统下的权限设置为"777"。另外，RRD 数据库存储目录/opt/app/ganglia/rrds 一定要保证 RRDtool 具有写入权限。因此，需要执行以下授权命令：

```
chown -R nobody:nobody /opt/app/ganglia/rrds
```

这样 RRDtool 才能正常读取 RRD 数据库，进而通过 Web 页面将数据展示出来。实际上，ganglia-web（Ganglia 的 Web 页面）的配置是比较简单的，一旦配置出错，系统就会给出提示，一般根据错误提示进行问题排查，就可以找到解决方法。

任务 3 Ganglia 的管理和维护

在配置完所有 Ganglia 后，就可以启动 Ganglia 监控服务了。首先在被监控节点依次启动 gmond 服务，操作命令如下：

```
[root@node1 ~]# /etc/init.d/gmond start
```

其次通过查看系统的/var/log/messages 日志信息来判断 gmond 是否启动成功。如果启动过程中出现异常，则根据日志的提示进行解决。

再次启动监控管理节点的 gmetad 服务，操作命令如下：

```
[root@monitor ~]# /etc/init.d/gmetad start
```

同样地，这里也可以跟踪系统的/var/log/messages 日志信息，查看启动过程是否出现异常。最后启动 Apache/PHP 的 Web 服务，即可查看 Ganglia 收集的所有节点的监控数据。

任务 4 Ganglia 监控功能的扩展

默认安装完的 Ganglia 仅提供基础的系统监控信息功能，通过 Ganglia 插件可以扩展 Ganglia 的监控功能。

（1）添加带内（in-band）插件，主要通过 gmetric 命令来实现。

这是常用的一种方法，主要是通过 crontab 方法并调用 Ganglia 的 gmetric 命令来向 gmond 输入数据，从而实现统一监控。这种方法简单，适用于少量监控，但是在大规模自定义监控中，难以统一管理监控数据。

（2）添加一些其他来源的带外（out-of-band）插件，主要通过 C 或 Python 接口来实现。

Ganglia 3.1.x 之后的版本中增加了 C 或 Python 接口，用户通过这个接口可以自定义数据收集模块，并将这些模块直接插入 gmond，以便监控自定义应用。

7.4.1 通过 gmetric 接口扩展 Ganglia 的监控功能

gmetric 是 Ganglia 的一个命令行工具，它可以直接将数据发送到负责收集数据的 gmond 节点中，或者广播给所有 gmond 节点。由此可见，采集监控数据的不一定全部通过 gmond 守护进程来完成，也可以通过应用程序调用 Ganglia 提供的 gmetric 工具将数据直接写入 gmond。这样很容易实现 Ganglia 监控功能的扩展。因此，我们可以利用 Shell、Perl、Python 等语言，通过调用 gmetric 将想要监控的数据直接写入 gmond，简单且快速地实现 Ganglia 监控功能的扩展。

在安装完 Ganglia 后，会在 bin 目录下生成 gmetric 命令。下面通过一个实例介绍 gmetric 命令的使用方法：

```
[root@cloud1 ~]# /opt/app/ganglia/bin/gmetric\
>-n disk_used -v 40 -t int32 -u '% test' -d 50 -S '8.8.8.8:cloud1'
```

其中，部分参数的含义如下。

-n：需要监控的指标名称。

-v：写入的监控指标值。

-t：写入监控数据的类型。

-u：监控数据的单位。

-d：监控指标的存活时间。

-S：伪装客户端信息，8.8.8.8 表示伪装的客户端地址，cloud1 表示被监控主机的名称。

另外，gmetric 命令中还包含-c 参数，它用于指定 Ganglia 配置文件的位置。

通过不断地执行 gmetric 命令来写入数据，可以形成 Ganglia Web 的监控报表，如图 7-4 所示。

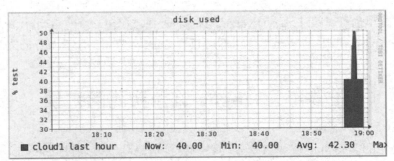

图 7-4　Ganglia Web 的监控报表

从图 7-4 中可以看出，刚才执行命令时设置的几个监控指标值都已经在报表中显示，如 disk_used、"%test"、cloud1 等。同时，通过 gmetric 命令写入的数据，也清楚地在报表中显示。

在上面的实例中，我们通过执行命令的方式不断写入数据，从而生成监控报表。实际上，所有监控数据都是自动收集的。因此，要实现数据的自动收集，可以将上面的命令写成一个 Shell 脚本，并将脚本文件放到 cron 中运行。

假设生成的脚本文件是/opt/ganglia/bin/ganglia.sh，执行"crontab -e"命令，使此脚本每隔 10min 运行一次：

```
*/10 * * * * /opt/ganglia/bin/ganglia.sh
```

最后，打开 Ganglia Web 页面进行浏览，即可看到通过 gmetric 命令收集的数据报表。

7.4.2　通过 Python 插件扩展 Ganglia 的监控功能

要通过 Python 插件扩展 Ganglia 的监控功能，必须满足以下条件。

（1）采用 Ganglia 3.1.x 之后的版本。

（2）采用 Python 2.6.6 或更高的版本。

（3）使用 Python 开发的头文件（通常在 python-devel 软件包中）。

在安装 Ganglia 被监控客户端（gmond）时，需要加上--with-python 参数，这样在安装完成后，会生成 modpython.so 文件。这个文件是 Ganglia 调用 Python 的动态链接库，要通过 Python 接口开发 Ganglia 监控功能，必须编译安装此 Python 模块。

这里假定 Ganglia 的安装版本是 Ganglia 3.4.0，安装目录是/opt/app/ganglia，要编写一个基于 Python 的 Ganglia 插件，需要进行如下操作。

1．修改 modpython.conf 文件（Ganglia 被监控客户端）

在安装完 Ganglia 后，modpython.conf 文件会位于/opt/app/ganglia/etc/conf.d 目录下。此文件中的内容如下：

```
modules {
    module {
    name = "python_module"  # Python 主模块名称
   # Ganglia 调用 Python 的动态链接库
   # 这个文件通常位于 Ganglia 的安装目录的 lib64/ganglia 下
    path = "modpython.so"
# 指定 Python 脚本放置路径。必须保证这个路径是已经存在的，否则将无法启动 gmond 服务
params = "/opt/app/ganglia/lib64/ganglia"
 }
 }
 # Python 脚本配置文件的存放路径
include ("/opt/app/ganglia/etc/conf.d/*.pyconf")
```

2．重新启动 gmond 服务

在修改完 Ganglia 被监控客户端的所有配置后，重新启动 gmond 服务即可完成 Python 接口环境的搭建。

7.4.3　实战：利用 Python 接口监控 NGINX 的运行状态

搭建完 Python 接口环境只是实现扩展 Ganglia 监控功能的第一步，接下来需要编写基于 Python 的 Ganglia 插件。在开源社区中，有很多已经编写好的各种应用服务的监控插件，我们只需下载即可直接使用。读者可以从 GitHub 下载各种 Ganglia 扩展监控插件，这里下载的是 nginx_status 插件。在下载完后，nginx_status 插件的目录结构如下：

```
[root@cloud1nginx_status]# ls
conf.d graph.d python_modules README.mkdn
```

其中，conf.d 目录下存储的是配置文件 nginx_status.pyconf，graph.d 目录下存储的是用于绘图的 PHP 程序，python_modules 目录下存储的是 Python 插件的主程序 nginx_status.py。这几个文件将会在下面使用。

对 NGINX 的监控，需要使用 with-http_stub_status_module 模块。此模块默认不开启，因此需要开启，用于编译 NGINX。关于安装与编译 NGINX，这里不进行介绍。

1. 配置 NGINX，并开启状态监控

在 NGINX 配置文件 nginx.conf 中添加以下配置：

```
server {
    listen 8000;          # 监听的端口
    server_name IP;       # 当前主机的 IP 地址或域名
    location /nginx_status {
        stub_status on;
        access_log off;
# allow xx.xx.xx.xx;      # 允许访问的 IP 地址
# deny all;
        allow all;
    }
}
```

接着重新启动 NGINX，通过访问 http://IP:8000/nginx_status 即可看到状态监控结果。

2. 配置 Ganglia 被监控客户端，并收集 nginx_status 数据

根据前面对 modpython.conf 文件的配置，这里将 nginx_status.pyconf 文件放到/opt/app/ganglia/etc/conf.d 目录下，将 nginx_status.py 文件放到/opt/app/ganglia/lib64/ganglia 目录下。

无须修改 nginx_status.py 文件，只需修改 nginx_status.pyconf 文件。修改后的文件中的内容如下：

```
[root@cloud1 conf.d]# more  nginx_status.pyconf
modules {
    module {
        name = 'nginx_status'   # 模块名称，该文件位于/opt/app/ganglia/
lib64/ganglia 下
        language = 'python'     # 声明使用 Python 语言
        paramstatus_url {
            # 查看 NGINX 状态的 URL 地址，前面有配置说明
            value = 'http://IP:8000/nginx_status'
        }
        paramnginx_bin {
            # 这里假定 NGINX 的安装路径为/usr/local/nginx
```

```
                value = '/usr/local/nginx/sbin/nginx'
        }
            paramrefresh_rate {
                value = '15'
            }
        }
}
# 需要收集的 metric 列表，一个模块中可以扩展任意个 metric
collection_group {
    collect_once = yes
    time_threshold = 20
    metric {
        name = 'nginx_server_version'
        title = "nginx Version"
    }
}
collection_group {
    collect_every = 10
    time_threshold = 20                          # 最大发送间隔
    metric {
        name = "nginx_active_connections"        # metric 在模块中的名字
        title = "Total Active Connections"       # 图形界面上显示的标题
        value_threshold = 1.0
    }
    metric {
        name = "nginx_accepts"
        title = "Total Connections Accepted"
        value_threshold = 1.0
    }
    metric {
name = "nginx_handled"
        title = "Total Connections Handled"
        value_threshold = 1.0
    }
    metric {
        name = "nginx_requests"
        title = "Total Requests"
        value_threshold = 1.0
    }
    metric {
        name = "nginx_reading"
        title = "Connections Reading"
        value_threshold = 1.0
    }
```

```
    metric {
        name = "nginx_writing"
        title = "Connections Writing"
        value_threshold = 1.0
    }
    metric {
        name = "nginx_waiting"
        title = "Connections Waiting"
        value_threshold = 1.0
    }
}
```

3. 设置 PHP 文件

在完成数据的收集后，还需要将收集的数据以图表的形式展示在 Ganglia Web 页面中。因此，需要设置前台展示文件，将 graph.d 目录下的 nginx_accepts_ratio_report.php 和 nginx_scoreboard_report.php 两个 PHP 文件放到 Ganglia Web 的绘图模板目录即可。根据上面的设置，Ganglia Web 的安装目录是/var/www/html/ganglia，因此将上面两个 PHP 文件放到 /var/www/html/ganglia/graph.d 目录下即可。

4. 查看 NGINX 的运行状态

在完成前面所有操作后，重新启动 Ganglia 被监控客户端的 gmond 服务，在客户端中通过"gmond -m"命令查看支持的模板，即可在 Ganglia Web 页面中查看 NGINX 的运行状态。

项目 8 | 基于 Nagios 的分布式监控 报警平台——Centreon

项目导读

Centreon 是一款功能强大的开源分布式 IT 监控软件，由法国人于 2003 年开发，最初名为 Oreon，于 2005 年正式更名为 Centreon。Centreon 通过第三方组件可以实现对网络、操作系统和应用程序的监控。Centreon 是开源的，用户可以免费使用。它的底层采用 Nagios 作为监控软件，通过 ndoutil 模块将监控到的数据定时写入数据库。Centreon 实时从数据库中读取该数据并通过 Web 页面展示监控数据。Centreon 可用于管理和配置 Nagios，或者说 Centreon 就是 Nagios 的一个管理配置工具。通过 Centreon 提供的 Web 配置管理页面，可以轻松完成 Nagios 的各种烦琐配置。

此外，Centreon 还支持 NRPE、SNMP、NSClient 等插件，用户可以通过这些插件构建分布式监控报警系统。

Centreon 作为一款优秀的 IT 监控软件，具有以下显著特点。

（1）采用 Web 方式配置 Nagios：通过 Web 页面可以完全控制 Nagios，可以轻松添加和管理上千台主机和上千个服务。

（2）支持主机模板和服务模板，并且自动建立关联服务。

（3）支持多节点的分布式监控。对于远程节点，Nagios 可采用 NRPE、SNMP、NSClient 等方式监控私有服务。

（4）支持 ACL 权限管理：可以为不同用户设置不同的管理权限，多个用户可以管理不同的主机和服务，它们之间互不影响。

（5）详细的报表统计功能和日志管理功能：可以查看某个时间段某个服务或某台主机的运行状态、故障率等。

（6）模块化管理：用户可以根据需要定制自己的模块，同时支持接入第三方监控数据。

学习目标

- 了解 Centreon 的特点
- 了解 Centreon 的组成结构
- 理解分布式监控原理

能力目标

- 掌握 Centreon 的安装方法

- 掌握 Centreon 的配置方法
- 掌握 Centreon 报警功能的配置方法

相关知识

一个典型的 Centreon 监控系统一般由四大部分组成，分别是 Nagios、Centstorage、Centcore 和 NDOUtils，简单介绍如下。

Nagios：它是 Centreon 的底层监控引擎，主要负责监控报警系统所需的各项功能，是 Centreon 监控系统的核心。另外，Centreon 还支持 Centreon Engine、Icinga 等监控引擎。本项目采用 Nagios 监控引擎。

Centstorage：它是一个数据存储模块，主要用于将日志数据及由 RRDtool 生成的数据存储到数据库中，以便用户查询日志数据并快速生成曲线图。更重要的是，Nagios 可以随时通过查看数据库中的记录更新监控状态。

Centcore：它主要用在 Centreon 的分布式监控系统中。它是一个基于 Perl 的守护进程，在系统中主要负责中心服务器（Central Server）和扩展节点（Poller）之间的通信和数据同步等工作，如 Centcore 可以在中心服务器上启动、关闭和重新启动远程扩展节点上的 Nagios 服务，还可以运行、更新扩展节点上 Nagios 的配置文件。

NDOUtils：它是连接 Nagios 与数据库的工具。它可以将 Nagios 的实时状态写入数据库，以供其他程序调用，从而实现在一个控制台上完成所有扩展节点的数据入库操作。

在介绍完 Centreon 监控系统的四大组成部分后，接下来重点介绍每个组成部分是如何协调工作的，如图 8-1 所示。

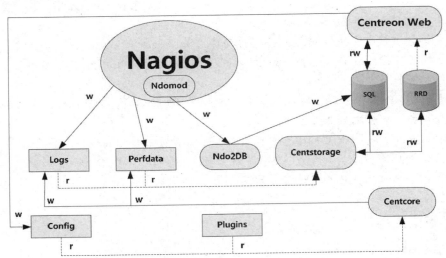

图 8-1　典型的 Centreon 监控系统的内部工作原理

图 8-1 主要展示了 Centreon 每个组成部分是如何工作的。在一般情况下，Centreon Web、Centstorage、Centcore 和 Ndo2DB 位于中心服务器上，而 Nagios 和 Ndomod 可以位于一个独立的扩展节点上，也可以位于中心服务器上。在分布式监控环境中，Nagios 和 Ndomod 都位于远程的一个扩展节点上。

为了使读者快速了解 Centreon 的内部工作原理，我们将图 8-1 分为 3 条线来介绍。

第 1 条线：Centreon Web→Centcore→Centstorage→Ndo2DB→Centreon Web。Centreon Web 就是 Centreon 的 Web 配置管理页面。在 Web 配置管理页面中配置好主机和服务后，会生成相应的配置文件；Centcore 会读取这些配置文件并结合相关 Nagios 插件将数据发送到 Nagios 监控引擎中，并生成相关日志文件和 RRDs 文件；Centstorage 模块会及时收集这些日志信息及 RRDs 文件数据，并将这些数据存入数据库，以供 Centreon Web 展示和调用。

第 2 条线：Nagios→Centstorage→DB（数据库的总称，指图 8-1 中的任意一种数据库）→Centreon Web。在本地或远程的扩展节点中，Nagios 监控引擎会生成日志文件和 RRDs 文件，Centstorage 会定期读取这些文件，并将其存储在数据库中，以便 Centreon Web 读取。

第 3 条线：Nagios（Ndomod）→Ndo2DB→DB→Centreon Web。这条线可以将 Nagios 实时监控状态写入数据库。首先由在本地或远程扩展节点上的 Ndomod 进程将 Nagios 监控状态通过 Ndo2DB 模块写入数据库，然后 Centreon Web 会定期调用此数据库，这样就可以实时展示监控系统中各个主机或服务的监控状态。

图 8-1 没有展示 Centreon 的分布式监控架构，这部分内容将在本项目的任务 3 中详细介绍。

相关知识

任务 1　Centreon+Nagios 监控系统的安装

Centreon 的安装具有一定的复杂性，对操作系统库依赖较多，在安装方式上有源码编译安装和 yum 源安装两种。由于源码编译安装较复杂，出错的概率也较高，因此这里推荐采用 yum 源方式进行安装。

Centreon 的安装主要分为下面几部分。

（1）安装系统基础依赖库：安装 GD、Apache、MySQL、PHP 等。

（2）安装 RRDtool：安装 RRDtool，主要用于绘图。Centreon 利用 RRDtool 可以将收集到的数据绘制成图形报表。

（3）安装 Nagios 及 nagios-plugins：因为 Nagios 是 Centreon 的底层监控模块，所以 Nagios 的安装是必不可少的。

（4）安装 NDOUtils：NDOUtils 是连接 Nagios 与数据库的工具。它可以将 Nagios 数据存入数据库，也可以读取数据库中的数据。它可以在 Nagios 与 Centreon 之间接收和发送数据。

（5）安装 NRPE：NRPE 主要负责与远程主机进行通信，并收集远程主机中的私有数据。

（6）安装 Centreon：这是需要重点介绍的内容。读者可以从 Centreon 的官方网站下载最新的稳定版本。

本任务采用的操作系统版本是 CentOS 5.5 x86_64，其他版本的安装方法与此类似。

8.1.1　安装支持 Centreon 的 yum 源

读者可以根据自己的操作系统下载合适的版本，这里下载的是 rpmforge-release-0.5.3-

1.el5.rf.x86_64.rpm 和 epel-release-5-4.noarch.rpm。在下载完后，执行以下命令进行安装：

```
[root@centreon-server ~]# rpm -ivh rpmforge-release-0.5.3-1.el5.rf.x86_64.rpm
[root@centreon-server ~]# rpm -ivh epel-release-5-4.noarch.rpm
```

在安装完后，/etc/yum.repos.d 下会生成 yum 源的配置文件。

添加一个 yum 源，内容如下：

```
[root@centreon-server yum.repos.d]# more centreon.repo
[centreon]
name=Dag RPM Repository for Red Hat Enterprise Linux
baseurl=http://apt.sw.be/redhat/el$releasever/en/$basearch/dag
gpgcheck=1
gpgkey=http://dag.***.com/rpm/packages/RPM-GPG-KEY.dag.txt
enabled=1
```

将 centreon.repo 文件放到/etc/yum.repos.d 目录下。这个 yum 源中有我们所需的 Nagios、NDOUtils、NRPE 等软件包。

8.1.2 安装系统基础依赖库

（1）安装 GD 及 Apache。

```
[root@centreon-server app]# yum install httpd gd fontconfig-devel
libjpeg-devel libpng-devel gd-devel perl-GD
```

（2）安装 MySQL、PHP 及扩展模块。

```
[root@centreon-server app]# yum install openssl-devel perl-DBD-MySQL
mysql-server mysql-devel php php-mysql php-gd php-ldap php-xml php-mbstring
```

（3）安装 Perl 及扩展模块。

```
[root@centreon-server app]# yum install perl-Config-IniFiles perl-DBI
perl-DBD- MySQL perl-Crypt-DES perl-Digest-SHA1
```

（4）安装 SNMP 及依赖库。

```
[root@centreon-server app]# yum install perl-Digest-HMAC net-snmp-utils perl-
Socket6 perl-IO-Socket-INET6 net-snmp net-snmp-libs php-snmp
```

（5）安装 RRDtool。

```
[root@centreon-server app]# yum install rrdtool perl-rrdtool
```

（6）安装其他所需的库。

```
[root@centreon-server app]# yum install dmidecode lm_sensors perl-Net-SNMP
net-snmp-perl fping cpp gcc gcc-c++ libstdc++ glib2-devel
```

（7）安装 PEAR。

```
[root@centreon-server app]# yum install php-pear
[root@centreon-server app]# pear channel-update pear.php.net
```

8.1.3　安装 Nagios 及 nagios-plugins

在安装完上面的 yum 源后，安装 Nagios 及插件就变得简单了，操作命令如下：

```
[root@centreon-server app]# yum install nagios nagios-devel
[root@centreon-server app]# yum install nagios-plugins
```

在 Nagios 3.5 版本之后，Nagios 将自带的所有插件都放在了一个 RPM 包中。如果安装的是 Nagios 3.5 之后的版本，则需要安装 nagios-plugins-all 插件包，操作命令如下：

```
[root@centreon-server app]# yum install nagios-plugins-all
```

在安装完 Nagios 后，读者可以发现，nagios-plugins-all 的安装路径是/usr/lib64/nagios/ plugins，配置文件的路径是/etc/nagios，日志文件的路径是/var/log/nagios。在后面配置时，可能会使用这几个路径。

8.1.4　安装 NDOUtils

NDOUtils 是必不可少的一部分，因为它是 Nagios 与数据库进行连接的工具。安装 NDOUtils 的命令如下：

```
[root@centreon-server app]# yum install ndoutils
```

根据 NDOUtils 版本不同，可能还需要安装 ndoutils-mysql，操作命令如下：

```
[root@centreon-server app]# yum install ndoutils-mysql
```

在安装完 NDOUtils 后，读者可以发现，Ndomod 模块的安装路径是/usr/libexec/ ndomod-3x.o 或/usr/lib64/nagios/brokers/ndomod.so，对应的维护脚本路径是/etc/init.d/ndoutils 或/etc/ init.d/ndo2db。在本项目中，Ndomod 模块的安装路径是/usr/libexec/ndomod-3x.o，而对应的维护脚本路径是/etc/init.d/ndoutils。在安装 Centreon 的过程中，会使用这些路径。

8.1.5　安装 NRPE

如果需要获取远程主机中的私有信息，则需要在监控主机上安装 check_nrpe 插件，同时在被监控主机上安装 NRPE 服务。安装 NRPE 的方法很简单，可以通过 yum 源方式来实现。

在监控主机上安装 check_nrpe 插件：

```
[root@centreon-server app]# yum install check_nrpe
```

在安装完 check_nrpe 插件后，读者可以发现 check_nrpe 插件被安装到了/usr/lib64/ nagios/ plugins 目录下。

在被监控主机上安装 NRPE 服务：

```
[root@node1 app]# yum install nrpe
```

在安装完 NRPE 服务后，默认的配置文件路径是/etc/nagios/nrpe.cfg，而维护 NRPE 的脚本路径是/etc/init.d/nrpe。

8.1.6 安装 Centreon

首先到 Centreon 的官方网站下载最新稳定版本,这里我们下载的是 Centreon-2.4.1 版本。在下载完后,进行安装:

```
[root@centreon-server app]# tar zxvf centreon-2.4.1.tar.gz
[root@centreon-server app]# cd centreon-2.4.1
[root@centreon-server centreon-2.4.1]# ./install.sh -i
```

下面将进入安装交互界面,如图 8-2 所示。

安装 Centreon 的第一步主要是检查必需的几个系统命令,随后进行 GPL licence 确认,这里输入"y"即可进入下一步。

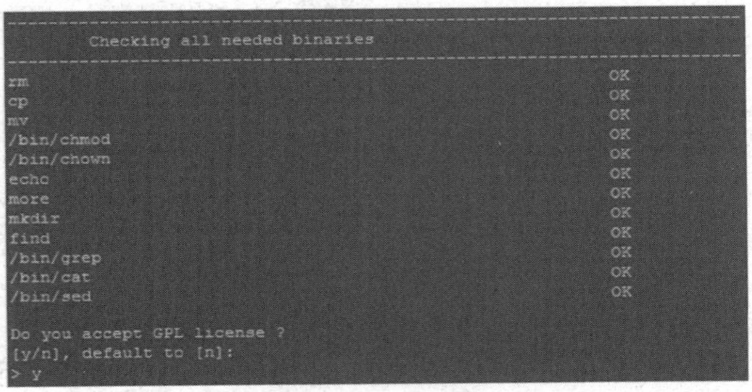

图 8-2　安装交互界面

确认需要安装的 Centreon 模块,主要有 Centreon Web Front、Centreon CentCore、Centreon Nagios Plugins、Centreon Snmp Traps process 这 4 个模块,这里我们选择全部安装,如图 8-3 所示。

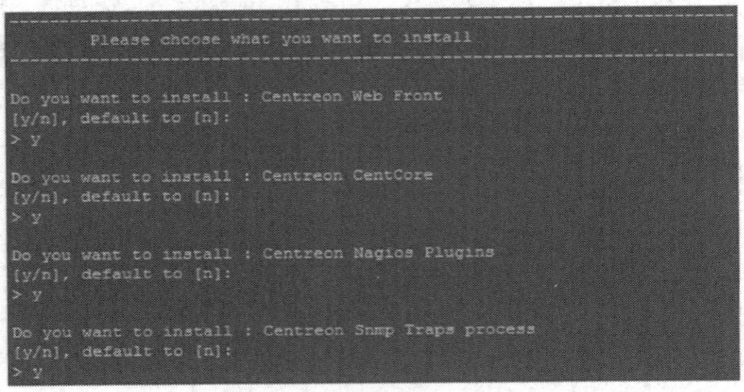

图 8-3　选择需要安装的 Centreon 模块

进行 Centreon Web Front 的安装。这里需要指定一系列安装路径,如 Centreon 的安装目录、配置文件的安装路径、日志文件的目录等。安装时会给出默认的安装路径,如果不需要更改路径,则直接按 Enter 键;如果需要更改默认的安装路径,则先输入自定义的路径,再按 Enter 键即可。读者可根据自己的需求选择对应的安装目录。Centreon Web Front 安装路径配置如图 8-4 和图 8-5 所示。

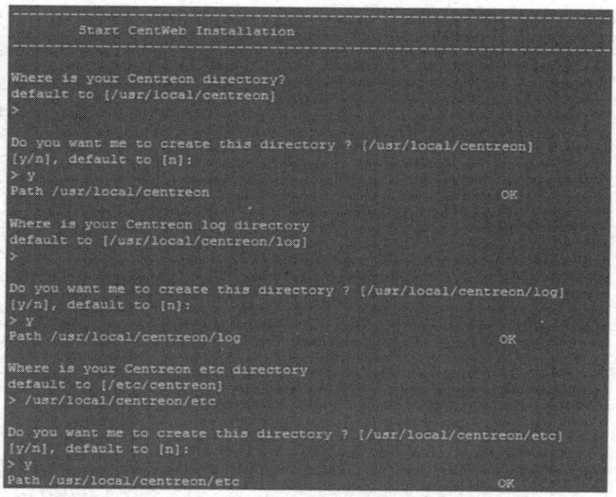

```
------------------------------------------------------------------------
        Start CentWeb Installation
------------------------------------------------------------------------

Where is your Centreon directory?
default to [/usr/local/centreon]
>

Do you want me to create this directory ? [/usr/local/centreon]
[y/n], default to [n]:
> y
Path /usr/local/centreon                                        OK

Where is your Centreon log directory
default to [/usr/local/centreon/log]
>

Do you want me to create this directory ? [/usr/local/centreon/log]
[y/n], default to [n]:
> y
Path /usr/local/centreon/log                                    OK

Where is your Centreon etc directory
default to [/etc/centreon]
> /usr/local/centreon/etc

Do you want me to create this directory ? [/usr/local/centreon/etc]
[y/n], default to [n]:
> y
Path /usr/local/centreon/etc                                    OK
```

图 8-4　Centreon Web Front 安装路径配置 1

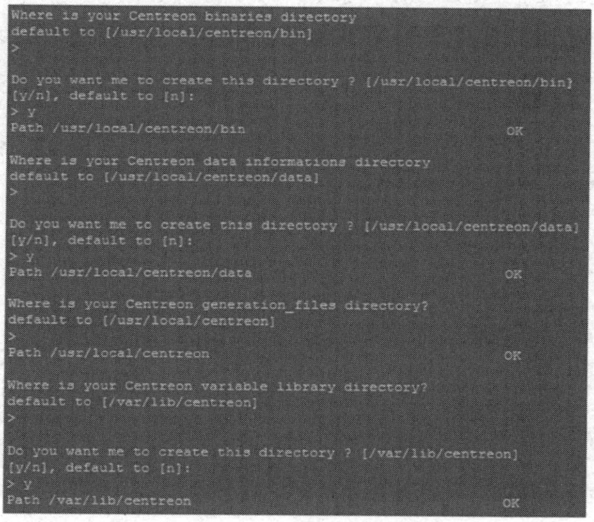

```
Where is your Centreon binaries directory
default to [/usr/local/centreon/bin]
>

Do you want me to create this directory ? [/usr/local/centreon/bin]
[y/n], default to [n]:
> y
Path /usr/local/centreon/bin                                    OK

Where is your Centreon data informations directory
default to [/usr/local/centreon/data]
>

Do you want me to create this directory ? [/usr/local/centreon/data]
[y/n], default to [n]:
> y
Path /usr/local/centreon/data                                   OK

Where is your Centreon generation_files directory?
default to [/usr/local/centreon]
>
Path /usr/local/centreon                                        OK

Where is your Centreon variable library directory?
default to [/var/lib/centreon]
>

Do you want me to create this directory ? [/var/lib/centreon]
[y/n], default to [n]:
> y
Path /var/lib/centreon                                          OK
```

图 8-5　Centreon Web Front 安装路径配置 2

需要注意的是，有些默认配置并不正确，此时需要手动指定某些库文件或模块的安装路径，如 RRDs.pm 的安装路径、PEAR.php 的安装路径，如图 8-6 所示。

Centreon 支持多种管理引擎（也称监控引擎），如 Centreon Engine、Nagios 和 Icinga。读者可以根据需要选择管理引擎，这里选择 Nagios。Centreon 也支持多种代理模块，如 Centreon Broker 和 NDOUtils，这里选择 NDOUtils。

这里需要特别注意的是，如果选择 Centreon Engine 管理引擎，那么应将“Monitoring engine user”设置为“centreon-engine”；如果选择 Nagios 管理引擎，那么应将“Monitoring engine user”设置为“nagios”。同理，如果选择 Centreon Broker 代理模块，那么应将“Broker user”设置为“centreon-broker”；如果选择 NDOUtils 代理模块，那么应将“Broker user”设置为“ndoutils”。

最后需要给出管理引擎的日志目录及插件目录，整个过程如图 8-7 所示。

```
Where is your CentPlugins Traps binary
default to [/usr/local/centreon/bin]
>
Path /usr/local/centreon/bin                                          OK

Where is the RRD perl module installed [RRDs.pm]
default to [/usr/lib/perl5/RRDs.pm]
> /usr/lib64/perl5/vendor_perl/5.8.8/x86_64-linux-thread-multi/RRDs.pm
Path /usr/lib64/perl5/vendor_perl/5.8.8/x86_64-linux-threadOKulti
/usr/bin/rrdtool                                                      OK
/bin/mail                                                             OK
/usr/bin/php                                                          OK

Where is PEAR [PEAR.php]
default to [/usr/share/php/PEAR.php]
> /usr/share/pear/PEAR.php
Path /usr/share/pear                                                  OK
/usr/bin/perl                                                         OK
Finding Apache user :                                                 daemon
Finding Apache group :                                                daemon
```

图 8-6　手动指定 Centreon 依赖文件的安装路径

```
What is the Centreon group ? [centreon]
default to [centreon]
>

Do you want me to create this group ? [centreon]
[y/n], default to [n]:
> y

What is the Centreon user ? [centreon]
default to [centreon]
>

Do you want me to create this user ? [centreon]
[y/n], default to [n]:
> y

What is the Monitoring engine user ?
> nagios

What is the Broker user ? (optional)
> nagios

What is the Monitoring engine log directory ?
> /var/log/nagios

Where is your monitoring plugins (libexec) directory ?
default to [/usr/lib/nagios/plugins]
> /usr/lib64/nagios/plugins
Path /usr/lib64/nagios/plugins                                  OK
Add group centreon to user daemon                               OK
Add group centreon to user nagios                               OK
Add group nagios to user daemon                                 OK
Add group nagios to user centreon                               OK
```

图 8-7　配置 Centreon 管理引擎和代理模块的过程

在配置完 Centreon 管理引擎和代理模块后，首先需要指定这些管理引擎和代理模块的维护脚本。Nagios 管理引擎对应的维护脚本为/etc/init.d/nagios。由于 Nagios 是通过 yum 源方式安装的，因此对应的二进制文件为/usr/bin/nagios。然后需要指定管理引擎和代理模块的配置文件目录，这里均为/etc/nagios。最后需要指定管理引擎和代理模块的维护脚本路径为/etc/init.d/ndoutils。在指定了所有路径后，Centreon 安装程序会将这些维护脚本和路径统一写入/etc/sudoers 文件。这是因为 Centreon 是在 Centreon 用户下运行的，而这些维护脚本默认只有 root 用户才能执行。为了让 Centreon 用户能够进行统一配置和维护，需要将这些维护脚本放入/etc/sudoers 文件，实现无密码授权访问。

指定管理引擎和代理模块的维护脚本并将其添加到/etc/sudoers 文件中，如图 8-8 所示。

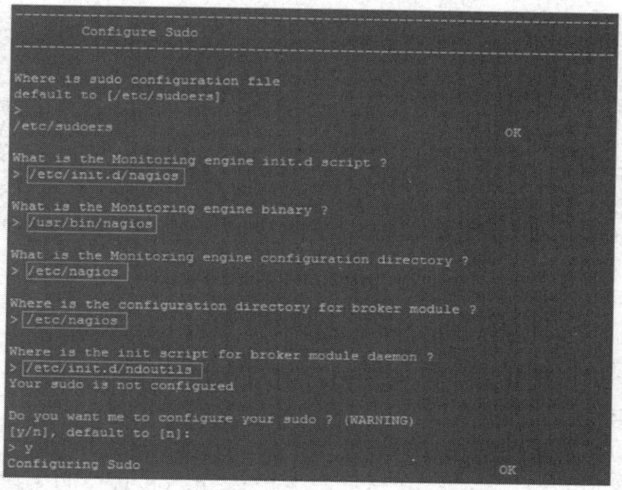

```
Configure Sudo

Where is sudo configuration file
default to [/etc/sudoers]
>
/etc/sudoers                                                   OK

What is the Monitoring engine init.d script ?
> /etc/init.d/nagios

What is the Monitoring engine binary ?
> /usr/bin/nagios

What is the Monitoring engine configuration directory ?
> /etc/nagios

Where is the configuration directory for broker module ?
> /etc/nagios

Where is the init script for broker module daemon ?
> /etc/init.d/ndoutils
Your sudo is not configured

Do you want me to configure your sudo ? (WARNING)
[y/n], default to [n]:
> y
Configuring Sudo                                               OK
```

图 8-8　指定管理引擎和代理模块的维护脚本并将其添加到/etc/sudoers 文件中

下面配置 Apache Server，如图 8-9 和图 8-10 所示。由于 Centreon 是基于 Web 页面的一个应用，默认使用 Apache Server，因此安装程序会自动在/etc/httpd/conf.d 下创建一个 centreon.conf 文件。centreon.conf 文件中的内容如下：

```
Alias /centreon /usr/local/centreon/www/
 <Directory "/usr/local/centreon/www">
     Options Indexes
     AllowOverride AuthConfig Options
     Order allow,deny
Allow from all
 </Directory>
```

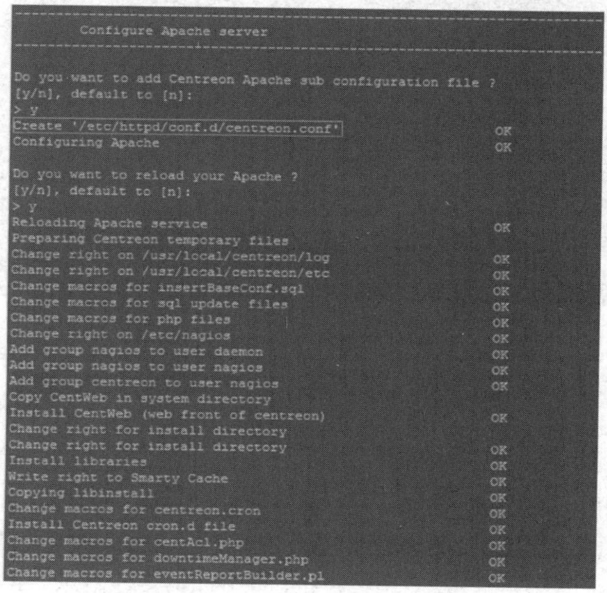

```
Configure Apache server

Do you want to add Centreon Apache sub configuration file ?
[y/n], default to [n]:
> y
Create '/etc/httpd/conf.d/centreon.conf'                       OK
Configuring Apache                                             OK

Do you want to reload your Apache ?
[y/n], default to [n]:
> y
Reloading Apache service                                       OK
Preparing Centreon temporary files
Change right on /usr/local/centreon/log                        OK
Change right on /usr/local/centreon/etc                        OK
Change macros for insertBaseConf.sql                           OK
Change macros for sql update files                             OK
Change macros for php files                                    OK
Change right on /etc/nagios                                    OK
Add group nagios to user daemon                                OK
Add group nagios to user nagios                                OK
Add group centreon to user nagios                              OK
Copy CentWeb in system directory
Install CentWeb (web front of centreon)                        OK
Change right for install directory
Change right for install directory                             OK
Install libraries                                              OK
Write right to Smarty Cache                                    OK
Copying libinstall                                             OK
Change macros for centreon.cron                                OK
Install Centreon cron.d file                                   OK
Change macros for centAcl.php                                  OK
Change macros for downtimeManager.php                          OK
Change macros for eventReportBuilder.pl                        OK
```

图 8-9　配置 Apache Server 1

```
Change macros for dashboardBuilder.pl              OK
Install cron directory                              OK
Change right for eventReportBuilder.pl             OK
Change right for dashboardBuilder.pl               OK
Change macros for centreon.logrotate               OK
Install Centreon logrotate.d file                  OK
Prepare export-mysql-indexes                       OK
Install export-mysql-indexes                       OK
Prepare import-mysql-indexes                       OK
Install import-mysql-indexes                       OK
Prepare indexes schema                             OK
Install indexes schema                             OK
```

图 8-10 配置 Apache Server 2

这样，我们就可以通过 http://ip/centreon 的方式访问 Centreon 了。

接下来安装进程会提示是否重新加载 Apache 配置，并执行一系列动作，如设置权限、复制配置文件、安装库文件等。每个动作执行完后都会显示运行结果，如果都显示“OK”字样，则表示所有动作执行正常。

接下来检查和安装 PEAR 模块。PEAR 是运行 Centreon 必需的模块。安装进程会首先检查系统是否安装了这些必需的模块，以及版本是否正确。如果已经安装，则显示“OK”字样，否则显示“NOK”字样。若缺少 PEAR 模块，则安装进程会提示是否进行在线安装或更新，此时可以输入“y”，表示进行在线安装或更新。但是，进行在线安装的前提是服务器必须已连接互联网。在选择在线安装后，进程会从互联网下载所需的软件包并进行安装，直到安装完所有软件包，如图 8-11 所示。

```
------------------------------------------------------------------------
Pear Modules
------------------------------------------------------------------------
Check PEAR modules
PEAR                             1.4.9       1.4.9         OK
DB                               1.7.6                     NOK
DB_DataObject                    1.8.4                     NOK
DB_DataObject_FormBuilder        1.0.0RC4                  NOK
MDB2                             2.0.0                     NOK
Date                             1.4.6                     NOK
HTML_Common                      1.2.2                     NOK
HTML_QuickForm                   3.2.5                     NOK
HTML_QuickForm_advmultiselect    1.1.0                     NOK
HTML_Table                       1.6.1                     NOK
Archive_Tar                      1.1         1.3.1         OK
Auth_SASL                        1.0.1                     NOK
Console_Getopt                   1.2         1.2           OK
Net_SMTP                         1.2.8                     NOK
Net_Socket                       1.0.1                     NOK
Net_Traceroute                   0.21                      NOK
Net_Ping                         2.4.1                     NOK
Validate                         0.6.2                     NOK
XML_RPC                          1.4.5       1.5.5         OK
SOAP                             0.10.1                    NOK
Log                              1.9.11                    NOK
Archive_Zip                      0.1.2                     NOK

Do you want me to install/upgrade your PEAR modules
[y/n], default to [y]:
> y
Upgrading PEAR modules
Installing PEAR modules
```

图 8-11 在线安装 PEAR 模块

下面创建两个配置文件，为安装 Centreon 做准备。实际上，这就是创建安装 Centreon 的文件模板，如图 8-12 所示。

接下来正式进入 Centreon 的安装过程。Centreon 的安装分为安装 CentStorage、安装 CentCore、安装 CentPlugins、安装 CentPlugins Traps 这 4 部分。

首先，安装 CentStorage，如图 8-13 和图 8-14 所示。在安装 CentStorage 时，安装进程会询问 Centreon 的运行目录，以及 CentStorage 的二进制文件目录、RRD 数据存放目录等。分别指定路径后，安装进程将创建相应目录。

```
------------------------------------------------------------------------
                  Centreon Post Install
------------------------------------------------------------------------
Create /usr/local/centreon/www/install/install.conf.php      OK
Create /usr/local/centreon/etc/instCentWeb.conf              OK

------------------------------------------------------------------------
```

图 8-12　创建安装 Centreon 的文件模板

```
------------------------------------------------------------------------
          Start CentStorage Installation
------------------------------------------------------------------------

Where is your Centreon Run Dir directory?
default to [/var/run/centreon]
>

Do you want me to create this directory ? [/var/run/centreon]
[y/n], default to [n]:
> y
Path /var/run/centreon                                        OK

Where is your CentStorage binary directory
default to [/usr/local/centreon/bin]
>
Path /usr/local/centreon/bin                                  OK

Where is your CentStorage RRD directory
default to [/var/lib/centreon]
>
Path /var/lib/centreon                                        OK
Preparing Centreon temporary files
/tmp/centreon-setup exists, it will be moved...
install www/install/createTablesCentstorage.sql              OK
Creating Centreon Directory '/var/lib/centreon/status'       OK
Creating Centreon Directory '/var/lib/centreon/metrics'      OK
Change macros for centstorage binary                          OK
Install CentStorage binary                                    OK
Install library for centstorage                               OK
Change right : /var/run/centreon                              OK
Change macros for centstorage init script                     OK
```

图 8-13　安装 CentStorage 1

```
Do you want me to install CentStorage init script ?
[y/n], default to [n]:
> y
CentStorage init script installed                             OK

Do you want me to install CentStorage run level ?
[y/n], default to [n]:
> y
Change macros for logAnalyser                                 OK
Install logAnalyser                                           OK
Change macros for logAnalyser-cbroker                         OK
Install logAnalyser-cbroker                                   OK
Change macros for nagiosPerfTrace                             OK
Install nagiosPerfTrace                                       OK
Change macros for purgeLogs                                   OK
Install purgeLogs                                             OK
Change macros for purgeCentstorage                            OK
Install purgeCentstorage                                      OK
Change macros for centreonPurge.sh                            OK
Install centreonPurge.sh                                      OK
Change macros for centstorage.cron                            OK
Install CentStorage cron                                      OK
Change macros for centstorage.logrotate                       OK
Install Centreon Storage logrotate.d file                     OK
Create /usr/local/centreon/etc/instCentStorage.conf           OK
```

图 8-14　安装 CentStorage 2

图 8-14 主要展示的是安装 CentStorage 管理维护脚本及设置运行级等。

其次，安装 CentCore。与安装 CentStorage 类似，在安装 CentCore 时安装进程会询问并创建相应的 CentCore 运行目录、维护脚本等，如图 8-15 所示。

再次，安装 CentPlugins。这里指定 CentPlugins 的安装目录是/var/lib/centreon/centplugins，如图 8-16 所示。

```
--------------------------------------------------------------------------------
        Start CentCore Installation
--------------------------------------------------------------------------------

Where is your CentCore binary directory
default to [/usr/local/centreon/bin]
>
Path /usr/local/centreon/bin                                        OK
/usr/bin/ssh                                                        OK
/usr/bin/scp                                                        OK
Preparing Centreon temporary files
/tmp/centreon-setup exists, it will be moved...
Change CentCore Macro                                               OK
Copy CentCore in binary directory                                   OK
Change right : /var/run/centreon                                    OK
Change right : /var/lib/centreon                                    OK
Change macros for centcore.logrotate                                OK
Install Centreon Core logrotate.d file                              OK
Replace CentCore init script Macro                                  OK

Do you want me to install CentCore init script ?
[y/n], default to [n]:
> y
CentCore init script installed                                      OK

Do you want me to install CentCore run level ?
[y/n], default to [n]:
> y
Create /usr/local/centreon/etc/instCentCore.conf                    OK
```

图 8-15　安装 CentCore

```
--------------------------------------------------------------------------------
        Start CentPlugins Installation
--------------------------------------------------------------------------------

Where is your CentPlugins lib directory
default to [/var/lib/centreon/centplugins]
>

Do you want me to create this directory ? [/var/lib/centreon/centplugins]
[y/n], default to [n]:
> y
Path /var/lib/centreon/centplugins                                  OK
Preparing Centreon temporary files
/tmp/centreon-setup exists, it will be moved...
Change macros for CentPlugins                                       OK
Installing the plugins                                              OK
Change right on centreon.conf                                       OK
CentPlugins is installed
```

图 8-16　安装 CentPlugins

最后，安装 CentPlugins Traps。在安装 CentPlugins Traps 时，需要指定 SNMP 配置目录、SNMPTT 的存放目录等，安装进程会将配置文件分别放到指定的目录下，如图 8-17 所示。

```
--------------------------------------------------------------------------------
        Start CentPlugins Traps Installation
--------------------------------------------------------------------------------

Where is your SNMP configuration directory
default to [/etc/snmp]
>
/etc/snmp                                                           OK

Where is your SNMPTT binaries directory
default to [/usr/local/centreon/bin/]
>
/usr/local/centreon/bin/                                            OK
Finding Apache user :                                               daemon
Preparing Centreon temporary files
/tmp/centreon-setup exists, it will be moved...
Change macros for CentPluginsTraps                                  OK
Change macros for init scripts                                      OK
Installing the plugins Trap binaries                                OK
Change macros for snmptrapd.conf                                    OK
Change macros for snmptt.ini                                        OK
SNMPTT init script installed                                        OK
Install : snmptrapd.conf                                            OK
Install : snmp.conf                                                 OK
Install : snmptt.ini                                                OK
Install : snmptt                                                    OK
Install : snmptthandler                                             OK
Install : snmpttconvertmib                                          OK
Create /usr/local/centreon/etc/instCentPlugins.conf                 OK
```

图 8-17　安装 CentPlugins Traps

至此，Centreon 的安装完成，下面即可进行 Centreon Web 的安装配置。但是，在进行 Centreon Web 的安装配置之前，需要通过以下命令来启动几个相关服务：

```
[root@centreon-server app]# /etc/init.d/httpd start
[root@centreon-server app]# /etc/init.d/mysqld start
[root@centreon-server app]# /etc/init.d/ndoutils start
```

8.1.7　安装 Centreon Web

Centreon 提供了非常友好的 Web 安装向导页面，通过这个页面，用户可以逐步完成 Centreon Web 的安装。

首先在浏览器中输入 Centreon Web 的访问地址，如果上面的安装过程都正确，则会出现如图 8-18 所示的欢迎页面。

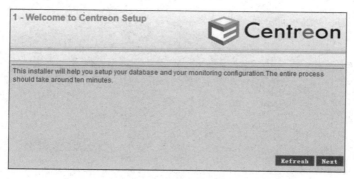

图 8-18　Centreon Web 欢迎页面

单击"Next"按钮，进入下一个页面，检测一些必需的依赖模块（见图 8-19），如检测 mysql.so、gd.so、ldap.so 等是否正常加载。

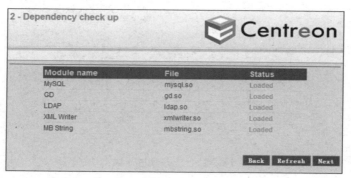

图 8-19　检测必需的依赖模块

单击"Next"按钮，进入下一个页面，选择一个用于 Centreon 的管理引擎，这里选择"nagios"选项，如图 8-20 所示。

单击"Next"按钮，进入下一个页面，指定 Nagios 管理引擎对应的配置信息，如图 8-21 所示。其中，"Nagios directory"用于指定 Nagios 的主目录，"Nagiostats binary"用于指定 nagiostats 二进制文件的位置，"Nagios image directory"对应的目录是 Nagios 主目录下的

images 目录。需要注意的是，"Embedded Perl initialisation file"对应的路径可能因环境不同而不同，需要根据实际情况进行选择。

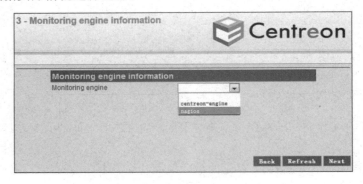

图 8-20　选择管理引擎

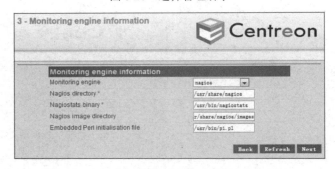

图 8-21　指定 Nagios 管理引擎对应的配置信息

单击"Next"按钮，进入下一个页面，选择 Centreon 使用的代理模块，如图 8-22 所示。由于前面已经配置了 NDOUtils 作为代理模块，因此这里选择"ndoutils"选项。

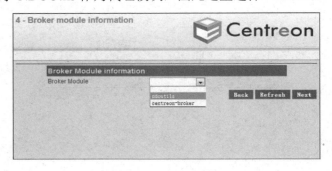

图 8-22　选择代理模块

单击"Next"按钮，进入下一个页面，指定 NDOUtils 代理模块的配置信息（见图 8-23），实际上就是指定 Ndomod 模块的路径。这个路径会因为安装 NDOUtils 方式的不同而不同，读者可根据自己的实际情况进行选择。

单击"Next"按钮，进入下一个页面，添加管理员账号信息。由于 Centreon 默认的管理员账号是 admin，因此这里只需为 admin 账号设置一个密码（见图 8-24），并输入账号的其他相关信息和邮件地址。

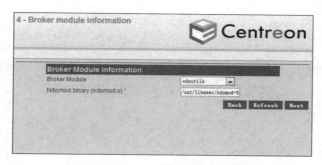

图 8-23　指定代理模块的配置信息

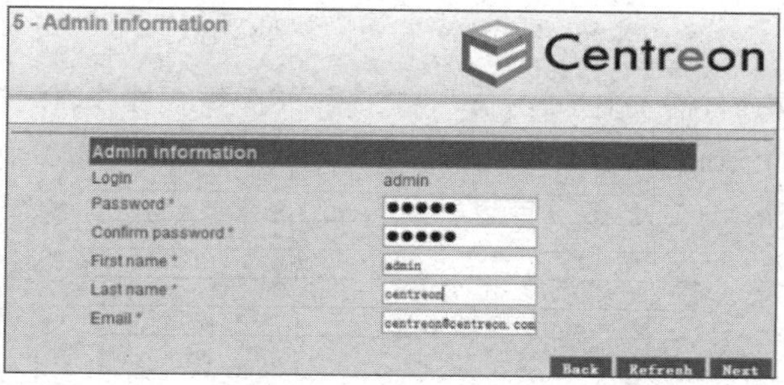

图 8-24　设置管理员账号的密码

单击"Next"按钮，进入下一个页面，设置 Centreon 连接 MySQL 数据库的相关信息，如图 8-25 所示。这里需要输入 MySQL 数据库的 IP 地址、端口号、Root 用户密码等信息，以及 3 个数据库的名称。这 3 个数据库的名称可以使用默认的，也可以自行指定，这里采用默认的数据库名称，分别是配置数据库 centreon、存储数据库 centreon_storage、Utils 数据库 centreon_status。另外，需要指定管理这 3 个数据库的用户（默认是 Centreon），并添加 Centreon 用户对应的密码。在这个过程中，不需要手动创建这 3 个数据库，安装进程会自动创建这 3 个数据库和对应的管理用户。

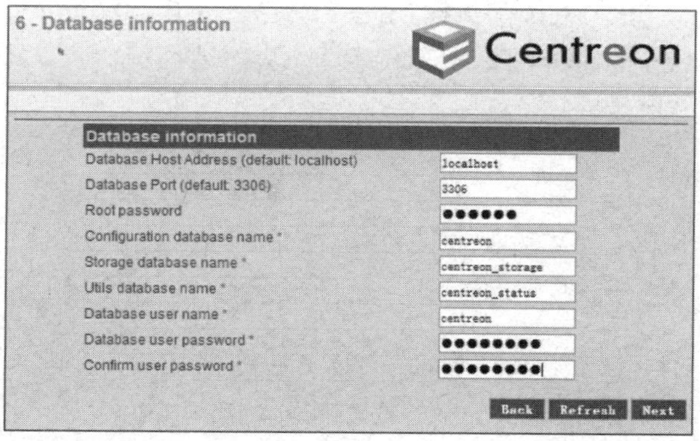

图 8-25　设置 Centreon 连接 MySQL 数据库的相关信息

单击"Next"按钮，进入下一个页面，Centreon 开始初始化 MySQL 数据库（见图 8-26），同时安装进程会根据上一步设置的数据库信息创建数据库及数据库用户。如果初始化数据库的每个过程都是"OK"状态，则表示安装成功。

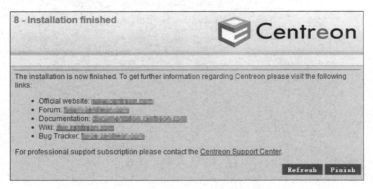

图 8-26　Centreon 初始化 MySQL 数据库

在初始化完数据库后，需要对 MySQL 数据库做相关授权操作，以使上面指定的 Centreon 用户能够正常访问 centreon、centreon_storage 和 centreon_status 这 3 个数据库。授权方法很简单，通过命令行登录 MySQL 数据库，并执行如下命令：

```
SQL>GRANT USAGE ON `centreon_status`.* TO 'centreon'@'localhost' IDENTIFIED BY 'centreon';
SQL>GRANT SELECT, INSERT, UPDATE, DELETE, CREATE ON `centreon_status`.* TO 'centreon '@'localhost';
SQL>GRANT USAGE ON `centreon_storage`.* TO 'centreon'@'localhost' IDENTIFIED BY 'centreon';
SQL>GRANT SELECT, INSERT, UPDATE, DELETE, CREATE ON `centreon_storage`.* TO 'centreon' @'localhost';
SQL>GRANT USAGE ON `centreon`.* TO 'centreon'@'localhost' IDENTIFIED BY 'centreon';
SQL>GRANT SELECT, INSERT, UPDATE, DELETE, CREATE ON `centreon`.* TO 'centreon' @'localhost';
```

单击"Next"按钮，进入下一个页面，此时成功完成 Centreon 的安装，如图 8-27 所示。这个页面展示了 Centreon 的官方网站、论坛地址、文档地址等信息，读者可以在这些站点获取更多关于 Centreon 的信息。

图 8-27　完成 Centreon 的安装

单击"Finish"按钮，完成安装，进入 Centreon 登录页面。登录 Centreon 管理页面的地址一般是 http://IP/centreon，输入用户名和密码即可登录 Centreon 监控平台。

至此，Centreon 的安装部分介绍完毕。

8.1.8 启动 Centreon 相关服务

在完成 Centreon 的所有配置后，需要启动与 Centreon 相关的服务，操作命令如下：

```
[root@centreon-server app]# /etc/init.d/nagios start
[root@centreon-server app]# /etc/init.d/centstorage start
[root@centreon-server app]# /etc/init.d/centcore start
```

在服务启动后，可以通过查看 Nagios 启动日志/var/log/nagios/nagios.log 及 Centreon 日志目录/usr/local/centreon/log 来查看启动进程的运行状态。

8.1.9 安装问题总结

Centreon 的安装相对比较复杂，涉及的内容较多，在安装过程中出现问题在所难免，这里简单总结一下安装过程中可能会出现的问题和对应的解决方法。

在安装 Centreon 的过程中，常见问题主要集中在 Nagios 和 MySQL 数据库上面，因此需要重点关注这两个方面。解决问题的主要方法是查看运行日志，这是因为所有错误都会在日志中显示。因此，需要重点关注以下 3 个日志。

（1）nagiosPerfTrace.log。该日志用于记录 Nagios 与 MySQL 数据库之间交互的信息。如果 Centreon 无法连接数据库或连接数据库出现错误，则可以查看这个日志。

（2）centstorage.log。该日志主要用于记录 Centreon 通过 RRDtool 进行绘图的信息。如果 Centreon 中的图形报表无法显示，则可以通过该日志查找问题。

（3）nagios.log。该日志是 Nagios 运行的文件。Nagios 启动及运行过程中的所有信息都会记录在该文件中。如果启动或运行 Nagios 出错，则可以通过查看该文件来寻找原因。

任务 2　Centreon 的配置

Centreon 的所有配置操作都能在 Web 配置管理页面中完成。了解 Nagios 的配置过程会对配置 Centreon 很有帮助。

在 Nagios 的配置过程中会涉及几个定义：主机、主机组、主机模板，服务、服务组、服务模板，联系人、联系人组，监控时间和监控命令等。从这些定义可以看出，Nagios 的各个配置文件之间是相互关联、彼此引用的。要成功配置一套 Nagios 监控系统，必须弄清楚每个配置文件之间依赖与被依赖的关系。其中，较为重要的有 4 点：第 1 点，定义需要监控的主机、主机组、服务和服务组；第 2 点，定义这个监控需要通过什么命令来实现；第 3 点，定义监控的时间段；第 4 点，定义主机或服务出现问题时所通知的联系人和联系人组。

Centreon 的配置逻辑和过程与 Nagios 完全相同。因此，一旦清楚了 Nagios 的配置重点和各个配置文件之间的依赖关系，配置 Centreon 将会变得比配置 Nagios 更加简单。

8.2.1　添加主机和主机组

在默认情况下，Centreon 在安装完成后，有一些初始的主机或服务的监控项。为了便于进行介绍和演示，这里删除所有默认监控的服务：选择"Configuration→Services→Services by host"选项，删除所有默认监控的服务。

1. 定义 Centreon-Server 主机

选择"Configuration→Hosts→Centreon-Server"选项，对 Centreon-Server 主机进行定义，如图 8-28 所示。其中，"Host Name"选项用于设置需要监控节点的主机名。"IP Address/DNS"选项用于添加 IP 地址，或者添加主机对应的主机名，只要 DNS 能够解析对应的 IP 地址就可以。"Host Templates"选项用来为 Centreon-Server 添加一个主机模板，其中 generic-host 主机模板是默认的，这里可以直接引用。关于 generic-host 主机模板，后面会对其进行详细介绍。

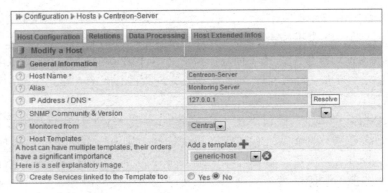

图 8-28　Centreon-Server 主机的定义

2. 创建一个 check_ping 命令

监控命令（Commands）是 Centreon 分布式监控系统运行的基础。无论是主机还是服务，都是通过监控命令完成状态检查和报警的。常用的监控命令分为两种，分别是检测（Check）命令和通知报警（Notification）命令。在 Centreon 系统中，自带了很多常用的监控命令。选择"Configuration→Commands→Checks"选项，即可查看 Centreon 自带的检测命令，如 check_dhcp、check_ftp、check_centreon_ping、check_http、check_tcp 等。选择"Configuration→Commands→Notifications"选项，即可查看 Centreon 自带的通知报警命令，如 host-notify-by-email、service-notify-by-email 等。

选择"Configuration→Commands"选项，单击"Add"按钮，即可创建一个 check_ping 命令，如图 8-29 所示。其中，"Command Name"为 check_ping；"Command Type"为"Check"；"Command Line"为命令的具体执行方式，命令中的"$USER1$"是一个变量，也就是 Nagios 插件的存放路径，"$HOSTADDRESS$"是一个主机宏，用于获取主机定义中的 IP 地址或主机名。

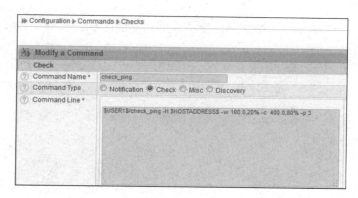

图 8-29　创建一个 check_ping 命令

3．添加主机监控

选择"Configuration→Hosts"选项，单击"Add"按钮，添加一台主机，如图 8-30 所示。添加方法与前面定义 Centreon-Server 主机的方法完全相同，首先添加一台 node1 主机，此主机引用的模板仍然是"generic-host"，然后在"Host Check Properties"选区中添加一个用于检测主机状态的命令"check_ping"。这个命令在上面的步骤中已经定义好了，直接引用即可。

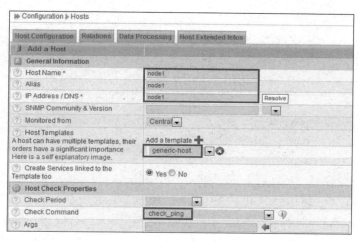

图 8-30　添加一台主机

参照上述方法，依次添加 node2、node3、node4 这 3 台主机，共添加 4 台主机，如图 8-31所示。在如图 8-31 所示的页面上，有很多操作属性，用于对主机进行复制、删除、修改、启用和禁用等。由此可见，通过 Centreon 管理 Nagios 非常方便和简单。

4．添加主机组监控

选择"Configuration→Hosts→Host Groups"选项，单击"Add"按钮，添加一个主机组，如图 8-32 所示；依次设置"Host Group Name"和"Alias"选项，并在"Linked Hosts"选区中选择此主机组需要加入的主机。设置完后，单击"Save"按钮，即可完成主机组的添加。

当需要监控一批主机上某些相同的服务时，将这些主机添加到同一个主机组中，创建一个需要监控的服务，将这个主机组加到此服务中即可。这样省去了每添加一台主机就添加一个服务的麻烦，非常方便。

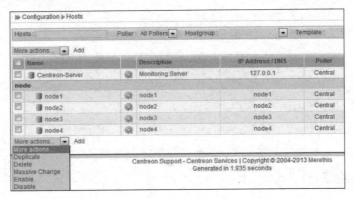

图 8-31　添加的主机

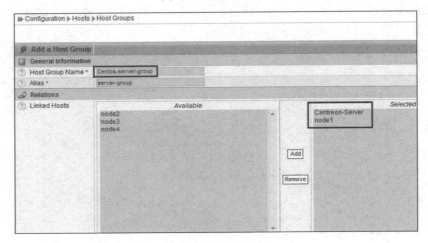

图 8-32　添加主机组

从图 8-32 中可以看出，这里添加了一个名为 Centos-server-group 的主机组，并将 Centreon-Server 和 node1 主机添加到这个主机组中。一台主机可以属于多个主机组。

参照上述方法，继续添加一个名为 Centos1-server-group 的主机组，如图 8-33 所示。这里将 node2、node3、node4 这 3 台主机添加到 Centos1-server-group 主机组中。

5．配置主机模板 generic-host

主机模板用于对主机的各个监控属性进行综合定义。一些基础的主机监控，如主机检查属性、报警通知属性、自定义宏属性等都可以在主机模板中进行设置，也可以在定义主机监控时进行设置。

用户可以直接使用默认的 generic-host 主机模板，无须对其进行修改。当然，用户也可以根据监控需求和自身环境修改该模板。

主机模板的一大特点是具有继承性。如果一台主机引用了主机模板，那么该主机会自动继承此主机模板下的所有监控属性。例如，要对 1000 台主机做 ping 连通性检查，首先可以创建一个 check_ping 命令（创建方法上面已经介绍过），然后将这个命令引用到 generic-host 主机模板中，最后在创建主机时，让这 1000 台主机都引用 generic-host 主机模板，如图 8-34 所示。引用主机模板的好处是，如果监控属性发生了变化，那么只需修改 generic-host 配置即可，无须一台一台地修改主机。

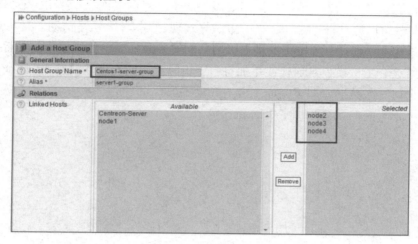

图 8-33　添加 Centos1-server-group 主机组

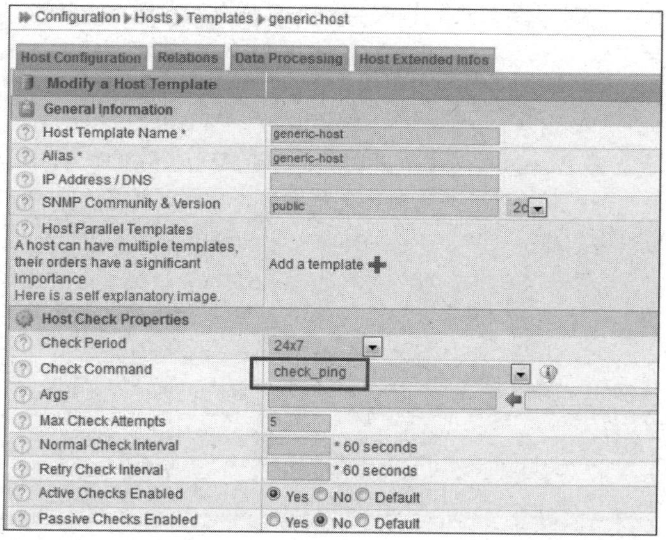

图 8-34　修改 generic-host 主机模板

有时，监控属性可能同时在 generic-host 主机模板和主机定义中进行了设置，此时会出现一个优先级问题。在这种情况下，监控属性的生效值以主机中的设置为准。例如，先在 generic-host 主机模板中设置了"Check Period"为"24x7"，又在 node1 主机的定义中引用了 generic-host 主机模板，并且将"Check Period"设置改为了"workhours"，那么 node1 主机监控周期最终生效的设置是"workhours"。

从图 8-34 中可以看到一些主机检查属性值，如"Max Check Attempts"（最大检查尝试次数），"Normal Check Interval"（正常检查间隔，单位为 min），"Retry Check Interval"（重

试检查间隔，单位为 min）。这些主机检查属性值都需要根据实际情况进行修改或添加。

8.2.2　批量添加主机

添加一台主机非常简单，但是如果需要添加成千上万台主机，一台一台地添加显然是不切实际的，此时可以通过批量添加主机的方法来实现。实际上，这是借助 Centreon 的模板功能完成的，其基本原理是，首先将批量主机的共同属性添加到主机模板中；然后在批量添加主机时，引用这个主机模板。这样在添加每台主机时，不同的属性只有 IP 地址和主机名，只要把这两个值写入数据库即可完成主机的批量添加。

下面是一个写好的批量添加主机的 Perl 脚本：

```perl
#!/usr/bin/perl
use strict;
use warnings;
use DBI;
use DBD::mysql;
# -------------------------------------------------------------------
my $DB_HOST = "127.0.0.1"; #监控服务器的 IP 地址，建议将该选项设置为 127.0.0.1
# Centreon Web 安装时设置的数据库访问用户，默认为 centreon
my $DB_USER = "centreon";
# Centreon Web 安装时设置的数据库密码，这里为 centreon
my $DB_PASSWD = "centreon";
my $DB_NAME = "centreon";   # Centreon Web 对应的数据库名，默认为 centreon
my $dbh = DBI->connect("DBI:mysql:database=$DB_NAME;host=$DB_HOST",
"$DB_USER", "$DB_PASSWD", { RaiseError => 1 });
# -------------------------------------------------------------------
my $file_path = "/var/tmp/hosts";   # hosts 模板文件，需要用户自己创建
my $tpl_name = "generic-host";       # 主机模板，在填写批量添加的主机时需要继承的模板
my $nagios_name = "Central";         # 轮询方式，默认为 Central
my $arg (@ARGV) {
    # == file of hostname and ipaddress ==
    if ($arg eq '-f') {
$file_path = shift;
    }
    # == name of template ==
    elsif ($arg eq '-t') {
        $tpl_name = shift;
    }
    # == name of nagios name ==
    elsif ($arg eq '-n') {
        $nagios_name = shift;
    }
```

```perl
        else {
&print_help();
            exit 1;
        }
}
    # -----------------------------------------------------------------
    open (HOST, "$file_path") || die "Cannot open $file_path for read";
    my $sql;
    my $sth;
    my $line;
    my ($host, $ipaddr);
    my ($host_id, $tpl_id, $nagios_id) = (0, 0, 0);
    while (defined($line = <HOST>)) {
        # == skip blank lines =================
        next if ($line =~ /^\s*$/);
        # == skip if # =======================
        next if ($line =~ /^\s*#/);
    # == get host and ipaddress ===========
        ($ipaddr, $host) = split(/\s+/, $line);
        next if ($ipaddr eq '' || $host eq '');
        # == insert the host to table host ====
        $sql = "insert host set host_template_model_htm_id='2',host_name=
'$host',host_alias='$host',host_address='$ipaddr',host_active_checks_enabled=
'2',host_passive_checks_enabled='2',host_checks_enabled='1',host_event_handler_
enabled='2',host_flap_detection_enabled='2',host_process_perf_data='2',host_
retain_status_information='2',host_retain_nonstatus_information='2',host_
notifications_enabled='2',host_register='1',host_activate='1'";
        $sth = $dbh->do($sql);
        sleep(1);
    # == get host_id =======================
        $sql = "select host_id from host where host_name='$host'";
        $sth = $dbh->prepare($sql);
        $sth->execute();
        while (my $ref = $sth->fetchrow_hashref()) {
            $host_id = $ref->{'host_id'};
            print "host_id is $host_id\n";
        }
        next if ($host_id == 0);
        # == insert extended_host_information ==
        $sql = "insert extended_host_information set host_host_id='$host_id'";
        $sth = $dbh->do($sql);
        # == insert host_template_relation =====
        $sql = "select host_id from host where host_name='$tpl_name'";
        $sth = $dbh->prepare($sql);
```

```perl
        $sth->execute();
        while (my $ref = $sth->fetchrow_hashref()) {
            $tpl_id = $ref->{'host_id'};
            print "template id is $tpl_id\n";
            }
        next if ($tpl_id == 0);
        $sql = "insert host_template_relation set host_host_id='$host_id',
host_tpl_ id='$tpl_id',`order`='1'";
        $sth = $dbh->prepare($sql);
        $sth->execute();
        # == insert ns_host_relation ===========
        $sql = "select id from nagios_server where name='$nagios_name'";
        $sth = $dbh->prepare($sql);
        $sth->execute();
        while (my $ref = $sth->fetchrow_hashref()) {
            $nagios_id = $ref->{'id'};
            print "Poller id is $nagios_id\n";
        }
        next if ($nagios_id == 0);
        $sql = "insert ns_host_relation set host_host_id='$host_id',
nagios_server_ id='$nagios_id'";
        $sth = $dbh->prepare($sql);
        $sth->execute();
        # == insert complete ==
        print "insert $host to centreon successful\n";
        }
        close(HOST);
        $dbh->disconnect();
        exit 0;
        # ------------------------------------------------------------------
        sub print_help {
            print "Usage ./batch_add_host.pl [-f path of host file] [-n nagios
name] [-t template name]\n";
        print "\n";
    }
    }
```

要使用这个 Perl 脚本，需要具备如下条件。

（1）一个已经配置好的主机模板，在上面的脚本中为 generic-host。

（2）一个与 IP 地址和主机名对应的 hosts 模板文件，并且需要将其放到/var/tmp 目录下。

hosts 模板文件的内容格式为"IP 地址.主机名"，每行一个。用户可以依次添加多台主机到这个 hosts 模板文件中。首先将上面的脚本命名为 batch_add_host.pl，然后放到监控服务器任意路径下，并为其授予可执行权限，最后执行这个脚本，即可完成主机的批量添加。

对于批量添加的主机，"Host Name"选项表示 hosts 文件中的主机名，"IP Address/DNS"选项表示 hosts 模板文件的 IP 地址。

8.2.3 管理监控引擎

在添加完主机和主机组后，这些主机信息并不会马上生效，还需要先将这些信息生成 Nagios 配置文件并保存，再重新启动监控引擎。这就是 Centreon 的监控引擎管理功能。在添加或修改完任何配置后，都需要重新启动监控引擎才能使这些配置生效。

选择"Configuration→Monitoring Engines→Generate"选项，生成配置并重新启动监控引擎，如图 8-35 所示。

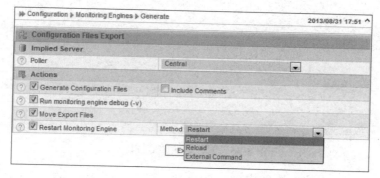

图 8-35 生成配置并重新启动监控引擎

图 8-35 所示的页面主要用于导出创建好的配置，默认勾选"Generate Configuration Files"和"Run monitoring engine debug（-v）"复选框。当然编者建议同时勾选"Move Export Files"和"Restart Monitoring Engine"复选框。在"Restart Monitoring Engine"的"Method"选项中，可选的动作有 3 个，分别是 Restart、Reload 和 External Command。其中，Restart 用于重新启动监控引擎服务，如在新增主机后，可以使用这个动作；Reload 用于重新加载配置，如在修改某台主机的配置参数后，可以使用这个动作；External Command 用于第三方扩展，主要用于处理特殊需求，一般不常使用。在一般情况下，Restart 动作执行的时间较长，特别是当 Centreon 监控的主机或服务较多时，执行 Restart 动作会启动得比较慢；Reload 动作只加载新的配置并使其生效，执行速度相对较快。因此，如何选择这两个动作，需要结合实际情况而定。

在监控引擎管理中，还可以对 Nagios 的相关配置信息进行修改。首先，选择"Configuration→Monitoring Engines→main.cfg"选项，即可查看 nagios.cfg 文件的配置信息。这个文件是 Nagios 的主配置文件，记录了 Nagios 的配置文件路径、日志文件路径、扩展模块的配置、监控参数配置等信息。用户可以对这些配置信息进行修改。然后，选择"Configuration→Monitoring Engines→resources"选项，这是 Nagios 的 resource.cfg 文件的配置信息，主要是设置 Nagios 使用插件的路径信息。用户也可以对这些信息进行修改。最后，还有一个文件 CGI.cfg，用于对 Nagios 权限进行设置，选择"Configuration→Monitoring Engines→cgi"选项，即可查看和修改 Nagios 相关访问和管理权限。

8.2.4 添加服务和服务组

在添加完主机和主机组后，下面开始添加需要监控的服务和服务组。在安装完 Centreon 后，有一些默认的监控服务。为了不影响介绍，现在将这些默认的监控服务删除，选择 "Configuration→Services→Services by host" 选项，即可删除默认的监控服务，如图 8-36 所示。

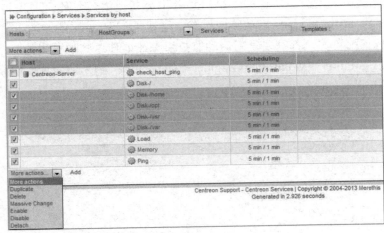

图 8-36　删除默认的监控服务

1. 配置 generic-service 服务模板

这里的服务模板与之前介绍的主机模板类似，它们具有相同的作用。默认的服务模板无须修改即可直接使用。当然，用户也可以根据需要进行配置和修改，并在添加服务时进行引用。

选择 "Configuration→Services→Templates" 选项，即可配置 generic-service 服务模板，如图 8-37 所示。在如图 8-37 所示的页面中，可以修改或添加 "Service State" 选区中的属性值。在一般情况下，在 generic-service 服务模板中设置的属性值都是通用的或是公用的，主要在创建服务时进行引用。

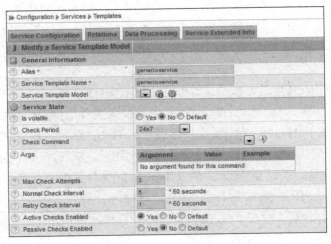

图 8-37　配置 generic-service 服务模板

2．添加监控服务

添加监控服务的方法与添加主机的方法基本一样。选择"Configuration→Services→Services by host"选项，单击"Add"按钮，添加一个服务。这里添加了一个名为 check_host_ping 的监控服务，在"Service Template"选项中引用了 generic-service 服务模板，如图 8-38 所示。

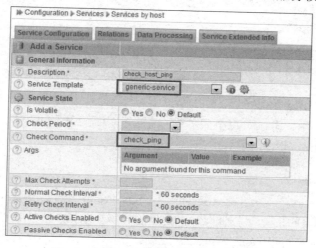

图 8-38　添加 check_host_ping 监控服务

在添加监控服务的过程中，需要重点关注"Service State"、"Macros"和"Notification"这 3 个服务属性。其中，"Service State"主要用于设置服务的检查周期、检查的命令、正常检查间隔、重试检查间隔等参数；"Macros"用于自定义宏，这里暂时不定义；"Notification"用于设置报警通知属性，包括联系人、联系人组、通知间隔、通知周期、通知类型等。关于"Notification"属性，后面会详细介绍。

在设置完如图 8-38 所示的页面后，选择"Relations"选项卡，选择与服务相关的主机，如图 8-39 所示。"Linked with Hosts"选区中会列出所有已经添加的主机，选择与此服务相关联的主机即可。单击"Save"按钮，保存设置。这样，一个监控服务就添加完了。

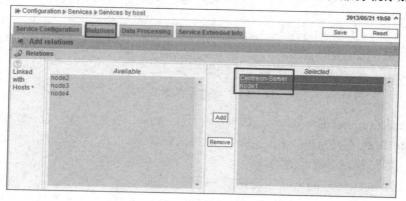

图 8-39　选择与服务相关的主机

读者可以按照如上方法依次添加多个监控服务。添加完成后的监控服务列表如图 8-40 所示。

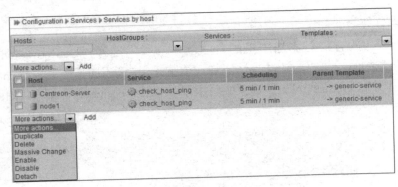

图 8-40　添加完成后的监控服务列表

在监控服务列表中，可以对每个服务进行复制、删除、启用、禁用等操作，这些功能对以后进行监控系统运维至关重要。

3. 添加监控服务组

选择"Configuration→Services→Services by host group"选项，单击"Add"按钮，添加一个服务组，如图 8-41 所示。与之前添加服务一样，这里添加了一个名为 check-port-service 的监控服务组，并且应用了 generic-service 模板。

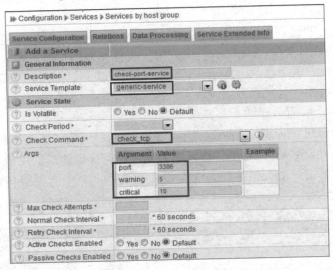

图 8-41　添加监控服务组

在"Check Command"选项中，这里选择了 Centreon 自带的命令 check_tcp。这个命令可以用于监控 TCP 连接状态，也可以用于监控端口状态。在"Args"选区中，指定了需要监控的端口，以及警告和故障的阈值。

在完成如图 8-41 所示的页面的设置后，选择"Relations"选项卡，选择与服务组相关的主机组，如图 8-42 所示。这里列出了所有已经创建好的主机组，读者可以在其中选择某个主机组与 check-port-service 服务组进行关联，这里选择的是 Centos1-server-group 主机组，单击"Save"按钮，完成服务组的添加。

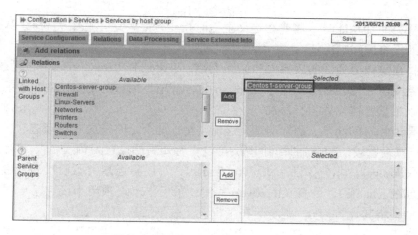

图 8-42　选择与服务组相关的主机组

8.2.5　配置报警通知功能

报警通知功能的配置是 Centreon 中一个非常重要的部分。在前面两节中，主要介绍了主机和服务的添加，并且在主机和服务中都引用了各自的模板。由于模板的默认配置为不开启报警通知功能，因此本节重点讲述如何开启主机和服务的报警通知功能。

1．开启主机的报警通知功能

开启主机的报警通知功能有两种方法。第一种方法是在定义主机时开启，选择"Configuration→Hosts→node1"选项，编辑已经创建好的主机 node1，如图 8-43 所示。这里需要重点关注"Notification Enabled"选项。

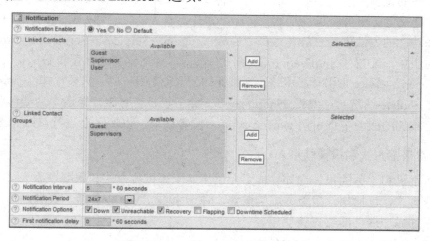

图 8-43　开启主机的报警通知功能

在默认情况下，"Notification Enabled"选项处于"Default"状态，这个状态表示继承关系。也就是说，如果此主机引用了 generic-host 主机模板，并且在 generic-host 主机模板中开启了报警通知功能，那么这台主机会自动继承报警通知功能。同理，如果在 generic-host 主机模板中没有开启报警通知功能，那么这台主机也不会开启报警通知功能。因此，当主机模板没有开启报警通知功能时，需要在定义主机时指定开启，这里选中"**Yes**"单选按钮，表示开启主机的报警通知功能。

继续选择报警需要通知的联系人和联系人组，这里选择"**Supervisor**"作为通知联系人，暂不选择联系人组。"**Supervisor**"是 Centreon 后台管理员用户的全名。关于联系人和联系人组，读者可以根据监控需要自行添加。

继续选择通知时间间隔、通知周期、通知类型、是否延时发送通知等选项。对于比较重要的主机，可以设置较短的通知时间间隔。可以将通知周期设置为每周 7 天 24 小时（24×7）、工作日（Workhours）、非工作日（Nonworkhours）。可以将通知类型设置为宕机（Down）、不可到达（Unreachable）、恢复（Recovery）等。最后一个选项用于设置第一次发送通知的延时时间。如果将其设置为 0，则表示在主机发生故障后立刻发送通知。

开启主机报警通知功能的第二种方法是配置 generic-host 主机模板。在前面介绍的主机添加过程中，都引用了 generic-host 主机模板，而在主机模板配置中也可以开启报警通知功能，开启方法很简单：编辑主机模板，找到"**Notification Enabled**"选项，按照图 8-43 进行设置。当开启了报警通知功能后，对应的主机会继承模板中的设置，自动开启主机的报警通知功能。

根据运维经验，建议通过修改主机模板的方式来开启主机的报警通知功能。因为当监控主机的数量达到上千台时，一台一台地修改主机配置将变得不切实际。此时，只需通过修改 generic-host 主机模板，即可开启所有主机的报警通知功能，简单且方便。当然，这样做的前提是所有主机都引用了 generic-host 主机模板。

2．开启服务的报警通知功能

开启服务的报警通知功能的方法也有两种：一种是在 generic-service 服务模板中进行配置，另一种是在定义服务时进行指定。实际上，开启服务的报警通知功能的方法与开启主机的报警通知功能的方法完全一样。选择"**Configuration→Services→Services by host**"选项，编辑对应的服务，配置"**Notification Enabled**"选项，并配置各个报警参数即可。

要在 generic-service 服务模板中修改报警通知配置也是可以的，只需选择"**Configuration→Services→Templates**"选项，编辑 generic-service 服务模板，开启报警通知功能即可。这里建议在所有已添加的服务中都引用 generic-service 服务模板，以便之后进行修改和运维。

3．配置报警方式和报警联系人

在开启主机和服务的报警通知功能后，还需要配置报警方式和报警联系人。Centreon 支持多种报警方式，包括邮件报警、短信报警、MSN 报警、QQ 报警等。其中，邮件报警是默认方式，无须添加插件即可直接使用。

选择"**Configuration→Users→Contacts/Users**"选项，配置 admin 用户的报警方式，如图 8-44 所示。

这是用户配置的第一部分。"**Full Name**"选项表示 admin 用户的全名，"**Email**"选项表示报警邮箱的地址，在其中输入真实有效的邮箱地址即可。"**Pager**"选项表示用于接收报警短信的手机号码。在配置短信报警方式后，将会使用"**Pager**"选项。接着配置"**Group Relations**"选区，此选区主要用于配置联系人组。admin 用户默认属于"**Supervisors**"联系人组。

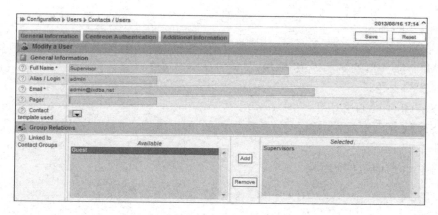

图 8-44　配置 admin 用户的报警方式

接着是用户配置的第二部分——配置报警通知命令，如图 8-45 所示。

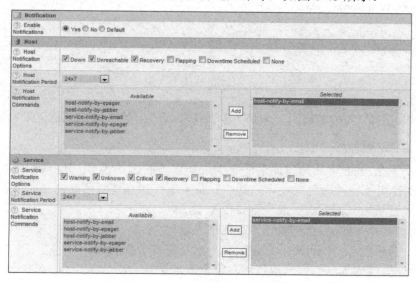

图 8-45　配置报警通知命令

在用户配置选项下，可以配置用户的相关报警通知属性。这里的配置具有最高优先级，可以根据用户的等级来配置主机或服务报警的接收类型、接收时段等。这里需要重点关注主机通知和服务通知命令。如果选择邮件报警，则可以在主机通知命令中选择 host-notify-by-email 命令，或者在服务通知命令中选择 service-notify-by-email 命令。关于这两个命令，可以根据实际情况进行修改，修改方法很简单：选择 "Configuration → Commands → Notifications" 选项，编辑对应的命令即可。在默认情况下，这两个命令都是通过 Linux 系统自带的 mail 命令来发送邮件的。mail 命令使用起来不太方便，功能也相对有限，因此推荐另一个利用命令行发邮件的工具——SendEmail。SendEmail 非常强大，功能丰富，并且使用起来非常简单。

读者可以从官网下载 SendEmail 并直接使用，或者可以将解压缩后的 SendEmail 可执行文件复制到/usr/local/bin 目录下，并运行 SendEmail，此时会显示详细使用方法。这里介绍几个重要的参数。

-f：发送者的邮箱。

-t：接收者的邮箱。

-s：SMTP 服务器的域名或 IP 地址。

-u：邮件的主题。

-xu：SMTP 验证的用户名。

-xp：SMTP 验证的密码。

-m：邮件的内容。

下面介绍一个简单的例子。

```
cat 文件名 | /usr/local/bin/sendEmail -f centreon@test.com -t admin@ixdba.net
-s mail.test.com -u "Centreon host-notify test " -xu centreon -xp 1q2w3e4r
```

在这个例子中省略了-m 参数，通过管道将邮件内容传给了 SendEmail。下面是一个定义好的 service-notify-by-email 命令：

```
/usr/bin/printf "%b" "*****centreon Notification *****\n\nNotification Type:
$NOTIFICATIONTYPE$\n\nService: $SERVICEDESC$\nHost: $HOSTALIAS$\ nAddress:
$HOSTADDRESS$\nState: $SERVICESTATE$\n\nDate/Time: $LONGDATETIME$\ n\nAdditional
Info:\n\n$SERVICEOUTPUT$" | /usr/local/bin/sendEmail -f centreon@test.com -t
$CONTACTEMAIL$ -s mail.test.com -u "** $NOTIFICATIONTYPE$ alert -
$HOSTALIAS$/$SERVICEDESC$ is $SERVICESTATE$ **" -xu centreon -xp 1q2w3e4r
```

4．查看监控报警状态

Centreon 通过 Web 页面可以展示所有主机和服务的运行状态。对于不同的运行状态，Centreon 分别使用不同的颜色来表示。其中，基本运行状态与颜色的定义如下。

- 正常运行状态（OK）：一般使用绿色来表示。
- 警告状态（Warning）：一般使用黄色来表示。
- 故障、宕机状态（Critical、Down），一般使用红色来表示。
- 未知状态（Unknown）：一般使用灰色来表示。
- 挂起、不可到达状态（Pending、Unreachable）：一般使用浅蓝色来表示。

选择"Monitoring→Hosts"选项，即可查看所有主机、主机组、故障主机等的相关信息。图 8-46 所示为所有主机的运行状态。

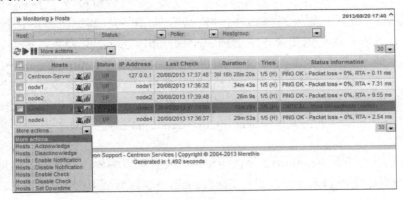

图 8-46　所有主机的运行状态

从图 8-46 中可以看出，node3 主机处于"DOWN"状态，并且此主机使用红色进行标注。查看最后一列 node3 主机故障的详细信息，发现是"Host Unreachable"状态。此时，需要检查 node3 主机的网络连接情况。

从图 8-46 中还可以看出所有主机的名称、运行状态、IP 地址、最后一次检查时间、某种主机状态的持续时间，以及主机状态的检查结果等。"Hosts"列中的图标表示这台主机没有启用主机报警通知功能。在启用主机报警通知功能后，这个小图标会自动消失。这个图标后面的图形报表用于显示 ping 操作监控状态的总体数据，单击这个报表即可查看主机在某段时间内的 ping 状态曲线图。

Centreon 查看主机或服务状态的功能非常强大，支持根据主机名、状态、主机组名称进行查询，并且支持对主机进行启用通知、关闭通知、启用检查、关闭检查等操作。

选择"Monitoring→Services→All Services"选项，即可查看所有监控服务的运行状态，如图 8-47 所示。

图 8-47　所有监控服务的运行状态

从图 8-47 中可以看出，由于 node3 主机发生网络故障，导致 node3 主机上的 MySQL 端口监控服务出现故障，具体的监控出错信息是"No route to host"，这种错误一般都是网络无法连接导致的。

关于监控状态的查看，Centreon 还提供了一个全局状态统计功能。Centreon 后台的右上角有一个全局状态监控表格，其统计了所有主机和服务的运行状态，如图 8-48 所示。

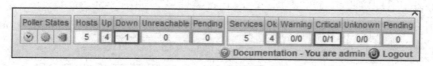

图 8-48　主机和服务的全局状态监控

在 Centreon 监控系统中，所有监控状态页面都是定时自动刷新的。用户可以修改这个刷新值，默认间隔 1min 刷新一次。因此，只需查看这个全局状态监控表格，即可知道哪些主机或服务出现了故障。

8.2.6　管理用户和用户权限

Centreon 是一个多用户、多角色管理系统，从功能上可以将用户划分为两部分：一部分是后台登录用户，另一部分是报警通知用户。后台登录用户主要用于添加、修改主机或服务，并查看其状态等。结合 Centreon 的用户权限管理功能，可以针对不同用途的用户设置不同的登录级别。也就是说，可以授权某个用户管理一批主机和服务，但该用户无法查看和管理没有授权的其他主机和服务。通过这种方式，Centreon 实现了对主机和服务的分级和分权限管理。

报警通知用户就是 Nagios 中的联系人和联系人组。在添加用户时，需要输入用户的邮件地址、电话号码等；在发送报警通知时，如果指定了某个联系人，那么系统会自动使用此联系人的邮件地址或电话号码发送邮件报警或短信提醒。如果有很多用户需要接收相同类型的报警邮件，那么可以将这些用户都添加到同一个组中，这就是联系人组。

1．添加用户

下面演示如何添加一个用户，以及如何为用户授权。

选择"Configuration→Users→Contacts/Users"选项，单击"Add"按钮，添加一个用户，如图 8-49 所示。

这里假设添加一个 ixdba 用户。在"Full Name"文本框中输入"ixdba"，在"Alias/Login"文本框中同样输入"ixdba"，在"Email"文本框中输入"ixdba@ixdba.net"，暂时不设置"Linked to Contact Groups"选区，启用 ixdba 用户的报警通知功能。

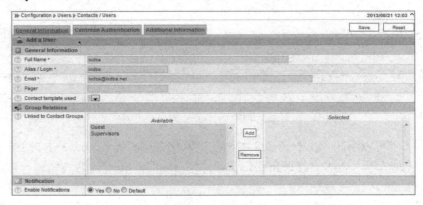

图 8-49　添加用户

设置 ixdba 用户接收报警的类型、时段和报警命令，如图 8-50 所示。

根据用户的类型和要求，选择相应的报警属性，选择"Centreon Authentication"选项卡，设置 ixdba 用户登录 Centreon 后台时的密码、语言等信息，如图 8-51 所示。

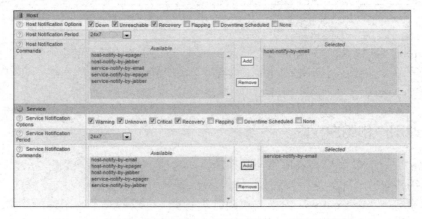

图 8-50　设置 ixdba 用户接收报警的类型、时段和报警命令

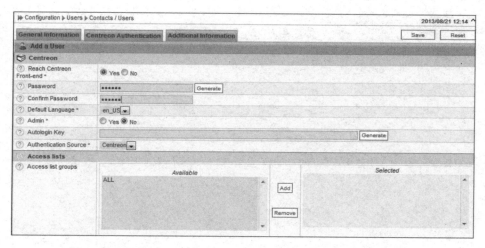

图 8-51　设置 ixdba 用户登录 Centreon 后台时的密码、语言等信息

这一步的设置是可选的，如果需要开启用户登录 Centreon 后台的功能，则需要设置登录密码等信息；如果仅为了接收报警通知，那么无须设置登录密码。在"Centreon Authentication"选项卡中，还可以设置用户是否为管理员等信息。在设置完后，单击"Save"按钮，完成用户的添加。

2．添加用户组

选择"Configuration→Users→Contact Groups"选项，单击"Add"按钮，添加一个用户组，如图 8-52 所示。

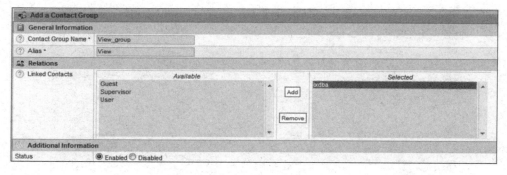

图 8-52　添加用户组

这里添加一个名为 View_group 的用户组，并在"Linked Contacts"选区中将 ixdba 用户添加到此用户组中。

3．添加访问组

下面添加一个访问组。选择"Administration→ACL→Access Groups"选项，即可看到默认访问组 ALL，单击"Add"按钮，添加一个新的访问组，如图 8-53 所示。

这里添加一个名为 access_group 的访问组，并将 ixdba 用户添加到此访问组中。读者也可以直接将 View_group 用户组添加到其中。

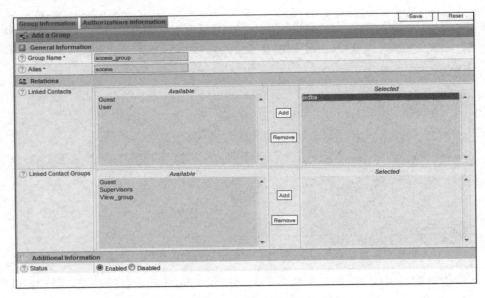

图 8-53　添加访问组

4．添加菜单的访问控制权限

下面添加菜单的访问控制权限。选择"Administration→ACL→Menus Access"选项，可以看到默认的 4 个菜单访问控制权限，分别是 Configuration、Graphs、Monitoring+Home 和 Reporting。这里根据需要添加菜单访问控制权限。单击"Add"按钮，添加一个菜单的访问控制权限，如图 8-54 所示。

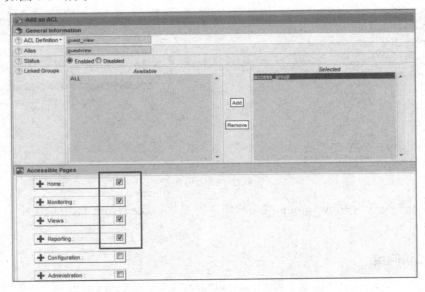

图 8-54　添加菜单的访问控制权限

这里添加了一个名为 guest_view 的菜单访问控制权限。从图 8-54 中可以看出，此权限只能访问 Centreon 的"Home""Monitoring""Views""Reporting"菜单，无法访问"Configuration"和"Administration"菜单，即只有查看和预览权限，没有添加和修改权限。

最后将这个菜单访问控制权限授予 access_group 访问组，这样 access_group 访问组下的所有用户将只有查看和预览权限。

5．添加资源访问策略

下面添加一个资源访问策略。资源访问策略用于控制用户对主机或服务的访问。选择"Administration→ACL→Resources Access"选项，可以看到默认的"All Resources"资源访问策略，单击"Add"按钮，添加一个新的资源访问策略，如图 8-55 所示。

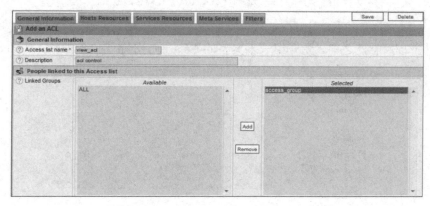

图 8-55　添加资源访问策略

这里添加了一个名为 view_acl 的资源访问策略，并且将 access_group 访问组加入了这个资源访问策略中。选择"Hosts Resources"选项卡，选择可访问的主机，如图 8-56 所示。

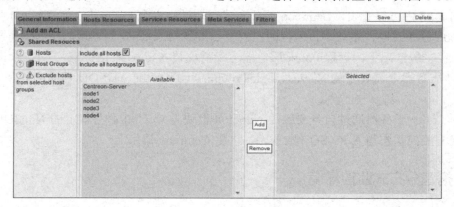

图 8-56　选择可访问的主机

这里选择所有主机和主机组。读者也可以指定一批主机或主机组。选择"Services Resources"选项卡，选择可访问的服务组，如图 8-57 所示。

图 8-57　选择可访问的服务组

这里选择所有服务组。在设置完后，单击"Save"按钮，保存设置。这样就成功添加了一个资源访问策略。

在添加完所有资源访问策略后，即可通过 ixdba 用户登录 Centreon 后台。此时，ixdba 用户不仅可以看到 Home、Monitoring、Views 和 Reporting 这 4 个菜单，还可以看到所有主机和服务的运行状态，这表明资源访问策略生效了。

任务 3 分布式监控的配置

在介绍分布式监控之前，先介绍一下典型的 Centreon 分布式监控架构，如图 8-58 所示。

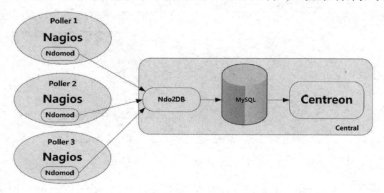

图 8-58 典型的 Centreon 分布式监控架构

从图 8-58 中可以看出，Centreon 的分布式监控是由多个 Poller 和一个 Central 构成的。在 Centreon 分布式监控系统中，远程的扩展节点被称为 Poller，而本地的中心服务器被称为 Central。在一般情况下，远程 Poller 服务器上仅需安装 Nagios 监控引擎及 NDOUtils 模块，而 Central 服务器上需要安装 Nagios、nagios-plugins、NDOUtils、MySQL、Centreon 和 Centreon Web 等。

远程 Poller 服务器通过自身安装的 Ndomod 模块与 Central 服务器上的 Ndo2DB 进行通信，最终将监控状态写入 MySQL 数据库，以供 Centreon 调用。

8.3.1 搭建分布式监控环境

下面通过一个实例详细介绍 Centreon 分布式监控的搭建过程，搭建环境如图 8-59 所示。

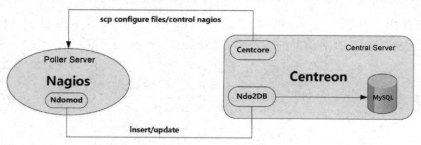

图 8-59 Centreon 分布式监控的搭建环境

本实例中的环境是由 Central Server（中心服务器）和一个 Poller Server（远程扩展节点）组成的分布式监控系统，相关 IP 地址信息如下。

Central Server：192.168.12.200。

Poller Server：192.168.12.188。

在介绍安装监控软件之前，简单说明分布式监控的运作流程：在分布式监控中，所有的配置都在 Central Server 上完成；当配置完后，生成的配置文件由 Central Server 通过 SSH 方式推送到其他远程 Poller Server 上，并且远程重新启动 Poller Server 上的 Nagios 服务，以使远程 Poller Server 上的 Nagios 配置生效；Poller Server 会通过 Nagios 监控自己本地的服务或主机，并将监控状态实时写入 Central Server 的 MySQL 数据库，以实现中心服务器对所有分布式主机的集中监控和展示。

8.3.2　安装监控软件

监控软件的安装分为两部分：首先安装 Central Server 端，主要安装 Nagios、nagios-plugins、NDOUtils、NRPE、Centreon 等软件；然后安装 Poller Server 端。Poller Server 端的安装非常简单，只需安装 Nagios 和 NDOUtils 两部分。如果需要 NRPE 服务，还可以安装 NRPE。

在 Poller Server 端安装完 Nagios 后，默认的配置文件路径为/etc/nagios。由于之后从 Central Server 上推送过来的配置文件将默认被放到这个路径下，因此要保证/etc/nagios 目录对 Central Server 有读写权限。首先，需要在 Poller Server 上做如下授权：

```
[root@Poller server ~]# chown -R centreon:centreon /etc/nagios
```

然后，需要在 Poller Server 上启动 Nagios 和 NDOUtils 服务，操作命令如下：

```
[root@Poller server ~]# /etc/init.d/nagios start
[root@Poller server ~]# /etc/init.d/ndoutils start
```

最后，简单起见，建议将 Central Server 上的所有 Nagios 插件（默认路径为/usr/lib64/nagios/plugins）复制到 Poller Server 上对应的 Nagios 插件路径下。

8.3.3　配置节点间的 SSH 信任登录

为了使 Central Server 上生成的配置文件能够自动分发到 Poller Server 上，需要在 Central Server 和 Poller Server 之间进行 SSH 单向信任配置。在进行用户信任登录之前，需要了解 Centreon 分布式监控系统中的几个重要用户。

在 Centreon 分布式监控系统中，主要有两个进程用户，分别是 nagios 和 Centreon。其中，nagios 用户主要完成 Nagios 监控引擎中主机或服务的主动监控，而 Centreon 用户主要用于管理 Centstorage 和 Centcore 服务。其中，Centcore 服务用于配置文件的推送。因此，这里要执行 SSH 登录信任的用户是 Centreon，而非 nagios。这点需要特别注意。

配置 SSH 信任登录的方式很简单，只需配置 Central Server 和 Poller Server 之间的单向信任，因此需要首先在 Poller Server 上创建一个 Centreon 用户并设置密码，然后在 Central

Server 上执行如下命令：

```
[root@centreon-server /]# su – centreon
[centreon @centreon-server ~]$ ssh-keygen # 依次按 Enter 键即可
[centreon@centreon-server~]$ ssh-copy-id -i ~/.ssh/id_rsa.pub
centreon@192.168.12.188 # 根据提示, 输入 192.168.12.188 服务器 Centreon 用户的密码即可
[centreon@centreon-server~]$ ssh 192.168.12.188 date # 验证 SSH 信任登录是否成功
```

为了能让 Poller Server 上的 Centreon 用户管理 Nagios 服务，这里需要在 Poller Server 上进行 sudo 配置，即在/etc/sudoer 文件的最后添加如下内容：

```
centreon ALL=NOPASSWD: /etc/init.d/nagios restart
centreon ALL=NOPASSWD: /etc/init.d/nagios stop
centreon ALL=NOPASSWD: /etc/init.d/nagios start
centreon ALL=NOPASSWD: /etc/init.d/nagios reload
centreon ALL=NOPASSWD: /usr/bin/nagiostats
centreon ALL=NOPASSWD: /usr/bin/nagios *
centreon ALL=NOPASSWD: /etc/init.d/ndoutils *
```

这样配置以后，Central Server 上的 Centreon 用户就可以通过不输入密码的方式登录 Poller Server，远程管理 Nagios 服务，从而实现 Central Server 对 Poller Server 的分布式远程监控。

在添加完后，在 Central Server 的 Centreon 用户下执行 ssh sudo 命令，测试设置是否正确，操作命令如下：

```
[nagios@ Central server ~]$ ssh 192.168.12.188 sudo /etc/init.d/nagios restart
```

第一次执行可能会出现如下错误：

```
sudo: sorry, you must have a tty to run sudo
```

解决方法非常简单，只需修改 Poller Server 上的/etc/sudoers 文件，即注释掉如下属性：

```
Defaults requiretty
```

再次执行上面的命令，通常就能顺利执行了。

8.3.4 在 Central Server 上添加分布式监控配置

1．添加一个 Poller

选择"Configuration→Centreon→Pollers"选项，单击"Add"按钮，添加一个新的 Poller。为了方便，可以直接复制一个默认的 Poller，并进行简单的修改。图 8-60 所示为复制的 Poller。

这里需要重点关注 3 个选项："Poller Name"选项用于指定 Poller 的名称，这里是"myCentral"；"IP Address"选项用于设置 Poller Server 的 IP 地址，这里是"192.168.12.188"；"SSH port"选项用于设置端口，默认是 22 端口，用户可以根据自身情况进行修改。其他选项无须修改。在配置完后，保存并退出即可。

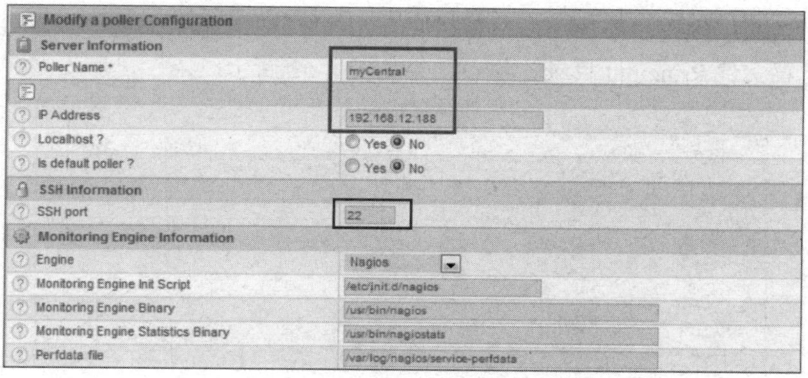

图 8-60　复制的 Poller

2．为 Poller 添加 ndomod 配置

ndomod 配置就是指定 Poller Server 连接到 Central Server 的信息，包括 Central Server 的 IP 地址、通信端口等。

选择"Configuration→Centreon→ndomod.cfg"选项，单击"Add"按钮，添加 myCentral 的 ndomod.cfg 配置。同理，为了方便，可以直接复制默认的 ndomod.cfg 配置文件到 Central-mod 目录，修改结果如图 8-61 所示。

这里需要重点注意图 8-61 方框中的 5 个选项：在"Description"文本框中输入"myndomod"，即指定添加的 ndomod 配置的名称；在"Instance Name"下拉列表中选择刚刚添加的名为 myCentral 的 Poller；将"Status"设置为"Enabled"状态；在"Interface Type"下拉列表中一定要选择"tcpsocket"选项；"Output"选项非常重要，它表示将监控状态输出到哪个节点，这里一定要输入 Central Server 的 IP 地址，即"192.168.12.200"。后面的几个选项使用默认的配置即可，无须修改。

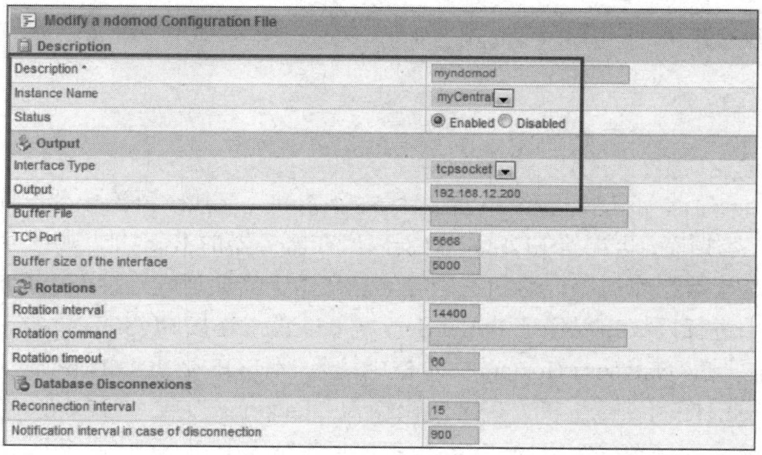

图 8-61　修改结果 1

3．为 Poller 添加 Ndo2DB 配置

Ndo2DB 服务只存在于 Central Server 上。选择"Configuration→Centreon→ndo2db.cfg"

选项，单击"Add"按钮，添加 myCentral 的 ndo2db.cfg 配置，这里同样直接复制默认的 ndo2db.cfg 配置文件 Principal 目录，修改结果如图 8-62 所示。

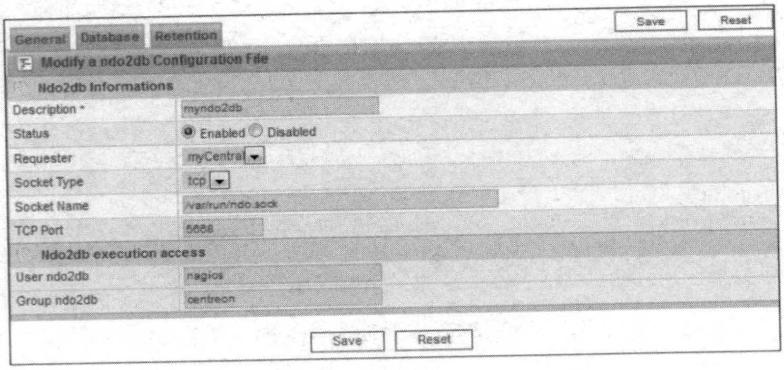

图 8-62　修改结果 2

在"General"选项卡中，需要重点注意"Requester"选项，这里将其设置为"myCentral"即可。在"Socket Type"下拉列表中选择"tcp"选项，而"TCP Port"选项只需和 ndomod.cfg 配置中的对应选项保持一致即可，默认是 5668。这个端口在 Central Server 上由 Ndo2DB 程序启动，远程各个 Poller Server 通过该程序与 Central Server 上的 MySQL 数据库进行交互，从而实现存取监控数据。

"Database"选项卡如图 8-63 所示。

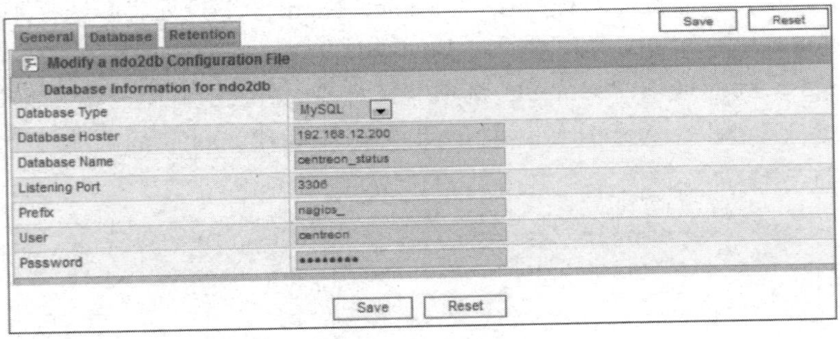

图 8-63　"Database"选项卡

在"Database"选项卡中，需要配置远程各个 Poller Server 所连接数据库的信息，这里先选择 MySQL 数据库，再配置 MySQL 数据库所在服务器的 IP 地址、数据库名、连接端口、表名称前缀、连接数据库的用户名和密码等信息。由于需要远程连接 MySQL 数据库，因此需要在数据库中进行授权，以保证 Poller Server 可以正常连接 MySQL 数据库。

注意：一定要在"Database Hoster"文本框中输入 MySQL 数据库的 IP 地址。如果 MySQL 数据库和 Centreon 在同一台主机上，不建议输入"localhost"或"127.0.0.1"之类的地址。

授权的方法比较简单，登录 MySQL 数据库所在服务器的 SQL 命令行，执行如下命令：

```
mysql> grant all ON centreon_status.* to centreon@'129.168.12.188' identified
by 'xxxxxx';
mysql> flush privileges;
```

4．为 poller 添加 Nagios 主配置文件

选择"Configuration→Monitoring Engines→main.cfg"选项，单击"Add"按钮，添加
myCentral 的 main.cfg 配置，这里复制默认的 main.cfg 配置文件到"Nagios CFG 1"目录，
修改结果如图 8-64 所示。

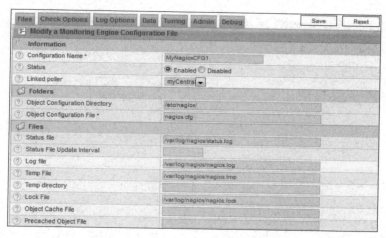

图 8-64　修改结果 3

这里需要重点注意"Configuration Name"和"Linked poller"选项的设置。其中，
"Configuration Name"选项用于指定配置文件的名称，这里将其设置为"MyNagiosCFG1"，
"Linked poller"选项用于指定适用的 poller，这里将其设置为"myCentral"即可。其他选项
无须做任何修改，保持默认即可。

至此，在 Centreon 上添加分布式监控的 Web 配置已经介绍完成。

5．为 Poller Server 添加后端主机

在成功添加一个 Poller Server 后，接下来为这个 Poller Server 添加一些监控主机。添加
监控主机的方法与添加主机的方法类似，但需要修改一项配置。为 Poller Server 添加后端主
机如图 8-65 所示。

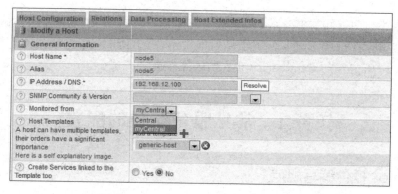

图 8-65　为 Poller Server 添加后端主机

这里添加了一个 node5 主机，IP 地址为 192.168.12.100，该主机同样继承了 generic-host

主机模板。需要注意的是，这里应将"Monitored from"设置为"myCentral"，其他选项的设置与之前介绍的添加主机的设置完全一致，不再介绍。

6. 重载 Centreon，以生成配置文件

在配置完所有分布式监控后，需要重载 Centreon，以生成配置文件。选择"Configuration→Monitoring Engines→Generate"选项，生成配置文件，如图 8-66 所示。

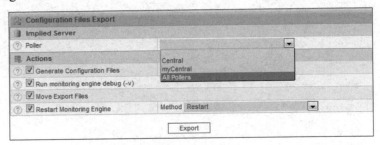

图 8-66　生成配置文件

在"Poller"下拉列表中，先选择"All Pollers"选项，再选择"Actions"选项，并执行"Restart"操作，即可生成所有 Poller 的配置文件。在执行完这个操作后，可以登录到 Poller Server 上查看配置文件是否已经正常推送到/etc/nagios 目录下，以及 nagios 进程是否已经重新启动。如果已经重新启动，那么表示分布式监控系统运行正常。

选择"Configuration→Centreon→Pollers"选项，查看两个 Poller 的运行状态，如图 8-67 所示。

	Name	IP Address	Localhost	Is running?	Conf Changed *	PID	Start time	Last Update	Version
☐	Central	127.0.0.1	Yes	Yes	No	5953	31/08/2013 23:10:12	07/09/2013 18:22:13	Nagios 3.2.3
☐	myCentral	192.168.12.188	-	Yes	No	13483	07/09/2013 17:42:56	07/09/2013 18:22:13	Nagios 3.2.3

图 8-67　两个 Poller 的运行状态

从图 8-67 中可以看出，两个 Poller 都处于正常运行状态，并且显示每个 Poller 对应的 IP 地址，以及 Nagios 引擎的启动时间、更新时间、运行 PID 和 Nagios 版本信息等。

至此，基于 Nagios 的 Centreon 分布式监控系统配置完成。

任务 4　常见服务监控的配置

8.4.1　Nagios 插件编写规范

作为一名运维人员，相信大家对脚本并不陌生。Nagios 插件是一个可执行的脚本或程序，这个脚本可以用各种语言实现，如 Shell、Perl、Python。熟悉 Nagios 的读者可能编写了许多

Nagios 插件。虽然 Nagios 自带了许多常用的监控插件，但是由于监控环境不同，运维人员往往会根据需要编写适合自己的 Nagios 插件。

Nagios 插件必须具备以下两个功能。

（1）脚本执行结果必须返回多个可能的返回值中的一个。

（2）脚本执行结果至少返回一行文本数据。

Nagios 插件作为一个向 Nagios 传递状态的工具，它不关心程序的具体执行细节。读者可以根据自身需求监控 Web 服务、数据库服务、网络服务和磁盘空间等，但是在监控脚本的输出结果中必须包含以下返回值之一。这是因为 Nagios 需要通过这些返回值来判断监控服务运行的状态。

Nagios 插件的返回值如表 8-1 所示。

表 8-1　Nagios 插件的返回值

返回值	服务状态	主机状态
0	OK	UP
1	WARNING	UP or DOWN/UNREACHABLE
2	CRITICAL	DOWN/UNREACHABLE
3	UNKNOWN	DOWN/UNREACHABLE

从 Nagios 3 开始，插件可以返回多行文本数据，这样可以输出更多有用的信息，以供监控查阅。

8.4.2　监控 Apache 的运行状态

1．获取 Apache 监控脚本

在监控 Apache 的运行状态之前，需要配置一个监控 Apache 状态的插件。Nagios 的官方网站中有许多可以直接使用的插件分类，找到 Web Servers 分类，其中有许多 Apache 监控脚本。这里下载一个使用 Python 语言编写的 Apache 监控脚本，下载的脚本名称为 check_apache2.py，将此脚本放到监控服务器上的/usr/lib64/nagios/plugins 目录下，并为其配置可执行权限：

```
[root@centreon-server ~]# chmod 755 /usr/lib64/nagios/plugins/check_apache2.py
```

2．修改被监控服务器 Apache 的配置文件

由于监控 Apache 是通过 Apache 的 mod_status 模块实现的，因此需要在被监控服务器上打开 mod_status 模板，修改 Apache 的配置文件，并添加如下内容：

```
<Location /server-status>
SetHandler server-status
Order deny,allow
Deny from all
Allow from 127.0.0.1 192.168.12.200 192.168.12.188
</Location>
ExtendedStatus On
```

在上面的配置中，"Allow from"用于设置是否允许访问"/server-status"页面的主机 IP
地址，设置方法为加入监控主机的 IP 地址。如果有多台主机需要访问这个页面，则以空格
进行分隔，并依次添加 IP 地址。

3．在监控服务器上配置 Apache 监控

在监控服务器的 Centreon Web 页面中，选择"Configuration→Commands→Checks"选
项，单击"Add"按钮，新建 check_apache_status 命令，如图 8-68 所示。

这里需要重点注意图 8-68 "Command Line"选区中的内容。其中，"$USER1$"表示监
控服务器上 Nagios 监控插件的路径，这里是"/usr/lib64/nagios/plugins"。因为之前已经把
Apache 的监控脚本 check_apache2.py 放到了这个路径下，所以这里直接引用即可。在这个脚
本对应的参数中，定义了 3 个参数变量，即"$ARG1$"、"$ARG2$"和"$ARG3$"，分别
用于指定 Apache Server 的端口、警告阈值和故障阈值。这里建议在"Argument Descriptions"
选区中定义每个参数变量的含义，以免在添加服务时出错。

接着添加监控 Apache 的服务。选择"Configuration→Services→Services by host"选项，
单击"Add"按钮，添加 check_apache 服务，如图 8-69 所示。

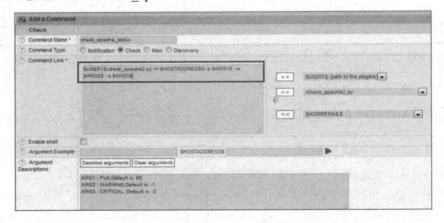

图 8-68　新建 check_apache_status 命令

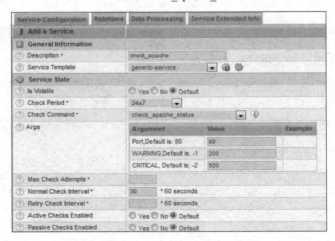

图 8-69　添加 check_apache 服务

　　添加服务的方法前面已经介绍了。"Service Configuration"选项卡中有几个重要选项，其中"Description"选项表示监控服务的名称，这里将其设置为 check_apache；"Service Template"选项表示服务的模板，这里仍然将其设置为"generic-service"。下面重点注意"Check Command"选项，这个选项用于指定服务检查的命令，这里将其设置为刚才创建的命令 check_apache_status。"Args"选项就是刚才创建 check_apache_status 命令时指定的 3 个变量。由于在定义命令时增加了每个变量的含义，因此这里在添加服务时就能非常清楚地知道每个变量是什么含义。根据每个变量的含义，依次输入 Apache 状态页面的端口号、报警阈值和故障阈值。

　　"Relations"选项卡如图 8-70 所示。

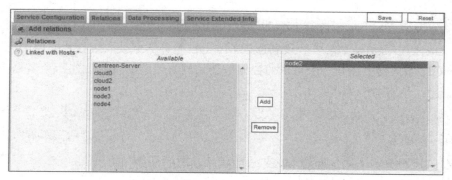

图 8-70　"Relations"选项卡

　　这个选项卡主要用于指定需要监控的 Apache 主机。在图 8-70 左边的主机列表中选择需要监控的主机，这里选择 node2 主机。在完成所有设置后，单击"Save"按钮，保存并退出，check_apache 服务就添加完成了。

4．加载配置使添加的服务生效

　　在添加完服务后，选择"Configuration→Monitoring Engines→Generate"选项，选择对应的 Poller，并重新启动 Nagios 监控引擎，查看新添加的 check_apache 服务的运行状态，如图 8-71 所示。

图 8-71　check_apache 服务的运行状态

　　由图 8-71 可知，check_apache 服务的状态是"OK"，并且展示了服务的状态信息。

8.4.3　监控 MySQL 数据库的运行状态

　　现在基于 MySQL 数据库的应用越来越多，因此对 MySQL 数据库的监控成为运维工作中至关重要的一部分。对 MySQL 数据库的监控可以采用多种形式，可以监控 MySQL 数据库的运行状态，具体包含端口、运行负载、库/表状态等，也可以专门监控 MySQL 数据库的查询状态，当查询负荷达到指定的阈值时进行报警。本节重点介绍如何监控 MySQL 数据库的运行状态。

在添加 MySQL 数据库监控之前，需要编写监控 MySQL 数据库的插件。幸运的是，Nagios 自带的插件中已经包含了监控 MySQL 数据库的插件，可以在 Nagios 插件默认安装路径 /usr/lib64/nagios/plugins 下找到，对应的插件名称为 check_mysql。要了解如何使用这个脚本，可以执行"/usr/lib64/nagios/plugins/check_mysql -h"命令获取使用帮助。另外，需要保证这个脚本具有可执行权限。接下来介绍 MySQL 数据库监控配置。

1．在被监控 MySQL 服务器上添加可远程访问的用户

由于 check_mysql 脚本需要登录到远程 MySQL 服务器上获取运行状态，因此需要在被监控 MySQL 服务器上创建一个可供监控服务器访问的用户。这里创建一个名为 nagios 的 MySQL 用户，基本命令如下：

```
mysql> grant usage ON *.* to nagios@'%' identified by 'xxxxxx';
mysql> flush privileges;
```

2．在监控服务器上添加监控 MySQL 数据库状态的命令

在监控服务器的 Centreon Web 页面中，选择"Configuration→Commands→Checks"选项，单击"Add"按钮，添加一个 check_mysql_status 命令，如图 8-72 所示。

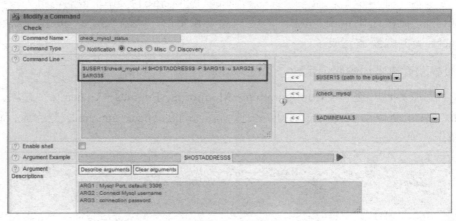

图 8-72　添加一个 check_mysql_status 命令

check_mysql 脚本中有许多参数，这里仅使用 4 个参数。其中，"-H"参数用于指定主机名，"-P"参数用于指定被监控 MySQL 数据库的监听端口，"-u"参数用于指定连接远程 MySQL 数据库的用户名，"-p"参数用于指定连接 MySQL 数据库的密码。在设置完后，单击"Save"按钮进行保存，完成 check_mysql_status 命令的添加。

接着添加 MySQL 监控服务。选择"Configuration→Services→Services by host"选项，单击"Add"按钮，添加一个 check_mysql 服务，如图 8-73 所示。

在"Service Configuration"选项卡中，参照之前添加服务的方式，在"Check Command"

下拉列表中选择刚刚创建的命令"check_mysql_status"，并在"Args"选区中依次设置 MySQL 数据库的监控端口，这里为 3308，以及连接 MySQL 数据库的用户名和密码。

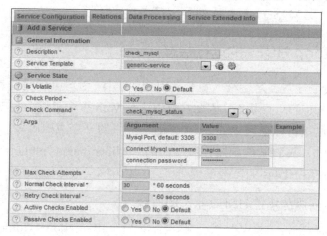

图 8-73　添加一个 check_mysql 服务

"Relations"选项卡如图 8-74 所示。选择 check_mysql 服务需要监控的主机，这里选择 "cloud0"，单击"Save"按钮，保存并退出，完成服务的添加。

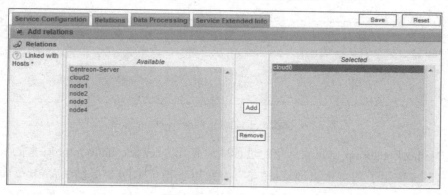

图 8-74　"Relations"选项卡

3．加载配置，使监控服务生效

选择"Configuration→Monitoring Engines→Generate"选项，选择对应的 Poller，并重新启动 Nagios 监控引擎，查看新添加的 check_mysql 服务的运行状态，如图 8-75 所示。

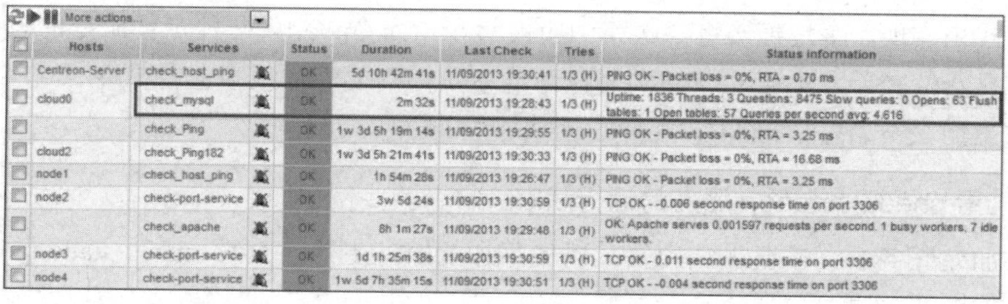

图 8-75　check_mysql 服务的运行状态

从图 8-75 中可以看出，check_mysql 服务的运行状态为"OK"，并且展示了服务状态的详细信息。为了验证监控的有效性，可以停止 cloud0 上的 MySQL 服务，看监控系统是否能在下一个监控周期发现 MySQL 数据库的异常状态。

8.4.4 监控 Hadoop HDFS 的运行状态

监控 Hadoop 的运行状态是运维人员至关重要的工作。用户可以通过 Hadoop 提供的 Web 页面方便地查看 HDFS 的运行状态。因此，利用这个 Web 页面可以监控 HDFS。首先编写监控 HDFS 的脚本。这里可以使用 Nagios 官方网站提供的一个成熟脚本，先将下载的脚本命名为 check_hadoop.pl，再将其放到监控服务器的/usr/lib64/nagios/plugins 目录下，并赋予其可执行权限。下面介绍 HDFS 的监控配置。

1．在监控服务器添加监控 HDFS 状态的命令

在监控服务器的 Centreon Web 页面中，选择"Configuration→Commands→Checks"选项，单击"Add"按钮，添加一个 check_hadoop_status 命令，如图 8-76 所示。

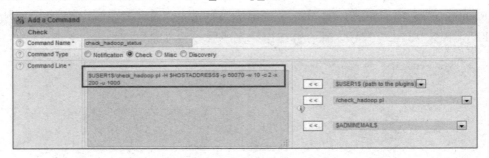

图 8-76　添加一个 check_hadoop_status 命令

在添加 check_hadoop_status 命令的过程中，使用了 check_hadoop.pl 脚本的 6 个参数。其中，"-H"参数用于指定主机地址；"-p"参数用于指定 HDFS 提供的 Web 页面的端口，默认是 50070；"-w"参数用于指定 HDFS 空闲的 warning 值；"-c"参数用于指定 HDFS 空闲空间的 critical 值；"-x"参数用于指定 HDFS 的 Unreplicated blocks 警告阈值，"-u"参数用于指定 HDFS 的 Unreplicated blocks 故障阈值。读者可以通过在执行 check_hadoop.pl 脚本时添加"-h"选项来获取这个脚本的使用帮助信息。

细心的读者可能已经发现，在图 8-76 中，在定义 check_hadoop_status 命令时没有通过变量的方式来实现，而是直接将参数和对应值写在了命令行中。这种定义命令的方式是可以的，但是灵活性较差，如果在复杂的监控环境下，则需要添加很多监控命令。

接着添加一个 check_hadoop 服务，如图 8-77 所示。

2．查看 check_hadoop 服务的运行状态

在添加完服务后，需要加载配置，以使添加的服务生效。查看 check_hadoop 服务的运行状态，如图 8-78 所示。

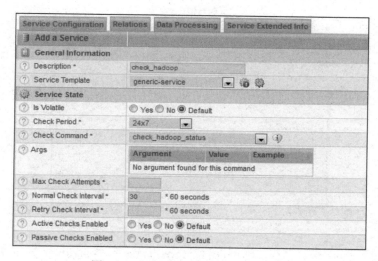

图 8-77　添加一个 check_hadoop 服务

	Hosts	Services	Status	Duration	Last Check	Tries	Status information
	Centreon-Server	check_host_ping	OK	5d 11h 19s	11/09/2013 19:45:41	1/3 (H)	PING OK - Packet loss = 0%, RTA = 0.30 ms
	cloud0	check_mysql	OK	20m 10s	11/09/2013 19:28:43	1/3 (H)	Uptime: 1836 Threads: 3 Questions: 8475 Slow queries: 0 Opens: 63 Flush tables: 1 Open tables: 57 Queries per second avg: 4.616
		check_Ping	OK	1w 3d 5h 36m 52s	11/09/2013 19:44:55	1/3 (H)	PING OK - Packet loss = 0%, RTA = 16.71 ms
	cloud2	check_Ping182	OK	1w 3d 5h 39m 19s	11/09/2013 19:48:33	1/3 (H)	PING OK - Packet loss = 0%, RTA = 32.13 ms
	node1	check_host_ping	OK	2h 12m 6s	11/09/2013 19:46:47	1/3 (H)	PING OK - Packet loss = 0%, RTA = 14.26 ms
	node2	check-port-service	OK	3w 5d 18m 2s	11/09/2013 19:45:59	1/3 (H)	TCP OK - 0.000 second response time on port 3306
		check_apache	OK	8h 19m 5s	11/09/2013 19:29:48	1/3 (H)	OK: Apache serves 0.001597 requests per second. 1 busy workers, 7 idle workers.
		check_hadoop	OK	1m 51s	11/09/2013 19:47:02	1/3 (H)	2013-09-11 - OK: HDFS is OK at 65 % free space with no dead nodes, and 140 Under-replicated blocks
	node3	check-port-service	OK	1d 1h 43m 16s	11/09/2013 19:45:59	1/3 (H)	TCP OK - 0.046 second response time on port 3306
	node4	check-port-service	OK	1w 5d 7h 52m 53s	11/09/2013 19:45:51	1/3 (H)	TCP OK - 0.006 second response time on port 3306

图 8-78　check_hadoop 服务的运行状态

至此，check_hadoop 服务添加完成。如果要验证监控脚本的有效性，则可以先修改监控脚本参数的阈值，再对服务做强制性立即检查，即可知道脚本运行是否正常。

任务 5　桌面监控报警器——Nagstamon 的配置

Nagstamon 是一个开源的桌面监控工具，支持 Windows、Linux 和 OS X 平台。Nagstamon 可以监控 Nagios 的运行状态，并以颜色和声音的方式进行报警。Nagstamon 支持多种监控引擎，常见的有 Icinga、Opsview、Centreon、OP5 Monitor/Ninja、Check_MK Multisite 等。读者可以浏览 Nagstamon 官网，以了解更详细的信息。这里下载一个 Windows 版本的 Nagstamon 0.9.9，安装完成后进行简单配置即可。

打开 Nagstamon，选择"Servers"选项卡，单击"New server"按钮，添加一个监控，如图 8-79 所示。这里添加一个类型为 Centreon 的监控，在"Monitor URL"文本框中输入 Centreon 监控服务器的 Web 访问地址，并依次输入登录 Centreon 后台的用户名和密码，单击"OK"按钮，保存并退出。

图 8-79　添加一个监控

如果仅需对 Nagios 进行监控，则可以将"Type"设置为"Nagios"，并依次设置"Monitor URL"选项和"Monitor CGI URL"选项，如图 8-80 所示。最后输入登录 Nagios Web 的用户名和密码即可。

选择"Display"选项卡，如图 8-81 所示。这个选项卡主要用于设置监控在桌面上的展示方式，读者可以根据个人喜好进行设置。

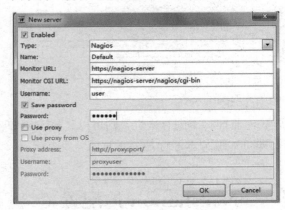

图 8-80　设置选项

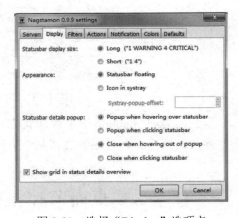

图 8-81　选择"Display"选项卡

选择"Filters"选项卡，如图 8-82 所示。这个选项卡主要用于过滤监控状态输出。如果 Centreon 添加了很多服务，并且这些服务的状态不定，那么将它们一起展示可能会显得混乱。例如，有些服务没有开启通知机制，有些服务没有开启检查机制，这些显然是不需要监控的。此时，可以设置过滤机制来过滤这些不需要监控的服务。

选择"Actions"选项卡，如图 8-83 所示。这个选项卡主要用于定义一些连接服务器的工具，如 SSH、Telnet、NVC 等。通过定义这些工具，可以在某台服务器出现故障时快速进行连接。

选择"Notification"选项卡，如图 8-84 所示。这个选项卡主要用于定义故障通知机制，如在发生什么类型的故障时进行通知，以及检测到故障后针对不同故障级别报警声音的定义等。系统有一套默认的故障报警声音，如果读者觉得不满意，则可以自己添加不同报警级别的声音。

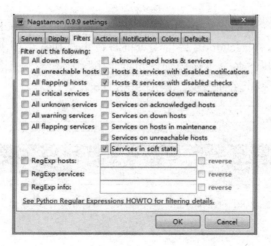

图 8-82　选择 "Filters" 选项卡

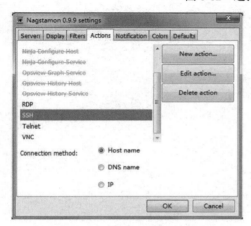

图 8-83　选择 "Actions" 选项卡

图 8-84　选择 "Notification" 选项卡

选择 "Colors" 选项卡，如图 8-85 所示。这个选项卡用于设置监控状态的显示颜色。

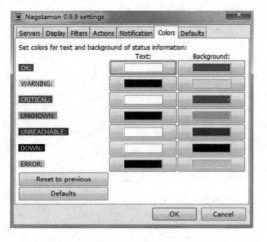

图 8-85　选择 "Colors" 选项卡

如果读者觉得默认状态的颜色显示不够明确，则可以自己定义各种状态对应的颜色。

在完成所有设置后，Nagstamon 会自动查询各台主机和各个服务的状态。如果主机或服务出现故障，那么监控状态条会不停闪动，同时发出报警声音。在将鼠标指针移动到该状态条上后，会显示报警状态的详细信息，如图 8-86 所示。

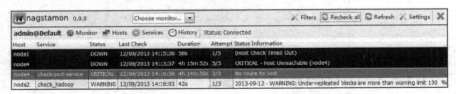

图 8-86　Nagstamon 监控显示的报警状态的详细信息

项目 9　构建智能运维监控报警平台

项目导读

随着大数据时代的到来，运维工作的难度也日益增加。每名运维人员都面临着众多服务器和海量数据的挑战。如何保证这些服务器和业务系统稳定高效地运行，同时尽量减少死机时间，已经成为考核运维工作的重要指标。要实现大规模的运维，必须有一套行之有效的智能运维监控管理系统。本项目详细介绍如何构建一套完善的智能运维监控报警平台。

学习目标

- 了解智能运维监控报警平台
- 了解 Ganglia 数据收集模块
- 了解 Centreon 监控报警模块
- 掌握实现 Ganglia 与 Centreon 完美整合的方法
- 掌握在 Centreon 中实现批量收集数据与监控报警的方法

能力目标

- 掌握 Ganglia 数据收集模块
- 掌握 Centreon 健康监控与报警模块
- 掌握在 Centreon 中实现批量数据收集与监控报警的方法

相关知识

任务 1　智能运维监控报警平台的组成

运维的核心工作可以分为运行监控和故障处理两个方面。对业务系统进行精确、完善的监控，以确保在第一时间发现故障并迅速通知运维人员处理，是运维监控系统的基础功能。一个功能完善的智能监控系统，不仅可以自动处理一些简单故障，减少运维工作量，还应该在应用可能出现故障的情况下提前发出报警，以预防故障发生。因此，构建一个智能的运维监控报警平台应以运行监控和故障报警为重点，将所有业务系统中涉及的网络资源、硬件资源、软件资源、数据库资源等纳入统一的运维监控报警平台，并通过消除管理软件和数据采集手段的差异，实现对不同数据来源的统一管理、规范、处理、展现、用户登录、权限控制，最终实现规范化、自动化、智能化的大运维管理。智能运维监控报警平台的一般设计架构从低到高可以分为 6 层，如图 9-1 所示。

（1）数据收集层：位于第 1 层，即底层，主要负责收集网络数据、业务系统数据、数据库数据、操作系统数据，并将收集的数据进行规范化处理和存储。

（2）数据展示层：位于第 2 层，它是一个 Web 页面，主要负责统一展示数据收集层收集的数据，展示方式包括曲线图、柱状图、饼状图等。通过将数据进行图形化展示，可以帮助运维人员了解一段时间内主机或网络的运行状态和运行趋势，同时可以作为运维人员排查问题或解决问题的依据。

（3）数据提取层：位于第 3 层，主要负责对从数据收集层获取的数据进行规格化和过滤处理，从中提取所需数据并发送到监控报警模块中。这一层是监控报警模块的衔接点。

（4）报警规则配置层：位于第 4 层，主要根据从数据提取层获取的数据进行报警策略设置、报警阈值设置、报警联系人设置和报警方式设置等。

（5）报警事件生成层：位于第 5 层，主要负责实时记录报警事件，在将报警结果存入数据库以备调用的同时形成分析报表，以统计某段时间内的故障率和故障发生趋势。

（6）用户展示管理层：位于顶层，它也是一个 Web 页面，主要负责统一展示监控统计结果、报警故障结果，并实现多用户、多权限管理，实现统一用户控制和统一权限控制。

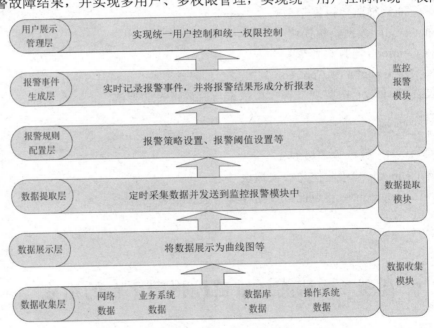

图 9-1 智能运维监控报警平台的一般设计架构

在这 6 层设计架构中，从功能实现上进行划分可分为 3 个模块，分别是数据收集模块，数据提取模块和监控报警模块。每个模块的功能如下。

（1）数据收集模块：主要负责基础数据的收集与图形展示。数据收集的方式有很多种，可以通过 SNMP 来实现，也可以通过代理模块来实现，还可以通过自定义脚本来实现。常用的数据收集工具有 Cacti、Ganglia 等。

（2）数据提取模块：主要负责数据的筛选过滤和采集，将所需数据从数据收集模块中提取到监控报警模块中。通过数据收集模块提供的接口或自定义脚本，可以实现数据的提取。

（3）监控报警模块：主要负责监控脚本设置、报警策略设置、报警阈值设置、报警联系人设置等操作，并统一展现报警结果和记录历史数据。常见的监控报警工具有 Nagios、Centreon 等。

在介绍了智能运维监控报警平台的一般设计架构之后，接下来详细介绍如何通过软件实现一个这样的平台。

图 9-2 所示为根据图 9-1 的设计架构形成的一个智能运维监控报警平台的拓扑结构。从图 9-2 中可以看出，该拓扑结构主要由三大部分组成，分别是数据收集模块、数据提取模块和监控报警模块。其中，数据提取模块用于负责其他两个模块之间的数据通信；数据收集模块可以由一台或多台数据收集服务器组成，每台数据收集服务器可以直接从服务器集群中收集各种数据指标，并经过规范的数据格式处理，最终将数据存储到数据收集服务器中；监控报警模块通过数据提取模块从数据收集服务器中获取所需数据，并设置报警阈值、报警联系人等，最终实现实时报警。报警方式支持手机短信报警和邮件报警。另外，读者也可以通过插件或自定义脚本来扩展报警方式。这样一套智能运维监控报警平台就基本实现了。

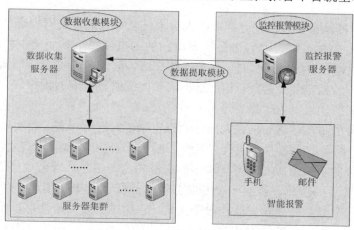

图 9-2　常见的智能运维监控报警平台的拓扑结构

任务 2　配置 Ganglia 数据收集模块

关于 Ganglia 的基本应用，在前面的章节已经详细介绍过。这里将 Ganglia 作为智能运维监控报警平台的数据收集模块，主要基于以下因素。

（1）灵活的分布式、分层体系结构使 Ganglia 支持上万个监控节点的数据收集，并且保持性能稳定。Ganglia 也可以根据不同的地域环境和网络结构，灵活地将 Ganglia 数据收集点部署在不同地域和层次上。用户点可以动态地添加或删除数据收集节，不会对 Ganglia 整体监控产生任何影响。因此，可以灵活扩展 Ganglia 数据收集节点。

（2）收集数据更加精确。Ganglia 不仅可以实时收集数据，并以图表的形式进行展示，而且允许用户查看历史统计数据。用户可以通过这些数据进行性能调整、升级、扩容等决策，确保应用系统能够满足不断增长的业务需求。

（3）可以通过多播和单播的方式收集数据。在监控的节点较多时，通过多播方式收集数据可以显著降低数据收集的负担，提高监控和数据收集性能。在无法使用多播收集数据的网络环境下，可以通过单播的方式来收集数据，因此 Ganglia 在数据收集方面具有很强的灵活性。

（4）可收集各种维度的数据。Ganglia 默认可收集 CPU、内存、磁盘、I/O、处理、网络六大方面的数据，并提供了 C 或 Python 接口。用户通过这些接口可以自定义数据收集模块，并将这些模块直接插入 Ganglia，以监控自定义的应用。

基于以上因素，Ganglia 非常适合作为智能运维监控报警平台的数据收集模块。虽然 Cacti 也可以实现数据的收集和图形报表的展示，但是随着监控节点增多，Cacti 的缺点就慢慢显露出来，难以保障数据收集的准确性和实时性。因此，要构建一个高性能的智能运维监控报警平台，Ganglia 是首选的数据收集模块。

任务 3　配置 Centreon 监控报警模块

虽然 Ganglia 可以收集数据，但是运维人员不可能每天盯着数据报表。因此，需要对收集到的数据进行监控和报警，即为每台需要监控的主机或每个需要监控的服务设置报警阈值。当收集到的数据超过这个阈值时，系统能够在第一时间自动报警并通知运维人员。当收集到的数据没有超过指定的报警阈值时，运维人员无须时刻盯着数据报表，而可以专注于其他工作。这是构建智能运维监控报警平台必须实现的一个功能。

对主机或服务的状态值进行监控，当达到指定阈值时进行报警。要实现这个功能并不是什么难事，写一个简单的脚本就能实现。然而，这种方式过于原始，没有层次且可维护性差。随着需要监控报警的主机或服务增多，脚本的性能将变得很差，管理也将变得非常不方便，更别说可视化效果了。因此，需要一个专业的监控报警工具来实现这个功能。

Centreon 是一个专业的分布式监控报警工具，它通过第三方组件可以实现对网络、操作系统和应用程序的监控与报警。在底层，Centreon 使用 Nagios 作为监控软件；在数据层，Centreon 利用 NDOUtils 模块将监控到的数据定时写入数据库；在展示层，Centreon 提供了 Web 页面来配置和管理需要监控的主机或服务，并提供多种报警通知方式，同时展现监控数据和报警状态，并且支持查询历史报警记录。

关于 Centreon 的介绍和使用，在前面章节已经进行了非常详细的介绍，这里不再赘述。通过对 Centreon 的使用可知，Centreon 在配置、管理、可视化等方面都做得非常专业和完善，并且在多主机、多服务监控的环境下，其性能表现也非常稳定。因此，将 Centreon 作为智能运维监控报警平台的监控报警模块非常适合。

任务 4　完美整合 Ganglia 和 Centreon

通过前面的介绍，已确定了选用 Ganglia 作为数据收集模块，选用 Centreon 作为监控报警模块的方案。这样，一个智能运维监控报警平台的两大主要功能模块就已经建立了。但是，现在面临问题是如何将收集到的数据传送给监控报警模块。这正是数据提取模块需要完成的功能。

数据提取模块需要完成的功能之一是，从数据收集模块定时采集指定的数据，并将其与指定的报警阈值进行比较。如果发现采集到的数据超出指定的报警阈值，那么将通过监控报警模块设置的报警方式发送故障通知。在这个过程中，只有采集数据是在数据收集模块完成的，而其他操作，如采集数据时间间隔、报警阈值设置、报警方式设置、报警联系人设置等都在监控报警模块完成。

从数据提取模块需要完成的功能可以看出，此模块主要用来衔接数据收集模块和监控报警模块，从而实现 Ganglia 和 Centreon 的完美整合。要实现数据提取模块的功能，有很多方法可供选择，其中较为简单、直接的方法就是编写监控脚本，步骤为先编写数据提取脚本，再将脚本添加到 Centreon 中。下面介绍具体的操作过程。

这里提供两个数据提取脚本，一个是基于 Python 编写的，另一个是基于 PHP 编写的，下面分别进行介绍。

9.4.1 基于 Python 编写的脚本

这个脚本的原理是先通过 Ganglia 提供的数据汇总端口获取数据，再将获取到的数据与指定的阈值进行比较，以判断服务是否异常。脚本内容如下：

```python
#!/usr/bin/env python
import sys
import getopt
import socket
import xml.parsers .expat
class GParser:
def  init _(self, host, metric):
self.inhost =0
self.inmetric = 0
self.value = None
self.host = host
self.metric = metric
def parse(self, file):
p = xml.parsers.expat.ParserCreate()p.StartElementHandler = parser.start
elementp.EndElementHandler = parser,end element
 p.ParseFile(file)
 if self.value == None:
raise Exception('Host/value not found')return float(self.value)
def start element(self, name, attrs):
if name == "HOST":
if attrs["NAME"]==self.host:
self.inhost=1
elif self.inhost==1 and name == "METRIC" and attrs["NAME"]==self.metric:
self.value=attrs["VAL"]
def end element(self, name) :
```

```
if name == "HOST" and self.inhost==1:
self.inhost=0
def usage():
print ""usage: check ganglia metric -hl--host= -ml--metric= -w]--warning=
-c|--critical= ""
sys.exit(3)
main "if name == "
###############
ganglia_host =127.0.0.1
Ganglia_port = 8651
host = None
metric = None
warning = None
critical = None
try:
options, args = getopt.getopt(sys.argv[1:],"h;m;w;c;s:p;"
["host=","metric=","warning=", "critical=""server=""port="],
except getopt .GettopError, err:
print "check gmond:", str(err)
usage()
sys,exit(3)
for o, a in options:

if o in ("-h","--host"):
host = a
elif o in ("-m","--metric"):
metric = a
elif o in ("-w","--warning"):
warning = float(a)
elif o in ("-c""_-critical"):
critical = float(a)
elif o in ("-p","--port"):
ganglia port = int(a)
elif o in ("-s","_-server"):
ganglia host = a
if critical == None or warning == None or metric ==None or host == None:
usage()
sys.exit(3)try:
s = socket.socket(socket.AF INET, socket.SOCK STREAM)s.connect((ganglia
host,ganglia port))parser = GParser(host, metric)
value = parser.parse(s .makefile("r"))s.close()
except Exception, err:
print "CHECKGANGLIA UNKNOWN: Error while gettingvalue \"%s\""% (err)
```

```
  sys.exit(3)
  if critical > warning:
  if value >= critical:
  print "CHECKGANGLIA CRITICAL: %s is %.2f"% (metric,
  if o in ("-h","-host"):
  host = a
  elif o in ("-m","--metric"):
  metric = a
  elif o in ("-w","--warning"):
  warning = float(a)
  elif o in ("-c","--critical"):
  critical = float(a)
  elif o in ("-p","--port"):
  ganglia port = int(a)
  elif o in ("-s","_-server"):
  ganglia host = a
  if critical == None or warning == None or metric ==None or host == None:
  usage()
  sys .exit(3)
  try:
  s = socket.socket(socket.AF INET, socket.SOCK STREAM)s.connect((ganglia
host,ganglia port))
  parser = GParser(host, metric)
  value = parser.parse(s .makefile("r"))
  s.close()
  except Exception, err:
  print "CHECKGANGLIA UNKNOWN: Error while gettingvalue \"%s\"" % (err)
  sys.exit(3)
  if critical > warningtif value >= critical:
  print "CHECKGANGLIA CRITICAL: %s is %.2f"% (metric,
  value)
  sys.exit(2)elif value >= warning:print "CHECKGANGLIA WARNING: %s is %.2f"%
(metric,value)
  sys.exit(1)else:
  print "CHECKGANGLIA OK: %s is %.2f"% (metric, value)sys.exit(0)else:
  if critical >= value:
  print "CHECKGANGLIA CRITICAL: %s is %.2f"% (metric,value)
  sys.exit(2)elif warning >= value:
  print "CHECKGANGLIA WARNING: %s is %.2f"% (metric,
  value)
  sys.exit(1)else:
  print "CHECKGANGLIA OK: %s is %.2f"% (metric, value)sys.exit(0)
```

在这个脚本中，需要修改的地方有两处，分别是 ganglia host 和 ganglia port。ganglia host

表示 gmetad 服务所在服务器的 IP 地址。Ganglia 可以与 Centreon 安装在一起，也可以分开部署。当 Ganglia 与 Centreon 安装在一起时，这个值就是"127.0.0.1"。ganglia port 表示 gmetad 收集数据汇总的交互端口，默认是 8651。

先将此脚本命名为 check_ganglia_metric.py，再将其放到 Centreon 存放 Nagios 插件的目录（默认为/usr/lib64/nagios/plugins）下，并授予可执行权限。

在命令行中直接执行 check_ganglia_metric.py 脚本，即可获得使用帮助：

```
[root@centreonserver plugins]# python check_ganglia metric.py
 Usage: check ganglia metric -hl--host= -m|--metric=-w|--warning=
-c|--critical=
```

下面分别介绍其中部分参数的含义。

-h：从哪台主机中获取数据，其后跟主机名或 IP 地址。这里需要注意的是，Ganglia 默认将收集的数据存放在 gmetad 配置文件中 rrd_rootdir 参数指定的目录下，如果被监控的主机没有主机名或主机名没有进行 DNS 解析，则 Ganglia 将使用此主机的 IP 地址作为目录名来存储收集的数据，否则 Ganglia 将使用主机名作为存储数据的目录名称。因此，这里-h 参数将以 Ganglia 存储 RRD 数据的目录名称为准。下面是 Ganglia 收集到的 RRD 数据的存储结构：

```
[root@centreonserver eyeeoo]# pwd
/data/rrdsdata/rrds/eyeeoo
[root@centreonserver eyeeoo]# ls
192.168.11.188host0080.eyeeoo.comhosto078.eyeeoo.com192.168.16.10host9922.
eyeeoo.comhost0065.eyeeoo.com
 [root@centreonserver eyeeoo]# cd 192.168.11.188
 [root@centreonserver 192.168.11.188]# ls
cpu num.rrd   cpu_system.rrd disk free.rrd
load five.rrd mem cached.rrd mem total.rrd
cpu speed.rrd cpu user.rrd   disk total.rrd
load one .rrd mem free .rrd   part max used.rrd
```

-m：要收集的指标值，如 cpu num、disk free、cpu user、disk total、load one、part max used 等。这些指标值可以在 Ganglia 存储 RRD 数据的目录中找到，也可以在 Ganglia 的 Web 页面中查找到。

-w：警告阈值。当此脚本收集的指标值超过指定的警告阈值时，此脚本会发送报警通知，同时返回状态值 1。

-c：故障阈值。当此脚本收集到的指标值超过指定的故障阈值时，此脚本会发送故障通知，同时返回状态值 2。

下面介绍此脚本的使用方法。这里以检测 host0080.eyeeoo.com 主机的磁盘剩余空间为例，其他指标值与此相似：

```
[root@centreonserver plugins]# ./check ganglia metric.py
> -h host0080.eyeeoo.com -m disk free -w 1000 -c 500
```

```
CHECKGANGLIA OK: disk free is 3045.75
[root@centreonserver plugins]# echo $?
0
[root@centreonserver plugins]# ./check ganglia metric.py
> -h hosto08o.eyeeoo.com -m disk free -w 3045 -c3000
CHECKGANGLIA WARNING: disk free is 3043.68
[root@centreonserver nagios]# echo $?
[root@centreonserver plugins]# ./check ganglia metric.py
> -h host0080.eyeeoo.com -m disk free -w 3050 -c3045
CHECKGANGLIA CRITICAL: disk free is 3044.55
[root@centreonserver plugins]# echo $?
[root@centreonserver plugins]# ./check ganglia metric.py
> -h host0080.eyeeoo.com -m part max used -w 90 -c95
CHECKGANGLIA OK: part max used is 81.70
```

在本例中，前 3 个例子主要用来检测磁盘的剩余空间。在检测磁盘剩余空间时使用的是"disk free"指标。disk free 是 host0080.eyeeoo.com 主机所有磁盘剩余空间的总和，指标单位为 GB。脚本的执行过程：如果剩余磁盘空间正常，则输出"OK"字样，同时输出剩余磁盘空间量，并返回状态值 0；如果检测磁盘处于 WARNING 状态，则返回状态值 1；如果检测磁盘处于 CRITICAL 状态，则返回状态值 2。实际上，这就是 Nagios 状态检测脚本的基本写法。Nagios 通过脚本的返回状态值来判断服务处于何种状态。

接着看最后一个例子，这个例子使用"part_max_used"指标。这个指标表示磁盘分区的最大使用率，单位是%，它用来输出系统中磁盘分区使用率的最大值。这个指标非常有用，经常用来判断系统中某个磁盘分区是否已经满了。在这个例子中，指定 WARNING 状态的阈值是 90%，CRITICAL 状态的阈值是 95%，即当系统磁盘最大使用率达到 95%时将发出 CRITICAL 报警。

进入 Ganglia 的 Web 页面，查看 host0080.eyeeoo.com 主机的 disk_free 和 part_max_used 状态图，检查一下通过 Python 脚本输出的值是否和 Ganglia 生成的磁盘状态图一致，如图 9-3 所示。

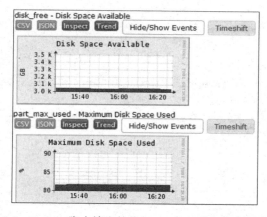

图 9-3 Python 脚本输出的值与 Ganglia 磁盘状态图对比

从图 9-3 中可以看出，通过 Python 输出的值和 Ganglia 生成的磁盘状态图基本一致。如果需要查看更详细的统计，则可以单击图表，进入详细统计页面。在详细统计页面中，可以查看每小时、每天、每周的磁盘状态统计图。另外，从图 9-3 中还可以看出，统计的指标值 disk_free 和 part_max_used 位于磁盘状态图的左上角，并配有指标含义解释。

9.4.2 基于 PHP 编写的脚本

这个脚本的原理是通过调用 Ganglia 的 Ganglia Web 页面来获取信息，因此它的功能十分强大，几乎可以获取 Ganglia 收集的任何数据。脚本内容如下：

```php
#!/usr/bin/php
<?php
####################################################################
$GANGLIA WEB="/var/www/html/ganglia"; ###################################
并#################
define("CACHEDATA", 1);define("CACHEFILE", "/tmp/nagios/ganglia
metrics");define("CACHETIME",45); // How long to cache the
data in seconds
if ( $argc !=5 ) [
echo( "usage: $argv[o] <hostname> <metric>
<less more equal notequal>
<critical value> ie.
$argv[o] server1 disk free less 10less, more and equal specify whether we mark
metriccritical if it is less,
more or equal than critical valueExiting ....\n");
exit(3);
# To turn on debug set to 1
$debug = 0;
$host = $argv[1];
$metric name = $argv[2];$operator = $argv[3];
$critical value = $argv[4];
Global $metrics;
if(CACHEDATA == 1 && file exists(CACHEFILE))(
// check for the cached file
// snag it and return it if it is still fresh
$time diff = time() - filemtime(CACHEFILE);$expires in = CACHETIME -
$time diff;if( $time diff < CACHETIME)(
if ( $debug == 1 ) [echo("DEBUG: Fetching data from cache. Expires in
""seconds .\n");$expires in .
$metrics = unserialize(file get contents(CACHEFILE));
if ( ! is array( $metrics ) ) [if ( $debug == 1 ) [
echo("DEBUG: Querying GMond for new data\n");
include once "$GANGLIA WEB/conf.php";# Set up for cluster summary
$context ="cluster";
include once "$GANGLIA WEB/functions.php";include once "GANGLIA
```

```
WEB/ganglia.php";include once "$GANGLIA WEB/get ganglia.php";
    # Put the serialized metrics into a filefile put contents(CACHEFILE,
serialize($metrics));
    # Get a list of all hosts$ganglia hosts array = array keys($metrics);$host
found = 0;
    # Find a FODN of a supplied server name.

for ( $i = 0 ; $i < sizeof(
$ganglia hosts array)
;$i++ ) {
    if ( strpos( $ganglia hosts array[$i], $host ) !==false ) (
    $fqdn = $ganglia hosts array[$il;$host found = 1
    break;
    # Host has been found in the Ganglia treeif ( $host found == 1 ) [
    # Check for the existence of a metricif ( isset($metrics[$fqdn][$metric
name]['VAL']) ) [$metric value = $metrics[$fqdn][$metric name]['VAL'];ielse
" UNKNOWN - Invalid metricecho($metric name .request for this host. pleasecheck
metric exists.");
    exit(3);
    $ganglia units = $metrics[fqdn][$metric namel["UNITS'];
    if ( ($operator == "less" && $metric value >$critical value)  ( $operator ==
"more"&&$metric value < $critical value ) ( $operator =='equal" && trim($metric
value) != trim($critical value) ) ( $operator == "notequal" &&trim($metric value)
== trim($critical value) ) ) [print $metric name . " ok - Value = "$metric value ..
$ganglia units;
    exit (o);
    ] else (CRITICAL - Value = "print $metric name$metric value . " " . $ganglia
units;exit (2);
    else (00echo($metric nameUNKNOWN - Hostname info notavailable. Likely invalid
hostname");exit(3);
```

在这个脚本中，需要修改的是 "$GANGLIA WEB" 变量的值。此变量用来指定 Ganglia Web 程序的路径，这里是/var/www/html/ganglia，读者可根据具体环境进行修改。另外，此脚本调用了 Ganglia Web 程序中的 functions.php、ganglia.php、get ganglia.php、conf.php 这 4 个 PHP 文件，需要确保这 4 个文件的路径是正确的。

先将此脚本命名为 check_ganglia_metric.php，再将其放到 Centreon 中存放 Nagios 插件的目录（默认为/usr/lib64/nagios/plugins）下，并授予可执行权限。

在命令行中直接执行 check_ganglia_metric.php 脚本，即可获得使用帮助：

```
[root@centreonserver plugins]# ./check_ganglia_metric.php
Usage: check ganglia metric.php <hostname> <metric>
<less|more|equal|notequal> <critical value>
```

下面分别介绍其中部分参数的含义。

hostname：从哪台主机中获取数据，与 check_ganglia_metric.py 脚本中-h 参数的含义相同，这里不再赘述。

metric：要收集的指标值，与 check_ganglia_metric.py 脚本中-m 参数的含义相同，这里不再赘述。

less|more|equal|notequal：判断的标准，分别表示小于、大于、等于、不等于，这是与指定阈值进行对比的一个条件。

critical value：故障阈值。当满足指定的阈值条件时，将发送 CRITICAL 状态的报警。

下面介绍此脚本的使用方法，这里以检测 host0080.eyeeoo.com 主机的磁盘、内存信息为例，操作命令如下：

```
[root@centreonserver plugins]# ./check_ganglia_metric.php
> host0089.eyeeoo.com disk_free less 10disk free OK - Value = 2610.908 GB
[root@centreonserver plugins]# ./check_ganglia_metric.php
> host0080.eyeeoo.com part_max_used more 95part max used OK - Value = 84.6 %
[root@centreonserver plugins]# ./check_ganglia_metric.php \>
host9989.eyeeoo.com mem_free less 100909
mem free OK - Value = 668912 KB
```

第 1 个例子利用 disk_free 指标检测主机 host0080.eyeeoo.com 的剩余磁盘空间，其中报警阈值是 10，单位是 GB，表示当磁盘剩余空间低于 10GB 时将发送报警。从输出结果可以发现，此主机的磁盘剩余空间还有 2610.908GB，因此检测结果为 OK 状态。从这个例子可以看出，这个 PHP 脚本在输出结果的同时输出了结果对应的单位，这个功能非常实用。

第 2 个例子通过 part_max_used 指标检测主机 host0080.eyeeoo.com 磁盘分区的最大使用率，其中报警阈值 95 是一个百分数，表示当磁盘占用率超过 95%时将发送报警。从输出结果可以发现，此主机最大磁盘占用率为 84.6%，因此检测结果为 OK 状态。

第 3 个例子通过 mem_free 指标检测主机 host0080.eyeeoo.com 空闲的物理内存量。从输出结果可以发现，此主机剩余内存高于指定的报警阈值。

9.4.3 实现 Ganglia 与 Centreon 的协同处理

上面介绍了两个常用的数据提取脚本及其使用方法，这两个脚本各有优缺点，在实际应用中可以结合使用。要实现对主机的监控报警，较为简单的方法是将上面例子中的操作命令写到一个脚本中，并将这个脚本放到系统守护进程中，定期执行脚本检测即可。但是，这种方法不够灵活，无法设置详细的联系人和联系人组，并且不方便维护。

由于 Centreon 底层调用的是 Nagios，因此将这些脚本作为 Nagios 的插件，即可实现灵活的报警设置和便捷的管理。接下来以 check_ganglia_metric.php 脚本为例，演示如何将此脚本集成到 Centreon 中。将其他脚本集成到 Centreon 中的方法与此完全相同。

Ganglia 和 Centreon 可以分别部署在两台不同的服务器上，也可以部署在同一台服务器上，这里将 Ganglia 和 Centreon 部署在同一台服务器上。在监控服务器的 Centreon Web 页面中，选择"Configuration→Commands→Checks"选项，单击"Add"按钮，新建一个 Command。

例如，创建一个名为 check_ganglia_php 的 Command，将"Command Type"设置为"Check"。这里需要重点注意"Command Line"中的内容，其中"$USER1$"用于设置 Centreon

服务器上 Nagios 监控插件的路径，默认是 /usr/lib64/nagios/plugins，前面已经将 check_ganglia_metric.php 监控脚本放到了此路径下，这里直接引用即可。在这个脚本对应的参数中定义了 3 个参数变量："$ARG1$"、"$ARG2$" 和 "$ARG3$"，分别用于设置 Ganglia metric、警告条件和 CRITICAL 阈值。这里建议将每个参数的作用都在 "Argument Descriptions" 选区中进行描述，以免在添加服务时出错。

经过以上操作，即可将 check_ganglia_metric.php 脚本作为一个命令集成到 Centreon 中。接下来通过 check_ganglia_metric.php 脚本检测某些主机的磁盘空间最大占用率。在 Centreon Web 页面中，选择 "Configuration → Services → Services by host group" 选项，单击 "Add" 按钮，添加一个主机组服务。

在 "Service Configuration" 选项卡中，"Description" 选项用于设置监控服务的名称，这里将其设置为 "check_disk_group"；"Service Template" 选项用于设置服务的模板，这里将其设置为 "generic-service"；"Check Command" 选项用于设置服务检查的命令，这里将其设置为创建的命令 "check_ganglia_php"；"Args" 就是刚才创建 check_ganglia_php 命令时指定的 3 个变量，这里根据每个变量的含义，依次设置 Ganglia metric、警告条件和 CRITICAL 阈值。接下来设置报警通知。"Notification Enabled" 选项表示是否启用报警通知，这里将其设置为 "Yes"。"Implied Contacts" 选项用于设置报警联系人。如果某些服务仅需要通知很少的人员，则可以在该选项中指定对应的报警联系人。如果报警联系人很多，一个一个地进行添加将非常烦琐，后续增加、删除报警联系人也会变得费时费力。此时，可以使用 "Implied Contact Groups" 选项，将不同类型的联系人进行分组，这样只需指定需要接收报警信息的联系人组即可，整个联系人组下的所有人员都能收到报警邮件。

此外，"Notification Interval" 选项可以用于设置发送报警通知的时间间隔，这个值应该大于或等于 "Normal Check Interval" 选项中的值。"Notification Period" 选项用于设置报警周期，建议选择 "24×7"。"Notification Type" 选项用于设置发送什么类型的报警通知，常见类型包括 Warning、Critical、Recovery 等，读者可以根据具体环境进行选择。"First notification delay" 选项用于设置发生故障后推迟多久发送报警通知。如果将该选项设置为 0，那么表示当发生故障后立刻发送报警通知。读者可以根据自身情况设置 "Relations" 选项卡。

当需要监控很多主机上相同的服务时，一个一个地将服务添加到每台主机上会变得十分烦琐。此时，可以通过添加主机组的方式，一次性完成主机组下所有主机的监控配置，既简单又灵活。

"Relations" 选项卡可以用于设置需要监控的主机组，在主机组列表中选择需要监控的主机组即可，这里选择 eyeeoo.com 主机组。在完成所有配置后，单击 "Save" 按钮，保存并退出。check_disk_group 服务添加完成。

至此，已经完成 check_ganglia_metric.php 脚本和 Centreon 的集成。实际上，这是 Ganglia 和 Centreon 的集成，而 check_ganglia_metric.php 脚本就是两者集成的桥梁。

在完成所有配置后，需要重新启动 Centreon 服务，这样所有配置和修改才能生效。在重新启动 Centreon 服务后，查看 check_disk_group 服务的运行状态。

由结果可知，每台主机的磁盘最大占用率都处于正常状态，并且输出了目前磁盘最大占用率的比值。由此可知，check_ganglia_metric.php 脚本集成到 Centreon 后工作正常，完美实现了从 Ganglia 采集数据，并在 Centreon 中设置报警规则的监控和报警一体化的过程。

任务 5　在 Centreon 中实现批量收集数据与监控报警

任务 4 中主要介绍了如何通过数据提取脚本从 Ganglia 中提取数据，并通过脚本的判断，最终实现 Centreon 的报警通知。这个过程看似完美，其实隐藏着一些问题，如从给出的两个数据提取文件中，脚本每次只能检测一台主机的一个服务状态，如果要检测多台主机的多个服务状态，则需要多次重复执行这个脚本。例如，要检测 100 台主机的磁盘最大占用率，则需要重复执行这两个脚本 100 次。同理，要检测 100 台主机中的 10 个服务状态，则需要重复执行这两个脚本 1000 次。在 Centreon 平台中，脚本检测是定期执行的，如果每小时执行一次检测，那么每小时需要执行 1000 次脚本。由此可知，这种脚本执行方式效率较低，且严重浪费服务器资源。在监控主机较少的环境中，监控效率勉强能够接受，但是当监控的主机超过 500 台、监控的服务超过 100 个时，监控效率将急剧下降。此时，监控脚本从 Ganglia 中获取数据的时间也将变得很长，可能导致监控数据获取超时。对要求监控精度很高和及时报警的运维监控报警平台来说，这种情况是不可容忍的。

如果能减少监控脚本重复执行检测的次数，或者让脚本一次检测多台服务器的多个服务状态，那么将极大地提升脚本的执行效率。在上一任务中，第二个脚本通过读取 Ganglia Web 的页面信息来获取监控数据。既然通过此脚本能一次获取某台主机的数据，那么也可以一次获取多台主机的数据。非常幸运，Ganglia 本身已经实现了这个功能，用户只需稍做修改即可拿来使用。在 Ganglia Web 的程序目录下有一个 nagios 目录，其中包含多个 Shell 脚本和 PHP 脚本。这里重点介绍 check_host_regex.sh 和 check_host_regex.php 这两个脚本的使用方法，其他脚本的使用方法与此类似。

经过修改后的 check_host_regex.sh 脚本内容如下：

```
GANGLIA URL="http://localhost/ganglia/nagios/check host_regex.php"
# Build the rest of the arguments into the arg stringfor the URL.CHECK ARGS='
if ["$#"-gt "o"]
then
CHECK ARGS=$1
shift
for ARG in "$@"
do
CHECK ARGS=$ CHECK ARGS]"&"$ ARG]
done
else
echo "sample invocation $o hreg=weblapachechecks=load one,more,1:load
five,more,2 ignore unknowns=o"
echo " Set ignore unknowns=1 if you want to ignorehosts that don't posses
a particular metric.
echo " This is useful if you want to use a catchallregex e.g. .* however
```

```
some hosts lack a metric'
exit 1

fi
RESULT=~curl -s"${GANGLIA URL}?$(CHECK ARGS]"EXIT_CODE=~echo $RESULT  cut -f1
-d'REST=~echo $RESULT  cut -f2 -d'for x in $EXIT CODE; docase $x in
OK)
echo $RESTexit 0;;WARNING)echo $REST
exit 1;;
CRITICAL)
echo $REST
exit 2;;
echo $REST
exit 1;;
esac
done
```

这里主要看一下此文件第一行"GANGLIA URL"变量。这个变量用于指定 HTTP 方式访问 check_host_regex.php 脚本的路径，后面跟的 URL 只要服务器本身能够访问即可。从脚本内容来看，check_host_regex.sh 脚本主要用于对获取的监控数据进行判断，而check_host_regex.php 脚本主要用于获取监控数据。check_host_regex.php 脚本获取数据的方式与上一任务介绍的 check_ganglia_metric.php 脚本的实现原理完全相同，实现方法非常简单，这里不再赘述。

下面介绍 check_host_regex.sh 脚本的使用方法。

直接在命令行执行 check_host_regex.sh 脚本，即可显示详细使用方法。例如：

```
[root@centreonserver plugins]# ./check_host_regex.sh Sample invocation
./check_host_regex.sh hreg=Hostname
checks=load one,more,1:
load five,more,2 ignore unknowns=0
Set ignore unknowns=1 if you want to ignore hosts that
don't posses a
particular metric.
```

下面介绍其中部分参数的含义。

hreg：后面跟主机名或主机名标识。这个参数的含义与 check_ganglia_metric.php 脚本中hostname 参数的含义相同，但使用方法稍有不同。如果在 hreg 参数后面指定一个完整的主机名，那么将收集这台主机的状态信息。同时，hreg 参数还支持正则表达式，只需提供一个主机名的标识，即可批量检测包含此标识的所有主机。例如，现有 800 台主机，主机名都包含"eyeeoo"这个字符，那么只需设置"hreg=eyeeoo"，即可实现一个脚本同时检查 800 台主机的服务状态。

checks：后面跟检测服务的指标值、检查条件和报警阈值。常见的服务指标包含 load one、disk free、swap free、part max used 等，检查条件包含 more（大于）、less（小于）、equal（等

223

于）、notequal（不等于）4 种，报警阈值根据实际应用环境进行设置。这个参数还有一个功能，即可以一次设置多个服务状态，每个服务之间用"："进行分割即可。有了这个功能，可以通过一个脚本一次检测多个服务的运行状态，大大提高了脚本的检测效率。

ignore unknowns：此参数用于设置是否忽略 UNKNOWN 状态的服务。将此参数设置为 1，表示忽略 UNKNOWN 状态的服务；将此参数设置为 0，表示不忽略 UNKNOWN 状态的服务。

这里以检测主机名中包含"eyeeoo"标识的主机为例，操作命令如下：

```
[root@centreonserver plugins]# ./check host regex.sh> hreg=eyeeoo checks=
load one,more,15
Services OK = 796, CRIT/UNK = 4 ;
CRITICAL host089.eyeeoo.com load one = 16.96,
CRITICAL host0133.eyeeoo.com load one = 22.91,
CRITICAL host028.eyeeoo.com load one = 15.02,
CRITICAL host0329.eyeeoo.com load one = 16.68
```

此命令用于检测主机名中包含"eyeeoo"标识的主机在 1min 内的负载状态，当负载状态超过 15 时，进行报警通知。从输出结果可知，主机名中包含"eyeeoo"标识的主机共 800 台，其中 4 台主机在 1min 内的负载状态超过 15，并给出了超载主机的主机名和当前的负载状态值。下面是一个脚本检测多台主机的多个服务的使用方法，操作命令如下：

```
[root@centreonserver plugins]# ./check host regex.sh
> hreg=eyeeoo
checks=load one,more,15:disk free,less,900ignore unknowns=1
Services OK = 787, CRIT/UNK = 13 ;
CRITICAL host0081.eyeeoo.com load one = 25.51
CRITICAL host0246.eyeeoo.com load one = 16.86
CRITICAL host993.eyeeoo.com disk free = 576.318 GB,
CRITICAL dbmysql.eyeeoo.com disk free = 520.721 GB,
CRITICAL webapp.eyeeoo.com disk free = 461.966 GB,
CRITICAL host0200.eyeeoo.com disk free = 852.420
CRITICAL host0055.eyeeoo.com disk free = 279.465 GB,
CRITICAL dbdata.eyeeoo.com disk free = 636.190 GB,
CRITICAL webui.eyeeoo.com disk free = 525.538 GB,
CRITICAL server0232.eyeeoo.com disk free = 861.330GB ,
CRITICAL server0159.eyeeoo.com disk free = 801.443GB
CRITICAL host0080.eyeeoo.com disk free = 739.467 GB,
CRITICAL etlserver.eyeeoo.com disk free = 826.477 GB
```

此命令检测主机名中包含"eyeeoo"标识的主机在 1min 内的负载状态和剩余空闲磁盘空间情况，并忽略 UNKNOWN 状态的服务。从输出结果可知，在 800 台主机中，有 13 台主机出现了负载或空闲磁盘空间报警问题，并输出了详细的报警信息。

最后，还需要将此脚本集成到 Centreon 平台上，以实现主机和服务的批量监控和报警。集成方法与上一任务介绍的集成 check_ganglia_metric.php 脚本的方法完全相同，这里不再赘述。

在完成脚本的集成后，重新启动 Centreon 服务，即可实现主机和服务的批量监控和报警，通过批量的方式监控主机状态。对于超过 500 台主机的运维环境，如果需要监控 100 个服务，那么每个脚本可以监控 20 个服务，分别执行 5 次，即可完成所有主机服务状态的监控。这大大减少了脚本的执行次数，同时每个脚本的执行时间也不会显著增加。实践证明，通过批量监控的方式基本可以解决大运维环境下的监控报警性能问题。

图 9-4 所示为 Centreon 在批量监控服务下的运行状态截图。通过图 9-4 可以清晰地看出哪些主机出现了报警问题，以及服务上次检测的时间和下次检测的时间。

由图 9-4 可知，此服务批量监控了 800 台主机的"part_max_used"指标，其中，799 台主机的"part_max_used"状态正常，而主机 dbmysql.bestjob 的磁盘最大占用率超过了指定的报警阈值。

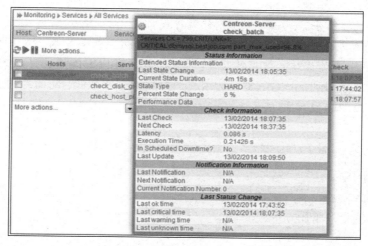

图 9-4　Centreon 在批量监控服务下的运行状态截图

如果对服务故障设置了发送邮件的报警通知，那么此时会收到邮件报警通知，邮件内容类似于：

```
*****centreon Notification***
Notification Type: PROBLEM
Service: part max used
Host: Centreon-Server
Address: 192.168.20.98
state: CRITICAL
Date/Time: Thu Feb 13 18:20:54 CST 2023
Additional Info:
Services OK = 799,
CRIT/UNK = 1:
CRITICAL dbmysql.bestjob.com part max used=96.8%
```

如果需要修改邮件中的报警内容，则需要在 Centreon 中修改 service-notify-by-email 命令。至此，在 Centreon 中实现批量收集数据和监控报警的方法已经介绍完。总体来说，这是在现有的脚本上稍做修改实现的，整个过程比较简单。

项目 10 高性能 Web 服务器——NGINX

项目导读

　　NGINX 是免费、开源、高性能的 HTTP 服务器和反向代理服务器、邮件代理服务器，通用 TCP/UDP 代理服务器。它由俄罗斯的程序设计师 Igor Sysoev 开发。官方测试显示，NGINX 能够支撑 5 万个并发连接，并且 CPU、内存等资源消耗非常低，运行也非常稳定。

　　NGINX 会带来更加优质的使用体验。与其他软件一样，NGINX 也可以进行配置与调试。本书将介绍安装配置与调试 NGINX 的方法，同时深入介绍 NGINX 的架构和常用功能，以便读者更便捷地理解和使用它。

学习目标

- 了解 NGINX
- 了解 NGINX 的安装与配置原理
- 了解 NGINX 的常用功能

能力目标

- 掌握 NGINX 的安装与配置
- 掌握 NGINX 常用功能的使用方法
- 掌握 NGINX 的反向代理

相关知识

任务 1 NGINX

10.1.1 NGINX 的组成与工作原理

　　从文件上看，NGINX 的组成包括 4 部分：二进制可执行文件、配置文件、访问日志和错误日志。这 4 部分是相辅相成的，NGINX 的二进制可执行文件和配置文件定义了 NGINX 处理请求的方式。如果想对 Web 服务进行运营或运维的分析，则需要对 access.log 访问日志做进一步分析。当出现任何未知的错误或与预期的行为不一致时，可以通过 error.log 错误信息定位根本问题。

（1）二进制可执行文件。

这是由 NGINX 自身的核心框架、官方模块及编译时添加的各种第三方模块共同构建而成的。这个文件相当于汽车本身，它有完整的系统，可提供所有功能。这些模块可最终编译成一个二进制可执行文件，让 NGINX 正常地运行。

（2）nginx.conf 配置文件。

NGINX 运行时的各种功能可以由用户根据自己的需求进行定制。用户只需按照一定的语法规则编写 NGINX 的配置文件，即可配置 NGINX 的各种功能。

（3）access.log 访问日志。

访问日志记录了所有 NIGNX 接受访问的 HTTP 请求信息和响应信息。

（4）error.log 错误日志。

错误信息记录了 NGINX 在运行过程中出现的不可预知的错误，以便定位问题。

从模块结构上看，NGINX 分为核心模块、基础模块和第三方模块。

（1）核心模块：HTTP 模块、EVENT 模块和 MAIL 模块。

（2）基础模块：HTTP Access 模块、HTTP FastCGI 模块、HTTP Proxy 模块和 HTTP Rewrite 模块。

（3）第三方模块：HTTP Upstream Request Hash 模块、Notice 模块和 HTTP Access Key 模块。

NGINX 的模块如图 10-1 所示。

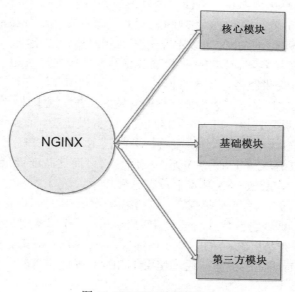

图 10-1　NGINX 的模块

从模块功能上看，NGINX 分为处理器模块、过滤器模块和代理类模块。

（1）处理器（Handlers）模块：此类模块可以直接处理请求，并进行输出内容和修改 headers 信息等操作。处理器模块一般只能有一个。

（2）过滤器（Filters）模块：此类模块主要对其他处理器模块输出的内容进行修改，最后由 NGINX 进行输出。

（3）代理类（Proxies）模块：此类模块是 NGINX 的 HTTP Upstream 类模块，主要与后端一些服务（如 FastCGI 等）进行交互，实现服务代理和负载均衡等功能。

NGINX 以守护进程的形式在后台运行，采用多线程和异步非阻塞 I/O 事件模型来处理各种请求。多线程模型包括一个 Master 进程，多个 Worker 进程。一般，Worker 进程的数量由服务器的 CPU 核数决定。

Master 进程负责管理 NGINX 本身和其他 Worker 进程，其功能如下。

（1）对外接口：接收外部的操作（信号）。

（2）对内转发：根据外部操作的不同，通过信号管理 Worker。

（3）监控：监控 Worker 进程的运行状态。当 Worker 进程异常终止后，将自动重新启动 Worker 进程。

Worker 进程负责处理基本的网络事件。多个 Worker 进程之间是对等的，它们互相竞争处理来自客户端的请求。各进程之间互相独立。一个请求只可能由一个 Worker 进程进行处理，一个 Worker 进程不会处理其他进程的请求。实际的网络请求由 Worker 进程进行处理。Worker 进程的数量可以在 nginx.conf 配置文件中进行配置，一般将其设置为核心数。这样既可以充分利用 CPU 资源，又能避免因进程数量过多而造成进程竞争 CPU 资源，增加上下文切换的损耗。

10.1.2　NGINX 的性能优势

NGINX 的性能优势体现在多个方面，主要表现为以下几点。

（1）作为 Web 服务器，NGINX 处理静态文件、索引文件及自动索引的效率非常高。

（2）作为代理服务器，NGINX 可以实现无缓存的反向代理加速，从而提高网站运行速度。

（3）作为负载均衡服务器，NGINX 既可以在内部直接支持 Rails 和 PHP，也可以支持 HTTP 代理服务器对外提供服务，还支持简单的容错和利用算法进行负载均衡。

在性能方面，NGINX 是专门为性能优化而开发的，在实现上非常注重效率。它采用内核 Poll 模型，支持更多的并发连接，最大可以响应 5 万个并发连接，而且只占用很少的内存资源。

在稳定性方面，NGINX 采取了分阶段资源分配技术，使得 CPU 与内存的占用率非常低。NGINX 官方表示，NGINX 可以保持 1 万个空闲连接，而这些连接只占用 2.5MB 内存。因此，DOS 类的攻击对 NGINX 来说基本上没有任何作用。

在高可用性方面，NGINX 支持热部署，启动速度极快，因此可以在持续服务的情况下进行软件版本或配置升级，即使运行数月也无须重新启动，几乎可以实现 7×24 小时不间断运行。

与传统的 Web 服务器相比，NGINX 在反向代理、Rewrite 规则、稳定性、静态文件处理及内存消耗等方面具有明显的优势。通过使用 NGINX 替代传统的 Apache 服务器，可以获得全方位的性能提升。

任务 2　NGINX 的安装与配置

10.2.1　NGINX 的快速安装

读者可以从 NGINX 官网下载 NGINX。该官网提供了 NGINX 主线版本和 NGINX 稳定版本。这两种版本非常稳定，都可以用于构建生产环境的 NGINX。NGINX 主线版本包含所有活跃的开发内容。这意味着所有新功能和非关键错误修复都在这里进行开发，但有时这也可能导致某些第三方模块因内部 API 的更改而中断。NGINX 稳定版本仅包含关键错误修复，不包含新功能和非关键错误修复。

在 CentOS 上，可以快速开发 NGINX。

1. 安装依赖

```
yum -y install gcc gcc-c++ automake pcre pcre-devel zlib zlib-devel
openssl-devel
```

2. 下载 NGINX 稳定版本并解压缩安装包（以 nginx-1.16.1 为例）

（1）创建一个文件夹。

```
cd /usr/local
mkdir nginx
cd nginx
```

（2）下载相应的 tar 包。

```
wget http://nginx.org/download/nginx-1.16.1.tar.gz
tar -xvf nginx-1.16.1.tar.gz
```

（3）安装 NGINX，并进入目录。

```
cd nginx-1.16.1
```

执行命令。考虑到后续需要安装 ssl 证书，因此这里需要添加两个模块：

```
./configure --with-http_stub_status_module --with-http_ssl_module
```

执行 make 命令：

```
make
```

执行 make install 命令：

```
make install
```

（4）尝试启动 NGINX 服务，执行启动命令。

```
/usr/local/nginx/sbin/nginx -c /usr/local/nginx/conf/nginx.conf
```

（5）修改 nginx.conf 配置文件。

```
# 打开配置文件
vi /usr/local/nginx/conf/nginx.conf
```

将端口号修改为 8089（或任意端口）。因为 Apache 可能占用 80 端口，所以尽量不要修改 Apache 端口，而选择修改 NGINX 端口。将 localhost 修改为自己服务器的公网 IP 地址即可。

（6）在安装完成后，重新启动 NGINX。

```
/usr/local/nginx/sbin/nginx -s reload
```

（7）在运行完后，需要查看 NGINX 进程是否启动。

```
ps -ef | grep nginx
```

安装完成后的注意事项如下。

（1）若想让外部主机访问 NGINX，则需要关闭服务器防火墙或开放 NGINX 端口，其中端口号为在步骤（5）中配置的端口，操作命令如下。

CentOS 6 及以前版本关闭防火墙的命令：systemctl stop iptables.service。

CentOS 7 之后版本关闭防火墙的命令：systemctl stop firewalld.service。

（2）由于关闭防火墙会增加服务器的安全风险，因此建议单独开放所需 NGINX 服务端口，操作命令如下。

开放 80 端口：firewall-cmd --zone=public --add-port=80/tcp --permanent。

查询 80 端口是否开放：firewall-cmd --query-port=80/tcp。

重新启动防火墙：firewall-cmd --reload。访问"IP:端口"，即可看到 NGINX 页面。

安装完成后的常用命令如下。

进入安装目录：

```
cd /usr/local/nginx/sbin
```

启动、关闭和重新启动：

```
./nginx              # 启动
./nginx -s stop      # 关闭
./nginx -s reload    # 重新启动
```

10.2.2　NGINX 的配置与调试

在安装完 NGINX 后，需要对其进行相应的配置与调试。下面详细介绍配置与调试 NGINX 的方法。

NGINX 的配置文件是一个纯文本文件，一般位于 NGINX 安装目录的 conf 目录下，整个配置文件是以 block 的形式组织的。每个 block 一般使用一个大括号"{}"来表示。block 可以分为不同层。在整个配置文件中，Main 命令位于最高层，下面可以有 Events 等层，而这些层中又包含 Server 层，即 server block。server block 中又可以包含 location 层，并且一个 server block 中可以包含多个 location block。

在不同安装方式下，NGINX 的文件存放路径也有所不同。如果采用源码编译安装方式，则配置文件在安装目录下的 conf 目录下。例如，如果安装目录是/usr/local/nginx，则配置文件在/usr/local/nginx/conf 目录下。

如果采用 yum 源安装方式，则配置文件在/etc/nginx/目录（该目录下存放的是主配置文件）和/etc/nginx/conf.d 目录下。

NGINX 配置文件主要分为以下 4 部分。

（1）main（全局设置）。

（2）server（主机设置）。

（3）upstream（负载均衡服务器设置）。

（4）location（URL 匹配特定位置设置）。

NGINX 配置文件的结构如图 10-2 所示。

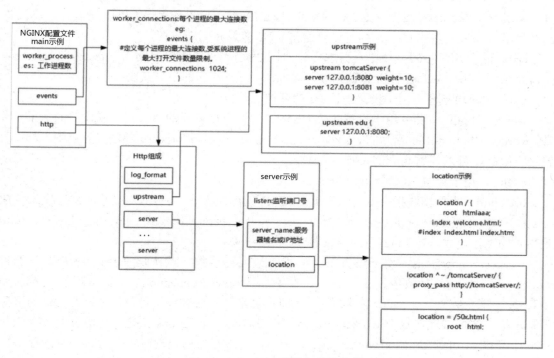

图 10-2　NGINX 配置文件的结构

其中，main 部分的指令将影响其他设置；server 部分的指令主要用于指定主机和端口；upstream 部分的指令主要用于进行负载均衡，设置一系列的后端服务器；location 部分的指令主要用于匹配网页位置。

这 4 者之间的继承关系如下。

server 继承 main；location 继承 server；而 upstream 既不会继承其他设置，也不会被继承。下面依次介绍 NGINX 的各部分。

1. NGINX 的全局配置

NGINX 的全局配置包括配置一些全局参数，如用户名、用户组、Worker 处理器的个数、错误日志文件的路径等，参考配置如下：

```
user  nobody nobody;
worker_processes  4;
error_log  logs/error.log  notice;
pid         logs/nginx.pid;
worker_rlimit_nofile 65535;
events{
        use epoll;
```

```
        worker_connections        65536;
    }
```

其中，各参数的详细说明如下。

user：主模块指令，用于设置进程运行的用户及用户组，默认由 nobody 用户运行。

worker_processes：用于设置 NGINX 开启的进程数。如果是单核 CPU，则开启一个进程已经足够；如果是多核 CPU，则可以指定与 CPU 数量相同的进程数。

error_log：用于设置全局错误日志文件。日志输出级别包括 debug 、info、notice、warn、error、crit。其中，debug 输出的日志最为详细，而 crit 输出的日志最少。

pid：主模块指令，用于设置进程 ID 的存储文件位置。

worker_rlimit_nofile：用于设置一个 NGINX 进程可以打开的最大文件描述符的数量。通常，worker_rlimit_nofile 应大于 worker_connections 和 worker_process 参数值的乘积。为了设置这一限制，可以使用 ulimit -n 65535 命令。

events：用于设置 NGINX 的工作模式及连接数上限。

use epoll：事件模块指令，用于设置 NGINX 的工作模式。NGINX 支持的工作模式包括 select、poll、kqueue、epoll 等。其中，select、poll 是标准工作模式；kqueue（BSD）、epoll 是高效的工作模式。在 Linux 系统中，优先选用 epoll。

worker_connections：用于设置每个进程的最大连接数，默认是 1024。但是，不能将 worker_connections 参数值设置得过大。在增加 worker_connections 参数值后，重新启动 NGINX 可能会收到一个 warn 警告提示，大概意思是并发连接数已经超过了打开文件的资源限制。最大客户端连接数由 worker_process 和 worker_connections 决定，计算公式为最大客户端连接数=worker_process*worker_connections。在进行反向代理时，最大客户端连接数应为 worker_process* worker_connections /4。

进程的最大连接数受操作系统的最大打开文件数限制，Linux 系统默认只有 1024。若要支持更大的并发量，则可以执行 ulimit -n 65535 命令。

2. HTTP 服务器配置

HTTP 服务器部分的参考配置如下：

```
http{
include conf/mime.types;
default_type application/octet-stream;
log_format main '$remote_addr - $remote_user [$time_local] '
'"$request" $status $bytes_sent '
'"$http_referer" "$http_user_agent" '
'"$gzip_ratio"';
log_format download '$remote_addr - $remote_user [$time_local] '
'"$request" $status $bytes_sent '
'"$http_referer" "$http_user_agent" '
'"$http_range" "$sent_http_content_range"';
client_max_body_size 20m;
client_header_buffer_size 32K;
```

```
large_client_header_buffers 4 32k;
Sendfile on;
tcp_nopush on;
tcp_nodelay on;
keepalive_timeout 60;
client_header_timeout 10;
client_body_timeout 10;
send_timeout 10;
```

其中，各参数的详细说明如下。

include：主模块命令，用于设置配置文件中所包含的文件，可以降低主配置文件的复杂度，类似于 Apache 中的 include()方法。

default_type：核心模块命令，这里将其设置为二进制流，即当文件类型未定义时，NGINX 将使用二进制流作为默认类型。例如，在没有配置环境时，NGINX 是不会对文件进行解析的，因此在使用浏览器访问文件时会弹出下载窗口。

log_format：用于设置 NGINX 日志的输出格式。其中，main 为此日志输出格式的名称，可以在 access_log 命令中引用。

client_max_body_size：用于设置允许客户端请求的最大的单个文件字节数。

client_header_buffer_size：用于设置来自客户端请求头的缓冲区大小。对于大多数请求，1KB 的缓冲区大小已经足够。如果自定义了消息头或有更大的 cookie，则可以增加缓冲区大小。这里将该参数设置为 32KB。

large_client_header_buffers：用于设置客户端请求中较大的消息头的缓存最大数量和大小，其中"4"为个数，"32k"为大小，最大缓存量为 4 个 32KB。

Sendfile：用于开启高效文件传输模式。

tcp_nopush 和 tcp_nodelay：将这两个参数设置为"on"可以防止网络阻塞。

keepalive_timeout：用于设置客户端连接保持活动的超时时间。如果超过这个时间，则服务器会关闭该连接。

client_header_timeout：用于设置客户端请求头的读取超时时间。如果超过这个时间客户端还没有发送任何数据，则 NGINX 将返回"Request time out(408)"错误。

client_body_timeout：用于设置客户端请求主体的读取超时时间。如果超过这个时间客户端还没有发送任何数据，则 NGINX 将返回"Request time out(408)"错误，默认超时时间为 60s。

send_timeout：用于设置响应客户端的超时时间。这个超时仅限于两个连接活动之间的时间。如果超过这个时间客户端没有任何活动，则 NGINX 将关闭连接。

3. HttpGzip 模块配置

这个模块支持在线实时压缩输出数据流。如果要查看是否已安装此模块，则需要执行以下命令：

```
# /opt/nginx/sbin/nginx  -V
nginx version: nginx/0.7.65
```

```
configure arguments: --with-http_stub_status_module
--with-http_gzip_static_module --prefix=/opt/nginx
```

使用/opt/nginx/sbin/nginx -V 命令可以查看安装 NGINX 时的编译选项。

下面是在 NGINX 配置中 HttpGzip 模块的相关属性设置：

```
gzip  on;
gzip_min_length 1k;
gzip_buffers     4  16k;
gzip_http_version 1.1;
gzip_comp_level  2;
gzip_types  text/plain application/x-javascript text/css application/xml;
gzip_vary  on;
```

其中，各参数的含义如下。

gzip：用于设置开启或关闭 GZIP 压缩功能，其中"gzip on"表示开启 GZIP 压缩功能，实时压缩输出数据流。

gzip_min_length：用于设置允许压缩的页面最小字节数。页面字节数是从 header 头的 Content-Length 中获取的。该参数的默认值是 0，表示无论页面大小如何都进行压缩。建议将该参数设置为大于 1KB 的值，因为小于 1KB 的数据可能会在压缩后变得更大。

gzip_buffers：表示申请 4 个 16KB 的内存作为压缩结果流的缓存，默认申请与原始数据大小相同的内存空间来存储 GZIP 压缩结果。

gzip_http_version：用于设置识别 HTTP 协议的版本，默认是 1.1。目前大部分浏览器已经支持 GZIP 解压缩，因此建议保持默认设置。

gzip_comp_level：用于设置 GZIP 压缩比，其中 1 表示压缩比最小，处理速度最快，9 表示压缩比最大，传输速度快，但处理速度最慢，同时会消耗较多的 CPU 资源。

gzip_types：用于设置压缩的类型。无论是否设置压缩类型，text/html 类型总会被压缩。

gzip_vary：可以让前端的缓存服务器缓存经过 GZIP 压缩的页面。例如，可以使用 Squid 缓存经过 NGINX 压缩的数据。gzip_vary on 是启用详细的缓存策略，而 gzip_vary off 可以关闭这一特性。

4．负载均衡配置

负载均衡配置如下：

```
upstream ixdba.net{
    ip_hash;
    server 192.168.12.133:80;
    server 192.168.12.134:80  down;
    server 192.168.12.135:8009  max_fails=3  fail_timeout=20s;
    server 192.168.12.136:8080;
}
```

其中，各参数的含义如下。

upstream：NGINX 的 HTTP Upstream 模块，这个模块通过一个简单的调度算法实现客户端 IP 地址到后端服务器的负载均衡。在上面的配置中，通过 upstream 参数指定了一个负载均衡器的名称 ixdba.net。这个名称可以任意指定。

NGINX 的负载均衡模块目前支持轮询、Weight、ip_hash 和 url_hash 这 4 种调度算法，其中后两项属于第三方的调度算法。

轮询（默认方法）：将每个请求按时间顺序逐一分配到不同的后端服务器中。如果某台后端服务器宕机，则故障系统会被自动剔除，以确保用户访问不受影响。

Weight：指定轮询权值。Weight 值越大，分配到的访问概率越高。Weight 主要用于处理后端服务器性能不均的情况。

ip_hash：根据访问 IP 地址的哈希结果来分配每个请求，这样来自同一个 IP 地址的访客将固定访问一个后端服务器，可以有效解决动态网页中的会话共享问题。

然而，fair 是比 Weight 和 ip_hash 更加智能的负载均衡调度算法。此种算法可以根据页面大小和加载时间长短智能地进行负载均衡，即根据后端服务器的响应时间来分配请求，优先分配响应时间短的服务器。NGINX 本身不支持 fair 算法，如果需要使用这种调度算法，则必须下载 NGINX Upstream_fair 模块。

url_hash：根据访问 URL 的哈希结果来分配请求，使每个 URL 定向到同一个后端服务器，可以进一步提高后端缓存服务器的效率。NGINX 本身不支持 url_hash 算法，如果需要使用这种调度算法，则必须安装 NGINX 的 hash 软件包。

在 HTTP Upstream 模块中，我们可以通过 server 参数指定后端服务器的 IP 地址和端口，还可以设置每个后端服务器在负载均衡调度中的状态。常用的状态有以下几个。

down：当前的 Server 暂时不参与负载均衡。

backup：预留的备份服务器。当其他所有的非 Backup 机器忙碌或出现故障时，会将请求转发至 Backup 机器，因此这台机器的负载最轻。

max_fails：允许请求失败次数，默认为 1。当超过最大请求失败次数时，将返回 proxy_next_upstream 模块定义的错误。

fail_timeout：在经历了 max_fails 次失败后，暂停服务的时间。

此外，max_fails 和 fail_timeout 可以一起使用。

需要注意的是，当负载均衡调度算法为 ip_hash 时，后端服务器在负载均衡调度中的状态不能是 Weight 和 Backup。

5. Server 虚拟主机配置

Server 虚拟主机配置如下：

```
server{
listen   80;
server_name 192.168.12.188   www.ixdba.net;
index index.html  index.htm index.jsp;
root /web/*****;
charset gb2312;
access_log  logs/***.log main;
}
```

其中，各参数的含义如下。

server：用于设置虚拟主机的标志。

listen：用于设置虚拟主机的服务端口。

server_name：用于设置 IP 地址或域名。若有多个域名，则使用空格进行分隔。

index：用于设置默认首页地址。

root：用于设置虚拟主机的网页根目录，这个目录可以是相对路径，也可以是绝对路径。

charset：用于设置网页的默认编码格式。

access_log：用于设置此虚拟主机的访问日志存放路径，其中 main 用于指定访问日志的输出格式。

6. URL 匹配配置

Location 支持正则表达式匹配，也支持条件判断。

```
location ~ .*\.(gif|jpg|jpeg|png|bmp|swf)$ {
  root  /wet/***;
  expires 30d;
}
```

这段设置的含义是通过 location 参数对网页 URL 进行分析处理，将所有扩展名以.gif、.jpg、.jpeg、.png、.bmp、.swf 结尾的静态文件交给 NGINX 进行处理；通过 expires 参数设置静态文件的过期时间为 30 天。

7. StubStatus 模块配置

StubStatus 模块能够获取 NGINX 自上次启动以来的工作状态。此模块不是核心模块，需要在编译安装 NGINX 时手动指定才能使用。

以下配置用于指定启用获取 NGINX 工作状态的功能：

```
location /NginxStatus {
        stub_status      on;
        access_log            logs/NginxStatus.log;
        auth_basic           "NginxStatus";
          auth_basic_user_file   ../htpasswd;
}
```

其中，各参数的含义如下。

stub_status on：启用 StubStatus 模块的工作状态统计功能。

access_log：用于设置 StubStatus 模块的访问日志文件。

auth_basic：NGINX 的一种认证机制。

auth_basic_user_file：用于设置认证的密码文件。由于 NGINX 的 auth_basic 认证采用与 Apache 兼容的密码文件，因此需要使用 Apache 的 htpasswd 命令来生成密码文件。例如，要添加一个 webadmin 用户，可以使用以下方式生成密码文件：

```
/usr/local/apache/bin/htpasswd -c  /opt/nginx/conf/htpasswd webadmin
```

得到的提示信息如下：

```
New password:
```

在输入密码后，系统会要求再次输入密码。在确认无误后，添加用户成功。

要查看 NGINX 的运行状态，可以输入 http://ip/ NginxStatus，并输入刚刚创建的用户名和密码，即可看到如下信息：

```
Active connections: 1
server accepts handled requests
393411 393411 393799
Reading: 0 Writing: 1 Waiting: 0
```

其中，各参数的含义如下。

Active connections：当前活跃的连接数。

第 3 行的 3 个数字表示 NGINX 当前共处理了 393 411 个连接，成功创建了 393 411 次握手，共处理了 393 799 个请求。

Reading：NGINX 读取到客户端的 Header 信息数。

Writing：NGINX 返回给客户端的 Header 信息数。

Waiting：NGINX 已经处理完，正在等候下一次请求指令时的驻留连接数。

在下面的配置中，设置了虚拟主机的错误信息返回页面。通过 error_page 参数可以定制各种错误信息返回页面。在默认情况下，NGINX 会在主目录的 HTML 目录中查找指定的错误信息返回页面。特别需要注意的是，这些错误信息返回页面的大小一定要超过 512KB，否则会被 IE 浏览器替换为 IE 默认的错误信息返回页面。

```
error_page  404                /404.html;
error_page  500 502 503 504  /50x.html;
location = /50x.html {
    root    html;
}
```

10.2.3　NGINX 的日常维护技巧

在安装及使用 NGINX 后，需要定期进行日常维护及检查，以确保其正常运行及使用。NGINX 提供了配置文件调试功能，可以快速发现配置文件存在的问题。执行如下命令可以检测配置文件的正确性：

```
[root@localhost 桌面]# which nginx
/usr/local/nginx/sbin/nginx
```

或者把 nginx 命令的路径写入 PATH，这样在执行 nginx 命令时就不需要写绝对路径：

```
[root@localhost 桌面]# nginx -t
```

使用-t 命令可以检查配置文件的语法是否正确。

```
nginx: the configuration file /usr/local/nginx//conf/nginx.conf syntax is ok
nginx: [warn] 65535 worker_connections exceed open file resource limit: 32768
```

```
nginx: configuration file /usr/local/nginx//conf/nginx.conf test is successful
[root@localhost 桌面]
# nginx -t -c /usr/local/nginx/conf/nginx.conf
```

使用-c 命令可以制定 NGINX 配置文件的路径，默认为/usr/local/nginx/conf/nginx.conf。

```
nginx: the configuration file /usr/local/nginx/conf/nginx.conf syntax is ok
nginx: [warn] 65535 worker_connections exceed open file resource limit: 32768
nginx: configuration file /usr/local/nginx/conf/nginx.conf test is successful
```

另外，NGINX 也提供了查看版本信息和相关编译信息的功能。
查看版本信息：

```
[root@localhost 桌面]# nginx -v
nginx version: nginx/1.2.1
[root@localhost 桌面]# nginx -V
nginx version: nginx/1.2.1
```

查看相关编译信息：

```
configure arguments: --prefix=/usr/local/nginx/ --with-http_stub_status_module
--with-http_gzip_static_module --user=www --group=ww
```

任务 3　NGINX 常用功能

10.3.1　NGINX 的反向代理应用实例

在 NGINX 配置反向代理时，它应安装在目的主机上，主要用于转发客户机请求。在后台有多个 HTTP 服务器提供服务时，NGINX 的作用是将请求转发给后端服务器，并决定由哪台目标主机来处理当前请求。

此外，NGINX 能提供性能稳定和灵活的配置转发功能。它可以根据不同的正则匹配采取不同的转发策略，并且能够处理返回结果的错误页跳转和异常判断等。如果被分发的服务器存在异常，则 NGINX 可以将请求重新转发给另外一台服务器，并自动停止向异常服务器转发请求。以下是反向代理的应用实例。

1．使用 NGINX 反向代理，根据访问的路径跳转到不同端口的服务上

NGINX 监听端口为 9001。
访问 http://192.168.17.129:9001/edu/将直接跳转到 127.0.0.1:8080 上。
访问 http:// 192.168.17.129:9001/vod/将直接跳转到 127.0.0.1:8081 上。

2．准备工作

首先准备两个 Tomcat 服务器，一个端口为 8080，另一个端口为 8081。
在 Tomcat 的 webapps 目录中创建文件夹和测试页面。

3．具体配置

在 nginx.conf 配置文件中进行反向代理配置。

在 http 块中添加 server{}，如图 10-3 所示。

以下为 location 指令说明。

图 10-3　server 部分配置

＝：在不含正则表达式的 URL 前，要求请求字符串严格匹配该 URL。如果匹配成功，则立即停止继续向下搜索并处理该请求。

~：用于表示 URL 包含正则表达式，并且区分大小写。

~*：用于表示 URL 包含正则表达式，并且不区分大小写。

^~：用于表示 URL 不包含正则表达式，并且区分大小写。在 NGINX 服务器中，当匹配到^~标识的 URL 时，表示该 URL 的匹配度最高。

注意：如果 URL 包含正则表达式，则必须有~或~*标识。

4．进行测试

开放对外访问的端口号为 9001、8080 和 8081。测试结果显示，当访问 http://192.168.17.129:9001/edu/时，最终直接跳转到 127.0.0.1:8080 上，如图 10-4 和图 10-5 所示。

图 10-4　访问 edu 目录时指向第一个后端服务器

图 10-5　访问 vod 目录时指向第二个后端服务器

10.3.2　NGINX 的 URL 重写应用实例

NGINX 的 URL 重写也被称为 Rewrite，主要作用是当客户端访问特定 URL 时，根据客户端的访问信息跳转到其他 URL 上。URL 重写在现在的网站中经常出现，其作用具体如下。

（1）对搜索引擎的访问进行优化，有助于搜索引擎抓取页面。

（2）隐藏站点的真实 URL 地址，使 URL 更加简洁。

（3）当网站升级时，通过 URL 重写功能，可以将网站重定向到其他页面。

（4）当手机和计算机访问同一站点时，反馈不同的页面，以便根据设备的不同分辨率优化网站页面，使其更加美观。

NGINX 的 Rewrite 功能在企业中应用非常广泛，它可以调整用户浏览的 URL，使其看起来更规范，符合开发人员及产品人员的需求。为了提高搜索引擎对网站内容的收录并改善用户体验，企业会将动态 URL 地址伪装成静态地址，以提供服务。当网址更换新域名后，会将旧的访问跳转到新的域名上。使用者可以根据特殊变量、目录、客户端的信息调整 URL 等。

NGINX 配置 Rewrite 的过程如下。

（1）创建 Rewrite 语句。

```
vi conf/vhost/www.***.com.conf
# 使用 vi 命令编辑虚拟主机配置文件
```

文件内容：

```
server {
    listen 80;
    server_name ***.com;
    rewrite ^/(.*) http://www.***.com/$1 permanent;
}
server {
    listen 80;
    server_name www.***.com;
    location / {
        root /data/www/www;
        index index.html index.htm;
    }
    error_log  logs/error_www.***.com.log error;
    access_log logs/access_www.***.com.log  main;
}
```

或者：

```
server {
    listen 80;
    server_name ***.com www.***.com;
    if ( $host != 'www.***.com' ) {
        rewrite ^/(.*) http://www.***.com/$1 permanent;
    }
    location / {
        root /data/www/www;
        index index.html index.htm;
    }
    error_log  logs/error_www.***.com.log error;
    access_log logs/access_www.***.com.log  main;
}
```

（2）在配置完后，重新启动服务。

在确认无误后便可重新启动 NGINX 服务，操作命令如下：

```
nginx -t
# 若结果显示 ok 和 success，则表示正确，可以重新启动 NGINX 服务
nginx -s reload
```

（3）查看最终跳转效果。

打开浏览器，访问***.com。

在打开页面后，URL 地址栏的***.com 变成 www.***.com，说明 URL 重写成功。

项目 11　高性能集群软件——Keepalived

项目导读

Keepalived 是 Linux 系统下的一个轻量级的高可用解决方案。Keepalived 旨在实现服务的高可用性。Keepalived 最初是针对 LVS 进行研发的，专门用于监控集群系统中各个服务节点的状态。它根据网络参考模型中的第三层、第四层、第五层交换机制来检测每个服务节点的状态。如果某个服务节点出现异常或工作出现故障，则 Keepalived 能检测到并将出现故障的服务节点从集群系统中剔除。这些工作都是自动完成的，不需要人工干预。需要人工干预的只是修复出现故障的服务节点。

学习目标

- 了解 Keepalived 的工作原理
- 了解 Keepalived 的体系结构
- 了解 Keepalived 的基本使用方法

能力目标

- 掌握 Keepalived 基础功能的使用方法
- 掌握使用 LVS + Keepalived 实现高可用的前端负载均衡器的方法

相关知识

任务 1　Keepalived

11.1.1　Keepalived 简介

Keepalived 最初是针对 LVS 进行研发的，专门用于监控集群系统中各个服务节点的状态。后来，Keepalived 又加入了 VRRP 的功能。VRRP（Vritual Router Redundancy Protocol，虚拟路由冗余协议）的出现旨在解决静态路由出现的单点故障问题。通过 VRRP，可以实现网络的不间断稳定运行。因此，Keepalived 既具有服务器状态检测和故障隔离功能，又具有 HAcluster 功能。

健康检查和失败切换是 Keepalived 的两大核心功能。健康检查通过 TCP 三次握手、ICMP

请求、HTTP 请求和 UDP Echo 请求等方式对负载均衡器后面的实际服务器（通常是承载真实业务的服务器）进行保活；而失败切换主要应用于配置了主备模式的负载均衡器，利用 VRRP 维持主备负载均衡器的"心跳"，当主负载均衡器出现问题时，由备份负载均衡器接管对应的业务，从而最大限度地减少流量损失，并保证服务的稳定性。

11.1.2　VRRP 协议与工作原理

在实际网络环境中，主机之间是通过配置静态路由或默认网关进行通信的，一旦主机之间的路由器发生故障，通信将会中断。因此，在这种通信模式下，路由器成了一个单点瓶颈。为了解决这个问题，引入了 VRRP。

VRRP 是一种容错协议，它通过将几台路由设备联合组成一台虚拟的路由设备，并通过一定的机制来确保当主机的下一跳设备出现故障时，可以及时将业务切换到其他设备，从而保持通信的连续性和可靠性。

虚拟路由器是 VRRP 备份组中所有路由器的集合，它是一个逻辑概念，并不是真正存在的。从 VRPP 备份组外面看备份组中的路由器，感觉组中的所有路由器就像一个整体一样。读者可以将其理解为在一个组中，主路由器+所有备份路由器=虚拟路由器。

虚拟路由器有一个虚拟 IP 地址（VIP）和虚拟 MAC 地址。主机将虚拟路由器当作默认网关。虚拟 MAC 地址的格式为 00-00-5E-00-01-{VRID}。在通常情况下，虚拟路由器在回应 ARP 请求时使用的是虚拟 MAC 地址，只有在虚拟路由器进行特殊配置时，才回应真实接口的 MAC 地址。

虚拟路由器通过 VIP 对外提供服务，而在虚拟路由器内部，同一时间内只有一台物理路由器对外提供服务。这台提供服务的物理路由器被称为 Master 路由器（主路由器）。在一般情况下，Master 路由器是通过选举算法产生的，它拥有对外的 VIP，提供各种网络功能，如 ARP 请求、ICMP 数据转发等。

虚拟路由器中的其他物理路由器不拥有对外的 VIP，也不提供网络功能，仅接受 Master 路由器的 VRRP 状态通告信息。这些路由器被称为 Backup 路由器（备份路由器）。当 Master 路由器失效时，处于 Backup 角色的 Backup 路由器将重新进行选举，产生一个新的 Master 路由器，继续对外提供服务。整个切换过程对用户完全透明。

VRRP 的工作过程大致分为以下几个步骤。

（1）在 VRRP 备份组中，设备选举出 Master 设备。Master 设备通过发送免费 ARP 报文向与其相连的设备或主机通知虚拟 MAC 地址，以便承担报文转发任务。

（2）Master 设备周期性地向备份组内所有 Backup 设备发送 VRRP 通告报文。

（3）如果 Master 设备出现故障，则 VRRP 备份组中的 Backup 设备将重新选举 Master 设备。

（4）当 VRRP 组状态切换时，Master 设备会从一台设备切换为另外一台设备，新的 Master 设备会立即发送携带虚拟路由器的虚拟 MAC 地址和 VIP 信息的免费 ARP 报文。这样可以刷新与它相连的主机或设备中的 MAC 表项，从而将用户流量引导到新的 Master 设备上，整个过程对用户完全透明。

（5）当原 Master 设备故障恢复时，若该设备是 IP 地址拥有者（其优先级为 255），则直接切换至 Master 状态。若该设备的优先级小于 255，则切换至 Backup 状态，并且其优先级恢复为发生故障前配置的优先级。

（6）当 Backup 设备的优先级高于 Master 设备时，由 Backup 设备的工作方式（抢占方式和非抢占方式）决定是否重新选举 Master 设备。

11.1.3　Keepalived 的工作原理

Keepalived 的工作原理可以总结为以下几点。

（1）Keepalived 的目的是进行故障切换和转移，它通过 VRRP 来实现。VRRP 通过一种竞选机制将路由的任务分配给某台 VRRP 路由器。

（2）在一般情况下，Keepalived 和 LVS 负载均衡软件一起使用，用于管理和监控整个集群的节点状态。

（3）Keepalived 最初是专为 LVS 负载均衡软件设计的，用于管理并监控 LVS 集群系统中各个服务节点的状态。后来，它又加入了可以实现高可用的 VRRP 功能。因此，Keepalived 除了能够管理 LVS 负载均衡软件，还可以作为其他服务（如 NGINX、Haproxy、MySQL 等）的高可用解决方案软件。

（4）Keepalived 主要通过 VRRP 实现高可用功能。VRRP 能够保证当某个节点宕机时，整个网络可以不间断地运行。因此，Keepalived 不仅具有配置管理 LVS 负载均衡软件的功能，还具有对 LVS 下面节点进行健康检查的功能，并且可以实现系统网络服务的高可用功能。

Keepalived 高可用集群的故障切换和转移是基于 VRRP 来实现的。在正常工作时，VIP 会漂移在 Master 节点上，负责接收和处理用户的任务请求，而其他 Backup 节点都处于待机状态，或者承担其他业务的主工作；Master 节点会不断地向 Backup 节点发送"心跳"消息（通过多播方式），以通知 Backup 节点自己的存活状态。当 Master 节点发生故障时，将无法发送"心跳"消息，导致 Backup 节点无法继续检测到来自 Master 节点的"心跳"消息。Backup 节点会立即触发接管程序，接管 Master 节点的 VIP 资源和服务。

在抢占模式下，当 Master 节点恢复故障后，Backup 节点会释放在 Master 节点故障期间接管的 VIP 资源和服务，恢复为 Backup 角色。在非抢占模式下，Backup 节点在接管 Master 节点的 VIP 资源和服务后，在未发生故障的情况下不会放弃 Master 角色，原 Master 节点在修复后会充当 Backup 角色。

Keepalived 工作在网络参考模型中的网络层、传输层和应用层。Keepalived 对服务器运行状态和故障隔离的工作原理如下。

（1）网络层（第三层）：Keepalived 通过 ICMP 向服务器集群中的每个节点发送一个 ICMP 数据包（类似于 ping 的功能）。如果某个节点没有返回响应数据包，那么 Keepalived 认为该节点发生了故障，将标记这个节点失效，并从服务器集群中移除该故障节点。

（2）传输层（第四层）：Keepalived 在传输层利用 TCP 协议的端口连接和扫描技术来判断集群节点的端口是否正常。例如，对于常见的 Web 服务 80 端口或 SSH 服务 22 端口，一旦 Keepalived 在传输层探测到这些端口号没有数据响应或数据返回，就认为这些端口发生异常，并强制将这些端口所对应的节点从服务器集群中移除。

（3）应用层（第五层）：Keepalived 的运行方式变得更加全面和复杂。用户可以通过自定义 Keepalived 工作方式（编写程序或脚本）来运行 Keepalived；Keepalived 将根据用户的设定参数检测各种程序或服务是否允许正常运行。如果 Keepalived 的检测结果与用户设定的不一致，则 Keepalived 会将对应的服务器从服务器集群中移除。

11.1.4　Keepalived 的体系结构

从全局上看，Keepalived 的体系结构可以分为两层，分别是用户空间层（User Space）和内核空间层（Kernel Space）。

内核空间层位于底层，涵盖 IPVS 和 NETLINK 两个模块。IPVS 模块是 Keepalived 引入的一个第三方模块，通过 IPVS 可以实现基于 IP 地址的负载均衡集群。IPVS 默认包含在 LVS 集群软件中。在 LVS 集群中，IPVS 被安装在一台名为 Director Server 的服务器上，同时在 Director Server 上虚拟出一个 IP 地址（VIP），对外提供服务。用户只能通过这个 VIP 访问服务。这个 VIP 一般被称为 LVS 的 VIP，即 Virtual IP。访问的请求首先经过 VIP 到达 Director Server，然后由 Director Server 从服务器集群节点中选择一个服务节点来响应用户的请求。

Keepalived 最初为 LVS 提供服务。由于 Keepalived 可以实现对集群节点的状态检测，而 IPVS 可以实现负载均衡，因此 Keepalived 通过第三方模块 IPVS 协作，可以轻松地搭建一套负载均衡系统。然而，这里有一个误解：由于 Keepalived 可以与 IPVS 一起协同工作，因此很多人认为 Keepalived 是一个负载均衡软件，这种理解是不正确的。

在 Keepalived 中，IPVS 模块是可配置的。如果需要启用负载均衡功能，则可以在编译 Keepalived 时打开负载均衡功能；同样，也可以通过配置编译参数来关闭负载均衡功能。

NETLINK 模块主要用于实现一些高级路由框架和一些相关的网络功能，以处理用户空间层 Netlink Reflector 模块发来的各种网络请求。

用户空间层位于内核空间层之上，Keepalived 的所有具体功能都在这里实现。下面介绍几个重要部分所实现的功能。

在用户空间层，Keepalived 又可以分为 4 部分，分别是 Scheduler I/O Multiplexer、Memory Management、Control Plane 和 Core Components。其中，Scheduler I/O Multiplexer 是一个 I/O 复用分发调度器，其职责是安排 Keepalived 所有内部的任务请求。Memory Management 是一个内存管理机制，提供了一些通用方法来访问内存。Control Plane 是 Keepalived 的控制面板，用于对配置文件进行编译和解析。Keepalived 的配置文件解析比较特殊，它不是一次解析所有模块的配置，而是在需要使用某个模块时才解析相应的配置。Core Components 是 Keepalived 的核心组件，包含一系列模块，主要有 WatchDog、Checkers、VRRP Stack、IPVS Wrapper 和 Netlink Reflector。

下面介绍每个模块所实现的功能。

1．WatchDog

WatchDog 是计算机可靠性领域中一个简单又有效的检测工具。它的工作原理是针对被监视的目标设置一个计数器和一个阈值。WatchDog 会自动增加此计数值，并等待被监控的目标周期性地重置该计数值。一旦被监控目标发生错误，无法重置此计数值，WatchDog 就会检测到这一情况，并采取相应的恢复措施，如重新启动或关闭。

在 Linux 系统中，很早就引入了 WatchDog，而 Keepalived 是通过 WatchDog 的运行机制来监控 Checkers 和 VRRP 进程的。

2. Checkers

Checkers 是 Keepalived 较为基础的功能，也是主要功能之一，它可以实现服务器运行状态检测和故障隔离。

3. VRRP Stack

VRRP Stack 是 Keepalived 后来引入的 VRRP 功能，它可以实现 HA 集群中的失败切换（Failover）功能。Keepalived 通过 VRRP 功能与 LVS 负载均衡软件，可以部署一个高性能的负载均衡集群系统。

4. IPVS Wrapper

IPVS Wrapper 是 IPVS 功能的一个实现。IPVS Wrapper 模块可以将预先设置的 IPVS 规则发送到内核空间，并提交给 IPVS 模块，最终实现 IPVS 模块的负载均衡功能。

5. Netlink Reflector

Netlink Reflector 用于实现高可用集群中 Failover 时的 VIP 设置和切换。Netlink Reflector 的所有请求最终都会被发送到内核空间层的 NETLINK 模块来完成。

任务 2　Keepalived 的安装与配置

11.2.1　Keepalived 的安装

首先安装 Keepalived，可以通过 yum 源和源码编译两种方式进行安装。

通过 yum 源方式安装的流程如下。

（1）输入以下命令安装依赖包。

```
[root@localhost ~]# yum install -y curl gcc openssl-devel libnl3-devel
net-snmp-devel
[root@localhost ~]# yum install -y keepalived
```

（2）输入以下命令初始化及启动 Keepalived。

```
[root@localhost ~]# systemctl start keepalived      //启动 Keepalived
[root@localhost ~]# systemctl enable keepalived     //加入开机启动 Keepalived
[root@localhost ~]# systemctl restart keepalived    //重新启动 Keepalived
[root@localhost ~]# systemctl status keepalived     //查看 Keepalived 的状态
```

通过源码编译方式安装的流程如下。

（1）在官网下载最新版本的 Keepalived（这里以 Keepalived 2.0.7 为例），解压缩并进行安装。

```
[root@master src]# pwd
/usr/local/src
[root@master src]# wget http://www.keepalived.org/software/ keepalived-
2.0.7.tar.gz
[root@master src]# tar xvf keepalived-2.0.7.tar.gz
[root@master src]# cd keepalived-2.0.7
[root@master keepalived-2.0.7]# ./configure --prefix=/usr/local/keepalived
[root@master keepalived-2.0.7]# make && make install
```

（2）在完成后，会在相应路径生成文件。

```
/usr/local/etc/keepalived/keepalived.conf
/usr/local/etc/sysconfig/keepalived
/usr/local/sbin/keepalived
```

（3）初始化及启动 Keepalived。

Keepalived 启动脚本中引用的变量文件的默认文件路径为/etc/sysconfig/，读者可以直接修改启动脚本中的文件路径（在安装目录下），而不需要创建软链接。

```
[root@localhost /]# cp /usr/local/keepalived/etc/sysconfig/keepalived
/etc/sysconfig/keepalived
```

将 Keepalived 主程序加入环境变量（在安装目录下）。

```
[root@localhost /]# cp /usr/local/keepalived/sbin/keepalived /usr/sbin/
keepalived
```

将 Keepalived 启动脚本（在源码目录下）放到/etc/init.d/目录下，即可方便地使用 service 命令进行调用。

```
[root@localhost/]# cp /usr/local/src/keepalived-2.0.7/keepalived/etc/init.d/
keepalived  /etc/init.d/keepalived

# 将配置文件放到默认路径下
[root@localhost /]# mkdir /etc/keepalived
[root@localhost/]# cp /usr/local/keepalived/etc/keepalived/ keepalived.conf
/etc/keepalived/keepalived.conf
```

（4）以下是一些命令操作。

加入系统服务：chkconfig -add keepalived。

开机启动：chkconfig keepalived on。

查看开机启动的服务：chkconfig -list。

启动、关闭、重新启动：service keepalived start|stop|restart。

11.2.2　Keepalived 的全局配置

在安装完 Keepalived 后，需要在 keepalived.conf 文件中配置 HA（High Availability，高

可用性）和负载均衡。一个功能比较完整且常用的 Keepalived 配置文件主要包含 3 个块：全局定义块、VRRP 实例定义块和虚拟服务器定义块。其中，全局定义块是必需的，如果 Keepalived 仅用于 HA，则虚拟服务器定义块是可选的。

下面是一个功能比较完整的配置文件参考模板：

```
#全局定义块
global_defs {
    # 邮件通知配置
    notification_email {
        email1
        email2
    }
    notification_email_from email
    smtp_server host
    smtp_connect_timeout num

    lvs_id string
    router_id string      # 标识本节点的字符串, 通常为 hostname
}
```

11.2.3 Keepalived 的 VRRP 配置

下面是一个参考 VRRP 实例定义块：

```
vrrp_sync_group string {
    group {
        string
        string
    }
}


vrrp_instance string {
    state MASTER|BACKUP
    virtual_router_id num
    interface string
    mcast_src_ip @IP
    priority num
    advert_int num
    nopreempt
    smtp_alert
    lvs_sync_daemon_interface string
    authentication {
        auth_type PASS|AH
        auth_pass string
```

```
    }

    virtual_ipaddress {  # Block limited to 20 IP addresses @IP
        @IP
        @IP
    }
}

#虚拟服务器定义块
virtual_server (@IP PORT)|(fwmark num) {
    delay_loop num
    lb_algo rr|wrr|lc|wlc|sh|dh|lblc
    lb_kind NAT|DR|TUN
    persistence_timeout num
    protocol TCP|UDP
    real_server @IP PORT {
        weight num
        notify_down /path/script.sh
        TCP_CHECK {
            connect_port num
            connect_timeout num
        }
    }

    real_server @IP PORT {
        weight num
        MISC_CHECK {
            misc_path /path_to_script/script.sh(or misc_path "/path_to_script/
script.sh <arg_list>")
        }
    }

    real_server @IP PORT {
        weight num
        HTTP_GET|SSL_GET {
            url {
                # You can add multiple url block path alphanum
                digest alphanum
            }
            connect_port num
            connect_timeout num
            nb_get_retry num
            delay_before_retry num
        }
    }
}
```

任务 3　Keepalived 的基础功能应用实例

11.3.1　Keepalived 的基础 HA 功能示范

在默认情况下，Keepalived 可以监控系统死机、网络异常及 Keepalived 本身的状态，即当系统出现死机、网络出现故障或 Keepalived 进程出现异常时，Keepalived 会进行主备节点的切换。但这些仍然无法满足需求，因为集群中运行的服务可能会随时遇到问题。因此，需要对集群中运行服务的状态进行监控，一旦服务出现问题，就进行主备节点切换操作。Keepalived 作为一款优秀的高可用集群软件，也考虑到了这一点，它提供了 vrrp_模块，用于监控集群中的服务资源。

1．配置 Keepalived

下面通过配置一套 Keepalived 集群系统来演示 Keepalived 高可用集群的实现过程。这里以 CentOS release 6.3、keepalived-1.2.12 版本为例。

配置 Keepalived：

```
操作系统: CentOS release 6.3   版本: keepalived-1.2.12
主机名                主机 IP 地址        集群角色           集群服务 VIP
keepalived-master    192.168.66.11     MASTER(主节点)     HTTPD    10.0.0.40
keepalived-backup    192.168.66.12     BACKUP(备用节点)   HTTPD    10.0.0.40
```

通过此配置可以看出，这里要部署一套基于 HTTPD 的高可用集群系统。

下面是 keepalived-master 节点的 keepalived.conf 文件中的内容：

```
global_defs {
notification_email {
acassen@firewall.loc
failover@firewall.loc
sysadmin@firewall.loc
}
notification_email_from Alexandre.Cassen@firewall.loc
smtp_server 192.168.200.1
smtp_connect_timeout 30
router_id LVS_DEVEL
}
vrrp_ check_httpd {
"killall -0 httpd"
interval 2
}
vrrp_instance HA_1 {
state MASTER
```

```
interface eth0
virtual_router_id 80
priority 100
advert_int 2
authentication {
auth_type PASS
auth_pass qwaszx
}
notify_master "/etc/keepalived/master.sh"
notify_backup "/etc/keepalived/backup.sh"
notify_fault "/etc/keepalived/fault.sh"
track_ {
check_httpd
}
virtual_ipaddress {
192.168.66.80/24 dev eth0
}
}
```

其中，master.sh 文件的内容为：

```
#!/bin/bash
LOGFILE=/var/log/keepalived-mysql-state.log
echo "[Master]" >> $LOGFILE
date >> $LOGFILE
```

backup.sh 文件中的内容为：

```
#!/bin/bash
LOGFILE=/var/log/keepalived-mysql-state.log
echo "[Backup]" >> $LOGFILE
date >> $LOGFILE
```

fault.sh 文件中的内容为：

```
#!/bin/bash
LOGFILE=/var/log/keepalived-mysql-state.log
echo "[Fault]" >> $LOGFILE
date >> $LOGFILE
```

这 3 个文件的作用是监控 Keepalived 角色的切换流程，帮助用户理解 notify 参数的执行过程。

keepalived-backup 节点的 keepalived.conf 文件中的内容与 keepalived-master 节点的基本相同，只需修改以下两个地方。

将"state MASTER"修改为"state BACKUP"。

将"priority 100"修改为一个较小的值，这里为"priority 80"。

2．探究 Keepalived 启动流程

将配置好的 keepalived.conf、master.sh、backup.sh 及 fault.sh 这 4 个文件一起复制到 keepalived-backup 节点对应的路径下，并在节点中启动 HTTP 服务，之后启动 Keepalived 服务。下面介绍具体的操作过程。

在 keepalived-master 节点中启动 Keepalived 服务，操作命令如下：

```
[root@keepalived-master keepalived]# chkconfig -- level 35 httpd on
[root@keepalived-master keepalived]# /etc/init.d/httpd start
[root@keepalived-master keepalived]# /etc/init.d/keepalived start
```

Keepalived 正常运行后共启动了 3 个进程，其中一个是父进程，负责监控其余两个子进程（分别是 vrrp 子进程和 healthcheckers 子进程）。

3．分析 Keepalived 的故障切换过程

在 keepalived-master 节点出现故障后，keepalived-backup 节点会立刻检测到，此时备份机将切换为 Master 角色，并接管 keepalived-master 主机的 VIP 资源，将 VIP 绑定在 eth0 设备上。

在发生故障时，Keepalived 会非常迅速地进行切换（仅几秒的时间），此时在切换过程中持续 pingVIP，几乎没有延时等待时间。

4．分析故障恢复切换

keepalived-master 节点在通过 vrrp_script 模块检测到 httpd 服务已经恢复正常后，将自动切换到 Master 状态，并夺回集群资源，将 VIP 再次绑定到 eth0 设备上。

经过对 Keepalived 的整个运行过程和切换过程的全面观察，发现其虽然表面看起来合理，但事实并非如此。在一个高负载、高并发、追求稳定的业务系统中，执行一次主备切换对业务系统的影响很大。因此，在 Master 节点发生故障后，必须切换到 Backup 节点，且在 Master 节点故障恢复后，不希望再次切回 Master 节点，直到 Backup 节点发生故障才进行切换。这就是所谓的不抢占功能。通过 Keepalived 的 nopreempt 选项可以实现该功能。

11.3.2　通过 vrrp_script 模块实现对集群资源的监控

在一般情况下，使用 Keepalived 进行热备份可以将一台服务器设置为 Master 服务器，另一台服务器设置为 Backup 服务器。当 Master 服务器出现异常时，Backup 服务器会自动切换为 Master 服务器，但当 Backup 服务器成为 Master 服务器后，原 Master 服务器恢复正常后会再次抢占成为 Master 服务器。然而，这会导致不必要的主备切换。因此，可以将两台服务器的 Keepalived 初始状态均设置为 Backup 状态，并设置不同的优先级，通过对优先级较高的服务器设置 nopreempt 来解决异常恢复后再次抢占的问题。

Keepalived 只能实现对网络故障和自身状态的监控，即当网络出现故障或 Keepalived 本身出现问题时进行主备切换。然而，这些仍无法满足需求，因为我们还需要监控 Keepalived 所在服务器上的其他业务进程，如 NGINX。通过 Keepalived+ NGINX，可以实现 NGINX 的负载均衡高可用性。如果 NGINX 出现异常，仅有 Keepalived 保持正常是无法保证系统正常

运行的，因此需要根据业务进程的运行状态决定是否进行主备切换。这时，我们可以通过编写脚本对业务进程进行检测监控。

下面是 vrrp_script 模块常见的几种监控机制。

1. 使用 killall 命令探测服务运行状态

```
vrrp_script check_nginx {       # check_nginx 为自定义的一个监控名称
  # 采用 killall 信号 0 监控进程运行状态。其中，0 表示正常，1 表示异常
  script "killall -0 nginx"
  interval 2                    # 检测间隔时间，即每隔 2s 检测一次
  weight 30            # 一个正整数或负整数，它是权重值，对整个集群的角色选举至关重要
}


track_script {
  check_nginx      # 引用上面定义的监控模块
}
```

2. 检测端口运行状态

检测端口的运行状态也是较为常见的服务监控方式。在 Keepalived 的 vrrp_script 模块中，可以通过如下方式对本机的端口进行检测：

```
vrrp_script check_nginx {
  # 通过 < /dev/tcp/127.0.0.1:80 方式定义一个对本机 80 端口状态的检测
  script "< /dev/tcp/127.0.0.1:80"
  interval 2
  fall 2      # 检测失败的最大次数。如果检测失败的次数超过两次，则认为节点资源发生故障
  rise 1      # 如果请求一次成功，则认为节点恢复正常
  weight 30
}

track_script {
  check_nginx
}
```

在上述代码中，fall 参数用于设置检测到失败的最大次数，这里将其设置为 2，表示当检测失败的次数超过两次时，认为节点资源发生故障，并进行切换操作；rise 1 表示如果请求一次成功，则认为节点恢复正常。

3. 通过 Shell 语句进行状态监控

```
vrrp_script check_nginx {
  script " if [ -f /usr/local/nginx/logs/nginx.pid ]; then exit 0 ; else exit
1; fi"
  interval 2
  fall 1
  rise 1
```

```
    weight 30
    }

track_script {
    check_nginx
    }
```

在上述代码中，通过一个 Shell 语句检测 httpd.pid 文件是否存在。如果存在，则认为 httpd 状态正常，否则认为 httpd 状态异常。这种检测方式对于一些简单的应用监控或流程监控非常有用。由此可知，vrrp_script 模块支持的检测方式十分灵活。

4. 通过脚本进行服务状态监控

```
vrrp_script chk_mysqld {
script "/etc/keepalived/check_mysqld.sh"
interval 2
    }

track_script {
    chk_mysqld
    }
```

check_mysqld.sh 的内容为：

```
#!/bin/bash
/usr/bin/mysql -e "show status;" > /dev/null 2>&1
if [ $? -eq 0 ];then
    MYSQL_STATUS=0
else
    MYSQL_STATUS=1
fi
exit $MYSQL_STATUS
```

11.3.3　Keepalived 集群中 Master 和 Backup 角色选举策略

在 Keepalived 集群中，并没有严格意义上的主备节点，虽然可以在 Keepalived 配置文件中通过 state 选项将节点设置为 Master 状态，但是这并不意味着此节点就一直是 Master 角色。Keepalived 配置文件中的 priority 值可以控制节点角色，但它并不能控制所有节点的角色。另一个改变节点角色的因素是在 vrrp_script 模块中设置的 weight 值。priority 和 weight 选项都对应一个整数值，其中 weight 值可以是个负整数。节点在集群中的角色取决于这两个值的大小。

在一个一主多备的 Keepalived 集群中，priority 值最大的节点将成为集群中的 Master 节点，而其他节点都是 Backup 节点。在 Master 节点发生故障后，Backup 节点之间将进行选举，通过计算节点的优先级值 priority 和 weight 值，选出新的 Master 节点来接管集群服务。

在 vrrp_script 模块中，如果不设置 weight 值，那么集群优先级的选择将由 Keepalived

配置文件中的 priority 值决定。当需要对集群中的优先级进行灵活控制时，可以通过在 vrrp_script 模块中设置 weight 值来实现。

下面进行举例说明。

假定由 A 和 B 两个节点组成 Keepalived 集群。在 A 节点的 keepalived.conf 配置文件中，设置 priority 值为 100，在 B 节点的 keepalived.conf 配置文件中，设置 priority 值为 80。同时，A、B 两个节点都使用了 vrrp_script 模块来监控 MySQL 服务，并且都设置 weight 值为 10。在这种情况下，将会发生如下场景。

在两个节点都启动 Keepalived 服务后，正常情况是 A 节点将成为集群中的 Master 节点，而 B 节点自动成为 Backup 节点。此时，将 A 节点的 MySQL 服务关闭，通过查看日志发现，B 节点没有接管 A 节点的日志，仍然处于 Backup 状态，而 A 节点依旧处于 Master 状态。在这种情况下，整个 HA 集群将失去意义。

下面分析产生这种情况的原因：这涉及 Keepalived 集群中主备角色的选举策略。下面总结在 Keepalived 中使用 vrrp_script 模块时整个集群角色的选举算法。由于 weight 值可以为正数，也可以为负数，因此它对优先级的动态调整直接影响节点的角色选举。

因此，要分两种情况进行说明。

1. weight 值为正数

在 vrrp_script 模块中，如果脚本检测成功，那么 Master 节点的权值将是 weight 值与 priority 值之和；如果脚本检测失效，那么 Master 节点的权值保持为 priority 值。

因此，切换策略如下。

当 Master 节点的 vrrp_script 脚本检测失败时，如果 Master 节点的 priority 值小于 Backup 节点的 weight 值与 priority 值之和，那么进行主备切换。

当 Master 节点的 vrrp_script 脚本检测成功时，如果 Master 节点的 weight 值与 priority 值之和大于 Backup 节点的 weight 值与 priority 值之和，那么 Master 节点依然为 Master 节点，不进行主备切换。

2. weight 值为负数

在 vrrp_script 模块中，如果脚本检测成功，那么 Master 节点的权值仍为 priority 值；如果脚本检测失败，那么 Master 节点的权值将是 priority 值与 weight 值之差。

因此，切换策略如下。

当 Master 节点的 vrrp_script 脚本检测失败时，如果 Master 节点的 priority 值与 weight 值之差小于 Backup 节点的 priority 值，那么进行主备切换。

当 Master 节点的 vrrp_script 脚本检测成功时，如果 Master 节点的 priority 值大于 Backup 节点的 priority 值，那么 Master 节点依然为 Master 节点，不进行主备切换。

在熟悉了 Keepalived 主备角色的选举策略后，再来分析一下前面的实例。由于 A、B 两个节点的 weight 值都为 10，因此符合选举策略的第一种情况。在 A 节点停止 MySQL 服务后，A 节点的脚本检测失败，此时 A 节点的权值将保持为 A 节点上设置的 priority 值，即 100，而 B 节点的权值将变为 weight 值与 priority 值之和，即 90（10+80）。这样 A 节点的权值仍然大于 B 节点的权值，因此不会进行主备切换。

对于 weight 值的设置,有一个简单的标准,即 weight 值的绝对值要大于 Master 和 Backup 节点的 priority 值之差。对于上面例子中的 A、B 两个节点,只要将 weight 值设置为大于 20 的数,即可保证集群正常运行和切换。由此可见,对于 weight 值的设置要非常谨慎,如果设置不当,则当 Master 节点发生故障时,将导致集群角色选举失败,使集群陷入瘫痪状态。

任务 4　利用 LVS + Keepalived 实现高可用的前端负载均衡器的实训案例

11.4.1　实训前的准备

前端负载均衡器的总体架构如图 11-1 所示。

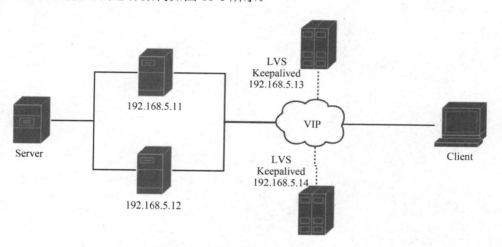

图 11-1　前端负载均衡器的总体架构

前端负载均衡器环境准备如表 11-1 所示。

表 11-1　前端负载均衡器环境准备

角色	主机	IP 地址	安装服务	操作系统
LVS Dir、Keepalived Master	node01	192.168.5.11	LVS、Keepalived 2.0.12	CentOS 7.8
LVS Dir、Keepalived Backup	node02	192.168.5.12	LVS、Keepalived 2.0.12	CentOS 7.8
NGINX Web server1、LVS RS	node03	192.168.5.13	NGINX 1.18.0	CentOS 7.8
NGINX Web server2、LVS RS	node04	192.168.5.14	NGINX 1.18.0	CentOS 7.8
Client	node05	192.168.5.15		CentOS 7.8

11.4.2　实训步骤

1. 配置前端 Keepalived + LVS

配置案例:

```
---node01
[root@node01 ~]# vim /etc/keepalived/keepalived.conf
! Configuration File for keepalived

global_defs {
   notification_email {
    acassen@firewall.loc
    failover@firewall.loc
    sysadmin@firewall.loc
   }
   notification_email_from Alexandre.Cassen@firewall.loc
   smtp_server 192.168.5.10
   smtp_connect_timeout 30
   router_id LVS_DEVEL1
}

vrrp_instance VI_1 {
    state MASTER
    interface ens33
    virtual_router_id 51
    priority 200
    advert_int 1
    authentication {
        auth_type PASS
        auth_pass 1111
    }
    virtual_ipaddress {
        192.168.5.20
    }
}

virtual_server 192.168.5.20 80 {
    delay_loop 6
    lb_algo rr
    lb_kind DR
    #persistence_timeout 50
    protocol TCP

    real_server 192.168.5.13 80 {
        weight 1
        TCP_CHECK {
            connect_timeout 3
            nb_get_retry 3
```

```
            delay_before_retry 3
            connect_port 80
        }
    }

    real_server 192.168.5.14 80 {
        weight 1
        TCP_CHECK {
            connect_timeout 3
            nb_get_retry 3
            delay_before_retry 3
            connect_port 80
        }
    }
}
[root@node01 ~]# systemctl restart keepalived.service

---node02
! Configuration File for keepalived

global_defs {
   notification_email {
     acassen@firewall.loc
     failover@firewall.loc
     sysadmin@firewall.loc
   }
   notification_email_from Alexandre.Cassen@firewall.loc
   smtp_server 192.168.5.10
   smtp_connect_timeout 30
   router_id LVS_DEVEL2
}

vrrp_instance VI_1 {
    state BACKUP
    interface ens33
    virtual_router_id 51
    priority 100
    advert_int 1
    authentication {
       auth_type PASS
       auth_pass 1111
    }
```

```
    virtual_ipaddress {
        192.168.5.20
    }
}

virtual_server 192.168.5.20 80 {
    delay_loop 6
    lb_algo rr
    lb_kind DR
    #persistence_timeout 50
    protocol TCP

    real_server 192.168.5.13 80 {
        weight 1
        TCP_CHECK {
            connect_timeout 3
            nb_get_retry 3
            delay_before_retry 3
            connect_port 80
        }
    }

    real_server 192.168.5.14 80 {
        weight 1
        TCP_CHECK {
            connect_timeout 3
            nb_get_retry 3
            delay_before_retry 3
            connect_port 80
        }
    }
}

[root@node02 ~]# systemctl restart keepalived.service
```

2. 配置后端 Web 服务

配置案例：

```
---node03
[root@node03 ~]# yum install nginx-1.18.0-1.el7.ngx.x86_64.rpm -y
[root@node03 ~]# echo "`hostname -I` web test page..." > /usr/share/
nginx/html/index.html
[root@node03 ~]# systemctl enable --now nginx
```

```
----node04
[root@node04 ~]# yum install nginx-1.18.0-1.el7.ngx.x86_64.rpm -y
[root@node04 ~]# echo "`hostname -I` web test page..." > /usr/share/
nginx/html/index.html
[root@node04 ~]# systemctl enable --now nginx
```

3. 配置后端 LVS

配置案例:

```
[root@node03 ~]# vim /etc/init.d/lvs_dr_rs
#!/bin/sh
#
# Startup script handle the initialisation of LVS
# chkconfig: - 28 72
# description: Initialise the Linux Virtual Server for DR
#
### BEGIN INIT INFO
# Provides: ipvsadm
# Required-Start: $local_fs $network $named
# Required-Stop: $local_fs $remote_fs $network
# Short-Description: Initialise the Linux Virtual Server
# Description: The Linux Virtual Server is a highly scalable and highly
#   available server built on a cluster of real servers, with the load
#   balancer running on Linux.
# description: start LVS of DR-RIP
LOCK=/var/lock/ipvsadm.lock
VIP=192.168.5.20
. /etc/rc.d/init.d/functions
start() {
PID=`ifconfig | grep lo:100 | wc -l`
if [ $PID -ne 0 ];
then
echo "The LVS-DR-RIP Server is already running !"
else
/sbin/ifconfig lo:100 $VIP netmask 255.255.255.255 broadcast $VIP up
/sbin/route add -host $VIP dev lo:100
echo "1" >/proc/sys/net/ipv4/conf/lo/arp_ignore
echo "2" >/proc/sys/net/ipv4/conf/lo/arp_announce
echo "1" >/proc/sys/net/ipv4/conf/ens33/arp_ignore
echo "2" >/proc/sys/net/ipv4/conf/ens33/arp_announce
echo "1" >/proc/sys/net/ipv4/conf/all/arp_ignore
echo "2" >/proc/sys/net/ipv4/conf/all/arp_announce
/bin/touch $LOCK
echo "starting LVS-DR-RIP server is ok !"
```

```
        fi
}

stop() {
        /sbin/route del -host $VIP dev lo:100
        /sbin/ifconfig lo:100 down >/dev/null
        echo "0" >/proc/sys/net/ipv4/conf/lo/arp_ignore
        echo "0" >/proc/sys/net/ipv4/conf/lo/arp_announce
        echo "0" >/proc/sys/net/ipv4/conf/ens33/arp_ignore
        echo "0" >/proc/sys/net/ipv4/conf/ens33/arp_announce
        echo "0" >/proc/sys/net/ipv4/conf/all/arp_ignore
        echo "0" >/proc/sys/net/ipv4/conf/all/arp_announce
        rm -rf $LOCK
        echo "stopping LVS-DR-RIP server is ok !"
}

status() {
    if [ -e $LOCK ];
    then
        echo "The LVS-DR-RIP Server is already running !"
    else
        echo "The LVS-DR-RIP Server is not running !"
    fi
}

case "$1" in
   start)
        start
        ;;
   stop)
        stop
        ;;
   restart)
        stop
        start
        ;;
   status)
        status
        ;;
   *)
        echo "Usage: $1 {start|stop|restart|status}"
        exit 1
esac
```

```
  exit 0

 [root@node03 ~]# chmod +x /etc/init.d/lvs_dr_rs
 [root@node03 ~]# chkconfig --add lvs_dr_rs
 [root@node03 ~]# chkconfig lvs_dr_rs on
 [root@node03 ~]# systemctl enable --now lvs_dr_rs


 ---node04
 [root@node04 ~]# vim /etc/init.d/lvs_dr_rs
 #!/bin/sh
 #
 # Startup script handle the initialisation of LVS
 # chkconfig: - 28 72
 # description: Initialise the Linux Virtual Server for DR
 #
 ### BEGIN INIT INFO
 # Provides: ipvsadm
 # Required-Start: $local_fs $network $named
 # Required-Stop: $local_fs $remote_fs $network
 # Short-Description: Initialise the Linux Virtual Server
 # Description: The Linux Virtual Server is a highly scalable and highly
 #   available server built on a cluster of real servers, with the load
 #   balancer running on Linux.
 # description: start LVS of DR-RIP
 LOCK=/var/lock/ipvsadm.lock
 VIP=192.168.5.20
 . /etc/rc.d/init.d/functions
 start() {
 PID=`ifconfig | grep lo:100 | wc -l`
 if [ $PID -ne 0 ];
 then
 echo "The LVS-DR-RIP Server is already running !"
 else
 /sbin/ifconfig lo:100 $VIP netmask 255.255.255.255 broadcast $VIP up
 /sbin/route add -host $VIP dev lo:100
 echo "1" >/proc/sys/net/ipv4/conf/lo/arp_ignore
 echo "2" >/proc/sys/net/ipv4/conf/lo/arp_announce
 echo "1" >/proc/sys/net/ipv4/conf/ens33/arp_ignore
 echo "2" >/proc/sys/net/ipv4/conf/ens33/arp_announce
 echo "1" >/proc/sys/net/ipv4/conf/all/arp_ignore
 echo "2" >/proc/sys/net/ipv4/conf/all/arp_announce
 /bin/touch $LOCK
```

```
echo "starting LVS-DR-RIP server is ok !"
fi
}

stop() {
        /sbin/route del -host $VIP dev lo:100
        /sbin/ifconfig lo:100 down >/dev/null
        echo "0" >/proc/sys/net/ipv4/conf/lo/arp_ignore
        echo "0" >/proc/sys/net/ipv4/conf/lo/arp_announce
        echo "0" >/proc/sys/net/ipv4/conf/ens33/arp_ignore
        echo "0" >/proc/sys/net/ipv4/conf/ens33/arp_announce
        echo "0" >/proc/sys/net/ipv4/conf/all/arp_ignore
        echo "0" >/proc/sys/net/ipv4/conf/all/arp_announce
        rm -rf $LOCK
        echo "stopping LVS-DR-RIP server is ok !"
}

status() {
    if [ -e $LOCK ];
    then
      echo "The LVS-DR-RIP Server is already running !"
    else
      echo "The LVS-DR-RIP Server is not running !"
    fi
}

case "$1" in
  start)
        start
        ;;
  stop)
        stop
        ;;
  restart)
        stop
        start
        ;;
  status)
        status
        ;;
  *)
        echo "Usage: $1 {start|stop|restart|status}"
        exit 1
```

```
esac
exit 0

[root@node04 ~]# chmod +x /etc/init.d/lvs_dr_rs
[root@node04 ~]# chkconfig --add lvs_dr_rs
[root@node04 ~]# chkconfig lvs_dr_rs on
[root@node04 ~]# systemctl enable --now lvs_dr_rs
```

4. 查看 LVS 集群

查看案例：

```
[root@node01 ~]# ipvsadm -ln
IP Virtual Server version 1.2.1 (size=4096)
Prot LocalAddress:Port Scheduler Flags
   -> RemoteAddress:Port         Forward Weight ActiveConn InActConn
  TCP 192.168.5.20:80 rr
   -> 192.168.5.13:80            Rout    1       0          0
   -> 192.168.5.14:80            Rout    1       0          0
[root@node01 ~]
```

客户端访问 VIP 案例：

```
[root@node05 ~]# for((i=1;i<=8;i++))
> do
> curl http://192.168.5.20
> done
192.168.5.14  web test page...
192.168.5.13  web test page...
192.168.5.14  web test page...
192.168.5.13  web test page...
192.168.5.14  web test page...
192.168.5.13  web test page...
192.168.5.14  web test page...
192.168.5.13  web test page...
[root@node05 ~]
```

11.4.3　实训测试

1. Keepalived 健康检查

动态监控 ipvsadm 案例：

```
Every 2.0s: ipvsadm -ln
IP Virtual Server version 1.2.1 (size=4096)
Prot LocalAddress:Port Scheduler Flags
   -> RemoteAddress:Port         Forward Weight ActiveConn InActConn
```

```
   TCP 192.168.5.20:80 rr
     -> 192.168.5.13:80         Rout   1      0          0
     -> 192.168.5.14:80         Rout   1      0          0
```

模拟后端服务故障案例：

```
[root@node04 ~]# systemctl stop nginx
Every 2.0s:  ipvsadm  -ln
IP Virtual Server version 1.2.1 (size=4096)
Prot LocalAddress:Port Scheduler Flags
   -> RemoteAddress:Port       Forward Weight ActiveConn InActConn
  TCP 192.168.5.20:80 rr
    -> 192.168.5.13:80         Rout   1      0          0
    -> 192.168.5.14:80         Rout   1      0          0
```

node05 节点访问 VIP 情况：

```
[root@node05 ~]# for((i=1;i<=8;i++)); do curl http://192.168.5.20; done
192.168.5.13  web test page...
192.168.5.13  web test page...
192.168.5.13  web test page...
192.168.5.13  web test page...
192.168.5.13  web test page...
192.168.5.13  web test page...
192.168.5.13  web test page...
192.168.5.13  web test page...
 [root@node05 ~]
```

后端故障恢复情况：

```
[root@node04 ~]# systemctl start nginx
Every 2.0s:  ipvsadm  -ln
IP Virtual Server version 1.2.1 (size=4096)
Prot LocalAddress:Port Scheduler Flags
   -> RemoteAddress:Port       Forward Weight ActiveConn InActConn
  TCP 192.168.5.20:80 rr
    -> 192.168.5.13:80         Rout   1      0          0
    -> 192.168.5.14:80         Rout   1      0          0
```

node05 节点访问 VIP 情况：

```
[root@node05 ~]# for((i=1;i<=8;i++)); do curl http://192.168.5.20; done
192.168.5.14  web test page...
192.168.5.13  web test page...
192.168.5.14  web test page...
192.168.5.13  web test page...
192.168.5.14  web test page...
```

```
192.168.5.13  web test page...
192.168.5.14  web test page...
192.168.5.13  web test page...
 [root@node05 ~]
```

Web 集群正常提供响应。

2. Keepalived Master/Backup 切换

查看 Keepalived IP 地址状况。

在 node01 节点中查看 Keepalived IP 地址状况：

```
[root@node01 ~]# ip a
1: lo: <LOOPBACK,IP,LOWER_UP> mtu 65536 qdisc noqueue stateUNKNOWN group
default qlen 1000
    link/loopback 00:00:00:00:00:00 brd 00:00:00:00:00:00
    inet 127.0.0.1/8 scope host lo
valid_lft forever preferred_lft forever
2: ens33: <BRORDCAST,MULTICAST,IP,LOWER_UP> mtu 1500 qdisc pfifo_fast state
UP group default qlen 1000
    link/ether  00:0c:29:aa:e8:91 brd ff:ff:ff:ff:ff:ff
    inet 192.168.5.11/24 brd 192.168.5.255 scope global noprefixroute ens33
valid_lft forever preferred_lft forever
inet 192.168.5.20/32 brd 192.168.5.255 scope global ens33
valid_lft forever preferred_lft forever
inet6 fe80::a3af:608d:a06a:9acf/64 scope link tentative noprefixroute
dadfailed
valid_lft forever preferred_lft forever
inet6 fe80::3c98:81db:e42e:3003/64 scope link tentative noprefixroute
dadfailed
valid_lft forever preferred_lft forever
inet6 fe80::ac32:caf6:c444:a235/64 scope link tentative noprefixroute
dadfailed
valid_lft forever preferred_lft forever
 [root@node01 ~]
```

在 node02 节点中查看 Keepalived IP 地址状况：

```
[root@node01 ~]# ip a
1: lo: <LOOPBACK,IP,LOWER_UP> mtu 65536 qdisc noqueue stateUNKNOWN group
default qlen 1000
    link/loopback 00:00:00:00:00:00 brd 00:00:00:00:00:00
    inet 127.0.0.1/8 scope host lo
     valid_lft forever preferred_lft forever
2: ens33: <BRORDCAST,MULTICAST,IP,LOWER_UP> mtu 1500 qdisc pfifo_fast state
UP group default qlen 1000
```

```
        link/ether  00:0c:29:aa:e8:91 brd ff:ff:ff:ff:ff:ff
        inet 192.168.5.12/24 brd 192.168.5.255 scope global noprefixroute ens33
           valid_lft forever preferred_lft forever
        inet6 fe80::a3af:608d:a06a:9acf/64 scope link tentative noprefixroute
dadfailed
            valid_lft forever preferred_lft forever
        inet6 fe80::3c98:81db:e42e:3003/64 scope link tentative noprefixroute
dadfailed
            valid_lft forever preferred_lft forever
        inet6 fe80::ac32:caf6:c444:a235/64 scope link tentative noprefixroute
dadfailed
            valid_lft forever preferred_lft forever
    [root@node02 ~]
```

模拟 Keepalived Master 发生故障：

```
    [root@node01 ~]# systemctl stop keepalived.service
```

在 node01 节点中模拟 Keepalived Master 发生故障：

```
    [root@node01 ~]# ip a
    1: lo: <LOOPBACK,IP,LOWER_UP> mtu 65536 qdisc noqueue stateUNKNOWN group
default qlen 1000
        link/loopback 00:00:00:00:00:00 brd 00:00:00:00:00:00
        inet 127.0.0.1/8 scope host lo
           valid_lft forever preferred_lft forever
    2: ens33: <BRORDCAST,MULTICAST,IP,LOWER_UP> mtu 1500 qdisc pfifo_fast state
UP group default qlen 1000
        link/ether  00:0c:29:aa:e8:91 brd ff:ff:ff:ff:ff:ff
        inet 192.168.5.11/24 brd 192.168.5.255 scope global noprefixroute ens33
           valid_lft forever preferred_lft forever
        inet6 fe80::a3af:608d:a06a:9acf/64 scope link tentative noprefixroute
dadfailed
            valid_lft forever preferred_lft forever
        inet6 fe80::3c98:81db:e42e:3003/64 scope link tentative noprefixroute
dadfailed
            valid_lft forever preferred_lft forever
        inet6 fe80::ac32:caf6:c444:a235/64 scope link tentative noprefixroute
dadfailed
            valid_lft forever preferred_lft forever
    [root@node01 ~]
```

在 node02 节点中模拟 Keepalived Master 发生故障：

```
    [root@node01 ~]# ip a
    1: lo: <LOOPBACK,IP,LOWER_UP> mtu 65536 qdisc noqueue stateUNKNOWN group
default qlen 1000
```

```
    link/loopback 00:00:00:00:00:00 brd 00:00:00:00:00:00
    inet 127.0.0.1/8 scope host lo
       valid_lft forever preferred_lft forever
 2: ens33: <BRORDCAST,MULTICAST,IP,LOWER_UP> mtu 1500 qdisc pfifo_fast state
UP group default qlen 1000
    link/ether  00:0c:29:aa:e8:91 brd ff:ff:ff:ff:ff:ff
    inet 192.168.5.12/24 brd 192.168.5.255 scope global noprefixroute ens33
       valid_lft forever preferred_lft forever
    inet 192.168.5.20/32 brd 192.168.5.255 scope global ens33
       valid_lft forever preferred_lft forever
    inet6 fe80::a3af:608d:a06a:9acf/64 scope link tentative noprefixroute
dadfailed
       valid_lft forever preferred_lft forever
    inet6 fe80::3c98:81db:e42e:3003/64 scope link tentative noprefixroute
dadfailed
       valid_lft forever preferred_lft forever
    inet6 fe80::ac32:caf6:c444:a235/64 scope link tentative noprefixroute
dadfailed
       valid_lft forever preferred_lft forever
 [root@node02 ~]
```

Web 服务访问不受影响，情况如下：

```
[root@node05 ~]# for((i=1;i<=12;i++)); do curl http://192.168.5.20; done
192.168.5.14  web test page...
192.168.5.13  web test page...
192.168.5.14  web test page...
192.168.5.13  web test page...
192.168.5.14  web test page...
192.168.5.13  web test page...
192.168.5.14  web test page...
192.168.5.13  web test page...
192.168.5.14  web test page...
192.168.5.13  web test page...
192.168.5.14  web test page...
192.168.5.13  web test page...
 [root@node05 ~]
```

模拟 Keepalived Master 故障恢复：

```
[root@node01 ~]# systemctl start keepalived.service
```

在 node01 节点中模拟 Keepalived Master 故障恢复：

```
[root@node01 ~]# ip a
 1: lo: <LOOPBACK,IP,LOWER_UP> mtu 65536 qdisc noqueue stateUNKNOWN group
default qlen 1000
    link/loopback 00:00:00:00:00:00 brd 00:00:00:00:00:00
```

```
     inet 127.0.0.1/8 scope host lo
        valid_lft forever preferred_lft forever
  2: ens33: <BRORDCAST,MULTICAST,IP,LOWER_UP> mtu 1500 qdisc pfifo_fast state
UP group default qlen 1000
     link/ether  00:0c:29:aa:e8:91 brd ff:ff:ff:ff:ff:ff
     inet 192.168.5.11/24 brd 192.168.5.255 scope global noprefixroute ens33
        valid_lft forever preferred_lft forever
     inet 192.168.5.20/32 brd 192.168.5.255 scope global ens33
        valid_lft forever preferred_lft forever
     inet6 fe80::a3af:608d:a06a:9acf/64 scope link tentative noprefixroute
dadfailed
        valid_lft forever preferred_lft forever
     inet6 fe80::3c98:81db:e42e:3003/64 scope link tentative noprefixroute
dadfailed
        valid_lft forever preferred_lft forever
     inet6 fe80::ac32:caf6:c444:a235/64 scope link tentative noprefixroute
dadfailed
        valid_lft forever preferred_lft forever
  [root@node01 ~]
```

在 node02 节点中模拟 Keepalived Master 故障恢复：

```
  [root@node01 ~]# ip a
  1: lo: <LOOPBACK,IP,LOWER_UP> mtu 65536 qdisc noqueue stateUNKNOWN group
default qlen 1000
     link/loopback 00:00:00:00:00:00 brd 00:00:00:00:00:00
     inet 127.0.0.1/8 scope host lo
        valid_lft forever preferred_lft forever
  2: ens33: <BRORDCAST,MULTICAST,IP,LOWER_UP> mtu 1500 qdisc pfifo_fast state
UP group default qlen 1000
     link/ether  00:0c:29:aa:e8:91 brd ff:ff:ff:ff:ff:ff
     inet 192.168.5.12/24 brd 192.168.5.255 scope global noprefixroute ens33
        valid_lft forever preferred_lft forever
     inet6 fe80::a3af:608d:a06a:9acf/64 scope link tentative noprefixroute
dadfailed
        valid_lft forever preferred_lft forever
     inet6 fe80::3c98:81db:e42e:3003/64 scope link tentative noprefixroute
dadfailed
        valid_lft forever preferred_lft forever
     inet6 fe80::ac32:caf6:c444:a235/64 scope link tentative noprefixroute
dadfailed
        valid_lft forever preferred_lft forever
  [root@node02 ~]
```

由此可知，Keepalived 最终实现了 VIP 漂移。

项目 12 千万级高并发负载均衡软件——HAProxy

项目导读

　　HAProxy 是一款开源、高性能、基于传输层（TCP）和应用层（HTTP）的负载均衡软件。使用 HAProxy 可以快速、可靠地提供基于 TCP 和 HTTP 应用的负载均衡解决方案。

　　使用类似于 HAProxy Enterprise 这样强大的负载均衡器，用户能够通过定义额外的功能来验证传入的流量，并快速做出决策。例如，控制其他用户对各种端点的访问，将非 HTTPS 流量重定向到 HTTPS，并检测和阻止不法行为；定义添加 HTTP 标头、更改 URL 或重定向用户的条件。

学习目标

- 了解 HAProxy
- 了解 HAProxy 集群软件的工作原理
- 了解 HAProxy 与 LVS 的区别

能力目标

- 掌握 HAProxy 的基础配置方法
- 掌握基于虚拟主机的 HAProxy 负载均衡虚拟系统的配置方法
- 掌握使用 HAProxy+Keepalived 实现 Web 服务器负载均衡的方法

相关知识

任务 1 HAProxy

12.1.1 HAProxy 简介

　　作为一款专业的负载均衡软件，HAProxy 具有极高的可靠性和稳定性，与硬件级的 F5 负载均衡设备不相上下。它每单位时间内能够处理 20 000 个请求，最高可以同时维护 40 000～50 000 个并发连接，并具备高达 10Gbit/s 的最大数据处理能力。作为软件级别的负载均衡软件，HAProxy 表现优异。它支持超过 8 种负载均衡算法，也支持会话保持。此外，它还提供虚拟主机功能，使 Web 负载均衡更加灵活。

HAProxy 1.3 之后的版本引入了连接拒绝、全透明代理等功能，而其他负载均衡器无法提供这些功能。HAProxy 拥有一个功能强大的服务器状态监控页面，可以实时了解系统的运行状况。HAProxy 拥有功能强大的 ACL 支持，为用户带来了很大的便利。HAProxy 利用操作系统的技术特性来实现性能最大化，因此在使用 HAProxy 时，将操作系统性能调优至关重要。在业务系统方面，HAProxy 适用于具有特别大并发量、需要持久连接或七层处理机制的 Web 系统，如门户网站或电商网站。另外，HAProxy 也适用于 MySQL 数据库（读操作）的负载均衡。

12.1.2　四层负载均衡与七层负载均衡的区别

在 OSI 七层模型中，从下往上进行分析，传输层属于第四层，应用层属于第七层。四层负载均衡是基于 IP 地址和端口号来分发流量的，依赖于分析 IP 层（第三层）和传输层（第四层）的流量。常见的基于传输层的负载均衡器有 LVS、F5 等。七层负载均衡是基于 Web 请求、URL 等应用信息实现负载均衡的。

以常见的 TCP 为例，当采用四层负载均衡进行转发时，负载均衡设备在接收到第一个来自客户端的 SYN 请求时，会基于上方介绍四层负载均衡和七层负载均衡的原理选择一个最佳的服务器，并修改报文中的目标 IP 地址（将其改为后端服务器 IP 地址），并将请求转发给该服务器。TCP 的连接建立，即三次握手是客户端和服务器之间直接建立的，负载均衡设备仅起到路由器的转发作用。

在使用七层负载均衡代理时，如果负载均衡设备需要根据应用层内容选择服务器，则必须先使用代理建立服务器和客户端之间的连接（进行 TCP 三次握手）。这样，负载均衡设备才能接收客户端发送的真实应用层内容报文，并根据报文中的特定字段及负载均衡设备设置的服务器选择方式，确定最终选择的内部服务器。在这种情况下，负载均衡设备更类似于代理服务器。负载均衡会分别与前端的客户端及后端的服务器建立 TCP 连接。

因此，从技术原理上看，七层负载均衡明显对负载均衡设备的要求更高，处理七层的能力也必然会低于四层模式的部署方式。

12.1.3　HAProxy 与 LVS 的异同

在 Linux 系统中，LVS 和 HAProxy 都为集群提供负载均衡功能，是非常优秀的负载均衡软件。它们具有独特的优势，但也存在着较大差异。

LVS 的特点如下。

（1）四层负载均衡软件。

（2）并发能力非常强，并发数量可达几十万，远远超过 HAProxy。

（3）支持 TCP、UDP 协议等的负载调度。

（4）在 DR（Direct Routing，直接路由）模式下，数据返回客户端不经过 LVS，效率更高。

（5）经过改良后的 FULLNAT 模式是进入和返回分离的集群模式，其并发数量可达百万。

（6）仅适用于大并发场景下的七层负载（负责 HTTP 处理），在此之前需要进行首次四层负载调度（负责 TCP 调度）。

HAProxy 的特点如下。

（1）四层、七层负载均衡软件。

（2）不仅支持 TCP 等四层负载，还支持 HTTP 等七层负载。

（3）并发性能不如 LVS。

（4）数据经过负载均衡器来回传输，因此效率略有降低。

（5）对于流量并发不大的网站，使用 HAProxy 就够了，无须使用 LVS。

由此可知，HAProxy 和 LVS 各有优缺点，没有绝对的优劣之分。在选择负载均衡器时，应先根据实际应用环境进行分析，再做出决定。

任务 2　HAProxy 基础配置与应用实例

12.2.1　快速安装 HAProxy 集群软件

快速安装 HAProxy 集群软件包括以下几个步骤。

（1）从 HAProxy 官网下载 HAProxy 源码包。

（2）使用源码编译方式安装源码包，相应命令如下。

```
[root@localhost ~]# tar zxvf haproxy-1.8.13.tar.gz
[root@localhost ~]# cd haproxy-1.8.13/
[root@localhost haproxy-1.8.13]# make TARGET=linux31
####这里需要使用uname -r命令查看系统版本。
CentOS 6.X需要使用TARGET=linux26命令，CentOS 7.x需要使用linux31命令####
[root@localhost haproxy-1.8.13]# uname -r    #查询系统内核版本
3.10.0-862.el7.x86_64

[root@localhost haproxy-1.8.13]# make install PREFIX=/usr/local/haproxy
[root@localhost haproxy-1.8.13]# mkdir /usr/local/haproxy/conf
[root@localhost haproxy-1.8.13]# cp examples/option-http_proxy.cfg
/usr/local/haproxy/conf/haproxy.cfg
```

（3）启动 HAProxy。

```
[root@localhost ~]# /usr/local/haproxy/sbin/haproxy -f /usr/local/haproxy/
conf/haproxy.cfg
```

12.2.2　HAProxy 基础配置文件详解

根据功能和用途不同，HAProxy 配置文件主要由 5 部分组成，但有些部分不是必需的。读者可以根据需要选择相应的部分进行配置。

（1）global 部分。

此部分用于设置全局配置参数，属于进程级配置，通常与操作系统配置相关。

（2）defaults 部分。

此部分是默认参数配置部分。在此部分设置的参数值，会默认自动引用到后面的 frontend、backend 和 listen 部分中。因此，如果某些参数属于公共配置，那么只需在 defaults 部分添加一次即可。如果在 frontend、backend 和 listen 部分中也配置了与 defaults 部分一样的参数，那么这些参数将会覆盖 defaults 部分参数对应的值。

（3）frontend 部分。

此部分用于设置接收用户请求的前端虚拟节点。frontend 和 backend 是在 HAProxy 1.3 版本之后引入组件的。通过引入这些组件，在很大程度上简化了 HAProxy 配置文件的复杂性。frontend 可以根据 ACL 规则直接指定要使用的后端。

（4）backend 部分。

此部分用于设置集群的后端服务集群，即通过添加一组真实服务器来处理前端用户的请求。添加的真实服务器类似于 LVS 中的 real server 节点。

（5）listen 部分。

此部分是 frontend 部分和 backend 部分的结合。在 HAProxy 1.3 版本之前，HAProxy 的所有配置选项都在这个部分中进行设置。为了保持兼容性，HAProxy 新的版本仍然保留了 listen 组件的配置方式。目前，在 HAProxy 中，用户可以任选其中一种配置方式。

下面对各部分进行详细说明。

```
global
log 127.0.0.1 local0 info maxconn 4096
user nobody
group nobody
daemon
nbproc 1
pidfile /usr/local/haproxy/logs/haproxy.pid
```

global 部分中各个参数的含义如下。

（1）log：全局日志配置，其中 local0 表示日志设备，info 表示日志级别。日志级别包括 err、warning、info、debug 这 4 种。上述配置表示使用 127.0.0.1 上 rsyslog 服务中的 local0 日志设备，日志级别为 info。

（2）maxconn：用于设置每个 HAProxy 进程可接受的最大并发连接数。此参数类似于 Linux 系统命令行的 "ulimit -n" 选项。

（3）user、group：用于设置运行 HAProxy 进程的用户和组，可以使用用户和组的 UID 和 GID 值来替代。

（4）daemon：用于设置 HAProxy 进程在后台的运行模式。这是推荐的运行模式。

（5）nbproc：用于设置 HAProxy 启动时可创建的进程数。此参数要求将 HAProxy 运行模式设置为 "daemon"，默认只启动一个进程。根据使用经验，该值应该小于服务器的 CPU 核数。创建多个进程可以减少每个进程的任务队列，但是过多的进程可能会导致进程崩溃。

（6）pidfile：用于设置 HAProxy 进程的 pid 文件。启动 HAProxy 进程的用户必须具有访问此文件的权限。

```
defaults
mode http
retries 3
timeout connect 10s
timeout client 20s
timeout server 30s
timeout check 5s
```

defaults 部分中各参数的含义如下。

（1）mode：用于设置 HAProxy 实例默认的运行模式，包括 tcp、http、health 这 3 个可选值。在 tcp 运行模式下，客户端和服务器端之间将建立一个全双工连接，不会对七层报文进行任何类型的检查。tcp 运行模式是默认的运行模式，经常用于 SSL、SSH、SMTP 等应用。在 http 运行模式下，客户端请求在转发至后端服务器之前将经过深度分析，所有不符合 RFC 格式的请求都会被拒绝。health 运行模式目前已经基本废弃。

（2）retries：用于设置连接后端服务器时的失败重试次数。如果连接失败的重试次数超过此值，则 HAProxy 会将对应的后端服务器标记为不可用。此参数也可在后面部分进行设置。

（3）timeout connect：用于设置成功连接到一台服务器的最长等待时间，默认单位是 ms，也可以使用其他时间单位。

（4）timeout client：用于设置连接客户端在发送数据时的最长等待时间，默认单位是 ms，也可以使用其他时间单位。

（5）timeout server：用于设置服务器端在收到客户端数据后回应的最长等待时间，默认单位是 ms，也可以使用其他时间单位。

（6）timeout check：用于设置对后端服务器的检测超时时间，默认单位是 ms，也可以使用其他时间单位。

```
frontend www
bind *:80
mode      http
option    httplog
option    forwardfor
option    httpclose
log global
default_backend htmpool
```

frontend 部分中各参数的含义如下，其中省略重复参数的介绍。

（1）bind：此参数只能在 frontend 和 listen 部分进行定义，用于设置一个或多个监听的套接字。bind 参数的使用格式为"bind [<address>:<port_range>] interface <interface>"。其中，address 为可选选项，其可以为主机名或 IP 地址。如果将 address 设置为"*"或"0.0.0.0"，

那么将监听当前系统中的所有 IPv4 地址。port_range 可以是一个特定的 TCP 端口，也可以是一个端口范围。小于 1024 的端口只有具有特定权限的用户才能使用。interface 为可选选项，用于指定网络接口的名称，仅适用于 Linux 系统。

（2）option httplog：在默认情况下，HAProxy 日志不记录 HTTP 请求，这样会给排查和监控 HAProxy 带来不便。通过此参数可以启用记录 HTTP 请求的日志。

（3）option forwardfor：如果后端服务器需要获取客户端的真实 IP 地址，则需要配置此参数。由于 HAProxy 工作于反向代理模式，因此发往后端真实服务器的请求中的客户端 IP 地址均为 HAProxy 主机的 IP 地址，而非真正访问客户端的 IP 地址。这会导致真实服务器端无法记录客户端真正请求来源的 IP 地址。然而，"X-Forwarded-For"可以用于解决此问题。通过使用"forwardfor"值，HAProxy 可以向每个发往后端真实服务器的请求中添加"X-Forwarded-For"记录，这样后端真实服务器的日志可以通过"X-Forwarded-For"信息来记录客户端真正请求来源的 IP 地址。

（4）option httpclose：在客户端和服务器端完成一次连接请求后，HAProxy 将主动关闭此 TCP 连接。这个参数对性能非常有帮助。

（5）log global：使用全局日志配置，其中 global 表示引用在 HAProxy 配置文件的 global 部分中定义的 log 参数配置格式。

（6）default_backend：用于设置默认的后端服务器池，即一组真实的后端服务器。这些真实的服务器将在 backend 部分中进行定义。其中，htmpool 表示一个后端服务器组。

```
backend htmpool
mode        http
option      redispatch
option      abortonclose
balance     roundrobin
cookie      SERVERID
option      httpchk GET /index.php
server      web1 10.200.34.181:80    cookie server1 weight 6 check inter 2000
rise 2 fall 3
server      web2 10.200.34.182:8080   cookie server2 weight 6 check inter 2000
rise 2 fall 3
```

backend 部分中各参数的含义如下，其中省略重复参数的介绍。

（1）option redispatch：适用于使用 cookie 保持的环境中。在默认情况下，HAProxy 会将请求的后端服务器的 SERVERID 插入 cookie，以确保会话 SESSION 的持久性。如果后端服务器出现故障，客户端的 cookie 不会刷新，那么会出现问题。此时，如果设置此参数，就会将客户的请求强制定向到另外一个健康的后端服务器上，以保证服务的正常。

（2）option abortonclose：如果设置了此参数，则可以在服务器负载很高的情况下，自动结束当前队列中处理时间比较长的链接。

（3）balance：用于设置负载均衡算法。目前，HAProxy 支持多种负载均衡算法，常用的有如下几种。

① roundrobin：它是基于权重进行轮询调度的算法。在服务器的性能分布比较均匀时，

这是一种较为公平、合理的算法。此算法经常被使用。

② static-rr：它也是基于权重进行轮询调度的算法。此算法为静态方法，在运行时调整其服务器权重不会生效。

③ source：它是基于请求源 IP 地址的算法。此算法先对请求的源 IP 地址进行 hash 运算，再将结果与后端服务器的权重总数相除，并将相除结果转发至某台匹配的后端服务器。这种方式可以确保来自同一个客户端 IP 地址的请求始终被转发到特定的后端服务器。

④ leastconn：将新的连接请求转发到具有最少连接数的后端服务器。此算法适用于会话时间较长的场景（如数据库负载均衡等），不适用于会话时间较短的场景（如基于 HTTP 的应用）。

⑤ uri：首先对部分或整个 URL 进行 hash 运算，然后将结果与服务器的总权重相除，最后将相除结果转发至某台匹配的后端服务器。

⑥ uri_param：根据 URL 路径中的参数进行转发，这样可确保在后端真实服务器数量不变时，同一个用户的请求始终被分发到同一台机器上。

⑦ hdr(<name>)：根据 HTTP 头进行转发，如果指定的 HTTP 头名称不存在，则使用 roundrobin 算法进行策略转发。

（4）cookie：允许向 cookie 插入 SERVERID，每台服务器的 SERVERID 可在下面的 server 关键字中使用 cookie 关键字进行定义。

（5）option httpchk：启用 HTTP 的服务状态检测功能。HAProxy 作为一款专业的负载均衡软件，它支持对 backend 部分指定的后端服务节点进行健康检查，以确保在后端 backend 中的某个节点无法服务时，能够将来自 frontend 端的客户端请求分配至 backend 中的其他健康节点，从而保证整体服务的可用性。option httpchk 的使用格式为 "option httpchk <method> <uri> <version>"，其中各参数的含义如下。

① method：HTTP 请求的方式，常用的方式包括 OPTIONS、GET、HEAD。一般的健康检查可以采用 HEAD 方式进行，而不是采用 GET 方式。这是因为 HEAD 方式不返回数据，仅检查 Response 的头部状态是不是 200。因此，相较于 GET 方式，HEAD 方式更加快速、简洁。

② uri：需要检测的 URL 地址。通过执行此 URL，可以获取后端服务器的运行状态。在正常情况下，将返回状态码 200，若返回其他状态码，则为异常状态。

③ version：指定在进行心跳检测时 HTTP 的版本号。

（6）server：用于设置多个后端真实服务器，不适用于 defaults 和 frontend 部分。它的使用格式为 "server <name> <address>[:port] [param*]"。

（7）cookie：为指定的后端服务器设置 cookie 值，此处指定的值将在请求入站时被检查。

（8）check：对此后端服务器执行健康状态检查。

（9）inter：用于设置健康状态检查的时间间隔，单位为 ms。

（10）rise：用于设置从故障状态转换至正常状态需要成功检查的次数。例如，"rise 2" 表示 2 次检查正确就认为此服务器可用。

（11）fall：用于设置后端服务器从正常状态转换为不可用状态需要检查的次数。例如，"fall 3" 表示 3 次检查失败就认为此服务器不可用。

```
listen admin_stats
bind 0.0.0.0:9188
mode http
log 127.0.0.1
local0 err stats
refresh 30s
stats uri /haproxy-status
stats realm welcome login\ Haproxy
stats auth admin:admin123
stats hide-version
stats admin if TRUE
```

listen 部分中各参数的含义如下，其中省略重复参数的介绍。

这个部分通过 listen 关键字定义了一个名为 admin_stats 的实例，即一个 HAProxy 监控页面。

（1）refresh：用于设置 HAProxy 监控统计页面的自动刷新时间。

（2）stats uri：用于设置 HAProxy 监控统计页面的 URL 路径，可以随意指定。

（3）stats realm：用于设置登录 HAProxy 监控统计页面时密码框上的文本提示信息。

（4）stats auth：用于设置登录 HAProxy 监控统计页面的用户名和密码。用户名和密码使用冒号进行分隔。用户可以为监控页面设置多个用户名和密码，每行一个。

（5）stats hide-version：用于隐藏 HAProxy 监控统计页面上 HAProxy 的版本信息。

（6）stats admin if TRUE：通过设置此参数，可以在 HAProxy 监控统计页面上手动启用或禁用后端真实服务器。此功能仅适用于 HAProxy 1.4.9 及更高版本。

12.2.3 HAProxy 的日志配置策略

（1）修改 HAProxy 配置，配置代码案例如下：

```
global
    maxconn  10000
chroot /usr/local/haproxy
stats socket  /var/run/haproxy.state mode 600 level admin
log  127.0.0.1 local2 info
user  haproxy
group  haproxy
daemon
pidfile /var/run/haproxy/haproxy.pid

defaults
 option httplog
 log global
maxconn 100000
mode http
timeout connect300000ms
```

```
    timeout client300000ms
    timeout server300000ms
        timeout http-keep-alive 20000ms
        timeout queue 15s
        timeout tunnel 4h
listen stats
mode http
        log 127.0.0.1 local2 err
bind 0.0.0.0:1088
stats enable
log global
        stats uri /haproxy-status
        stats auth luadmid:123456


listen app1
bind :80
server web1 192.168.150.12:80
server web2 192.168.150.13:80


listen web_port
bind 192.168.150.11:80
mode http
log global
balance roundrobin
server web1 127.0.0.1:8080  check inter 3000 fall 2 rise 5
```

（2）将 rsyslog.conf 配置修改为如下内容。

```
#vim /etc/rsyslog.conf     #去掉以下两列注释
$ModLoad imudp
$UDPServerRun 514
```

添加如下内容：

```
# Save haproxy messages also to haproxy.log
local2.*         /var/log/haproxy.log
```

（3）启动服务指令。

```
#systemctl restart haproxy.service  rsyslog
```

（4）查看生成的日志指令。

```
# tail /var/log/haproxy.log
```

12.2.4　通过 HAProxy 的 ACL 规则实现智能负载均衡

ACL（Access Control List，访问控制列表）在 HAProxy 中具有多种匹配条件和控制条件，功能很强大，可以通过源地址、源端口、目标地址、目标端口、请求的资源类型、请求的主机等进行匹配。

以下为 ACL 的规则解析。

ACL 格式如下：

```
acl <aclname> <criterion> [flags] [operator] [<value>]
```

（1）aclname：用于自定义 ACL 的名称，必填项，只能包含大小写字母、数字、"-"、"_"、"."和":"。

（2）criterion：用于设置需要检查的数据或内容，如 USERAGENT 首部的值。criterion 常用的参数如下。

① src ip：源 IP 地址。

② src_port：integer 源端口。

③ dst ip：目标 IP 地址。

④ dst_port：integer 目标端口。

（3）flags：用于定义控制条件，如是否区分字符大小写等。flags 的可选参数如下。

① -i：不区分字符大小写。

② -m：启用特定的匹配方式，一般不常使用。

③ -n：禁止 DNS 反向解析。

④ -u：不允许 aclname 重复。在默认情况下，允许使用重名的名称，当两个 ACL 的名称相同时，将采用"或"逻辑运算。

（4）operator：用于判断匹配条件，与<criterion>进行比较的条件。

① 匹配整数值时的比较条件：eq、ge、gt、le、lt。

② 匹配字符串时的比较条件：str、beg、end、sub、reg。

（5）value：访问控制的具体内容或值。value 的类型如下。

① boolean：布尔值。

② integer or integer range：整数或整数范围。

③ IP address/network：网络地址。

④ string(exact, substring, suffix, prefix, subdir, domain)：字符串。

⑤ regular expression：正则表达式。

⑥ hex block：十六进制块。

上面的指令和参数用于设置或定义 ACL 的匹配条件。ACL 仅仅只是对匹配条件进行分类归纳，而不进行处理。若要对定义好的 ACL 规则进行处理，则需要使用下面的参数进行设置。

（1）当符合指定的条件时使用特定的 backend，格式如下：

```
use_backend <backend> [{if | unless} <condition>] #Switch to a specific backend
if/unless an ACL-based condition is matched
```

其中，<backend>表示设置的 backend 名，if 和 unless 表示判断条件，<condition>表示比较的对象，可以是 ACL 规则。需要注意的是，在 if 和 unless 后面可以接两个 ACL，默认表示当同时满足这两个 ACL 时，才执行 use_backend。

（2）根据 ACL 匹配条件来决定是否允许应用层的请求，格式如下：

```
block { if | unless } <condition> #Block a layer 7 request if/unless a condition
is matched
```

例如：

```
# ACL 匹配条件是源地址为 192.18.29.101，ACL 名为 invalid_src
acl invalid_src src 192.18.29.101
block if invalid_src              # 拒绝名为 invalid_src 的 ACL 匹配条件
errorfile 403 /etc/fstab          # 定义错误页
```

（3）配置应用层的请求访问控制。与 block 阻塞不同，http-request 更灵活，可以实现黑白名单控制。此功能仅适用 mode http，格式如下：

```
http-request { allow | deny } [ { if | unless } <condition> ]
```

（4）配置传输层的请求访问控制，格式如下：

```
tcp-request connection {accept|reject} [{if | unless} <condition>]
```

例如：

```
listen ssh
bind :22022
balance leastconn
acl invalid_src src 172.16.200.2              #定义 ACL 匹配规则
#在传输层拒绝名为 invalid_src 的 ACL 匹配规则
tcp-request connection reject if invalid_src
mode tcp
server sshsrv1 172.16.100.6:22 check
server sshsrv2 172.16.100.7:22 check
```

以下为两个 ACL 示例。

需要注意的是，ACL 关键字可以在 frontend、listen、backend 部分中使用，但不可以在 default 部分中使用。

例 1：设置 HAProxy 状态页，仅允许特定 IP 地址访问，设置如下。

```
listen stats                          #定义名称
    bind *:9099                       #监听 9099 端口
    #匹配名为 sta 且源 IP 地址为 192.168.29.1 的 ACL 匹配规则
    acl sta src 192.168.29.1
    block if ! sta                    #阻断所有不符合 sta 规则的条件，!表示非
    stats enable                      #启用 HAProxy 状态页
    stats uri /myhaproxy?admin        #自定义 HAProxy 状态页的 URI
    stats realm "Hello World"
    stats auth admin:admin            #设置 HAProxy 状态页的登录账号和密码
```

设置成功后可以发现，其他 IP 地址的主机不能成功访问 HAProxy 状态页。

例 2：不使用 block，而使用 http-request 来实现例 1 的效果。

在未设置访问规则限制时，当使用 IP 地址为 192.168.29.104 的主机访问 HAProxy 状态页时，会提示 401 错误。但是，我们可以通过输入正确的账号和密码实现成功访问，方法为：

```
curl --basic -u admin:admin http://192.168.29.101:9099/myhaproxy?admin
```

因为只验证了账号，所以使用 IP 地址为 192.168.29.104 的主机也可以访问 HAProxy 状态页，并没有限制。

继续添加以下限制：

```
listen stats #定义名称
        bind *:9099 #监听 9099 端口
        acl sta src 192.168.29.1 #匹配名为 sta 且源 IP 地址为 192.168.29.1 的 ACL 匹配规则
        http-request deny unless sta #拒绝除符合 sta 规则以外的规则访问
        stats enable #启用 stats 页
        stats uri /myhaproxy?admin #自定义 stats 页面 URI
        stats realm "Hello World"
        stats auth admin:admin #设置 HAProxy 状态页的登录账号和密码
```

在添加完以上限制后，使用 IP 地址为 192.168.29.104 的主机访问 HAProxy 状态页，会提示 403 错误，而 IP 地址为 192.168.29.1 的主机可以访问该网页，这意味着 ACL 规则已生效，HAProxy 会根据请求的结尾来判断负载均衡规则。

通过上面两个 ACL 示例，我们可以初步领略到 HAProxy 具有智能的负载均衡功能。

任务 3　基于虚拟主机的 HAProxy 负载均衡系统配置实例

12.3.1　通过 HAProxy 的 ACL 规则配置虚拟主机

在七层 ACL 规则匹配中，常用的参数是 path。该参数用于进行 URL 规则匹配。path 参数包括以下参数。

（1）path：精确匹配。

（2）path_beg：匹配字符串开头的所有内容。

（3）path_dir：子路径匹配。

（4）path_dom：检查路径中是否包含指定的路径段。

（5）path_end：匹配字符串结尾的所有内容。

（6）path_len：字符串长度匹配。

（7）path_reg：正则表达式匹配。

（8）path_sub：域名子串匹配。

下面举一个使用 path 参数的具体例子。选择两台主机，安装 NGINX，并使用 NGINX 虚拟出 4 台主机，其中 2 台主机用于处理图片请求，另外 2 台主机用于处理文本请求。通过使用 HAProxy 负载均衡来实现 ACL 控制机制。ACL 控制机制如图 12-1 所示。

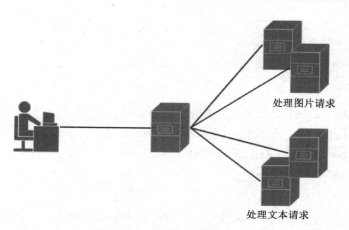

图 12-1　ACL 控制机制

在 192.168.29.102 主机上添加监听 8080 端口的虚拟主机（已安装 NGINX），并在 NGINX 的主配置中添加如下信息：

```
server {
    listen       8080 default_server;
    listen       [::]:8080 default_server;
    server_name  _;
    #修改路径，尽量避免使用默认路径，以模拟两台不同物理机的效果
    root         /usr/share/nginx/html/test;

    # Load configuration files for the default server block.
    include /etc/nginx/default.d/*.conf;

    location / {
    }

    error_page 404 /404.html;
        location = /40x.html {
    }

    error_page 500 502 503 504 /50x.html;
        location = /50x.html {
    }
}
```

（1）在 8080 端口主机的 root 目录下创建文件 static.txt，内容为 static 1；在 80 端口（默认不显示端口号）主机的 root 目录下创建文件 static.txt，内容为 static 2。重新启动 NGINX 服务，并确保能够正确访问这两台主机，如图 12-2 和图 12-3 所示。

← → C	① 不安全 | 192.168.29.102:8080/static.txt
static 1	

图 12-2　static 1

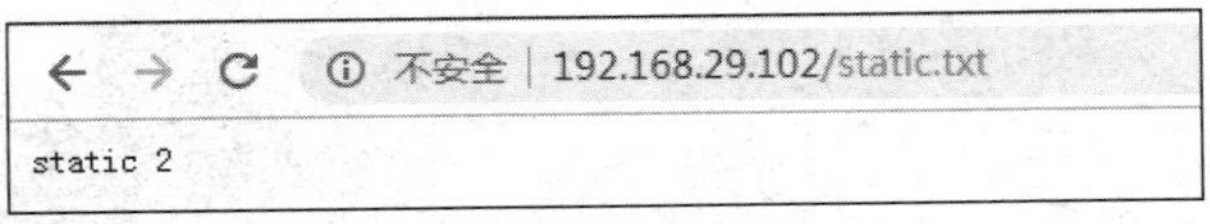

图 12-3   static 2

参照上述方法，在 192.168.29.103 主机上分别创建监听 80 和 8080 端口的虚拟主机，并在根目录下创建图片文件，确保能够正常访问。

（2）在 192.168.29.101 主机上配置 HAProxy。

```
frontend myweb
        bind *:80
        acl image path_end .png          #匹配以.png 结尾的 path 规则
        acl txt path_end .txt            #匹配以.txt 结尾的 path 规则
        use_backend imagesv if image     #将 image 规则负载均衡至服务器组 imagesv
        use_backend txtsv if txt         #将 txt 规则负载均衡至服务器组 txtsv
        default_backend app              #默认组，当没有匹配时，负载均衡至此

backend imagesv
        balance roundrobin
        server image1 192.168.29.103:80 check
        server image2 192.168.29.103:8080 check

backend txtsv
        balance roundrobin
        server txt1 192.168.29.102:80 check
        server txt2 192.168.29.102:8080 check

backend app
        balance leastconn
        cookie server insert  nocache
        server app1 192.168.29.102:80 check cookie svr1
        server app2 192.168.29.103:80 check cookie svr2
```

（3）在配置完后，重新启动 HAProxy，分别访问 192.168.29.101/image.png 和 192.168.29.101/static.txt，并刷新页面，此时 image 图片与 static 2 文件交替显示。

12.3.2　测试 HAProxy 以实现虚拟主机和负载均衡功能

本实例主要实现的功能如下。

当用户访问 www.**.com 或 **.com 时，HAProxy 会将网站请求转发至电商服务器集群；当用户访问 bbs.**.com 时，HAProxy 会将网站请求转发至论坛集群，实现论坛负载均衡；当用户访问 blog.**.com 时，HAProxy 会将网站请求转发至博客服务器集群，实现博客集群的负载均衡。除了上述 3 种请求，HAProxy 会将其他网站请求转发至默认的服务器集群。

以下是配置方式。

```
global
log 127.0.0.1 local0 info
maxconn 4096
user nobody
group nobody
daemon
nbproc 1
pidfile /usr/local/haproxy/logs/haproxy.pid

defaults
mode http
retries 3
timeout connect 5s
timeout client 30s
timeout server 30s
timeout check 2s

listen admin_stats

bind 0.0.0.0:19088
mode http
log 127.0.0.1 local0 err
stats refresh 30s
stats uri /haproxy-status
stats realm welcome login\ Haproxy
stats auth admin:xxxxx
stats auth admin1:xxxxx
stats hide-version
stats admin if TRUE


frontend www
bind *:80
mode http
option httplog
option forwardfor
log global
acl host_www hdr_reg(host) -i ^(www.**.com|**.com)
acl host_www hdr_dom(host) -i bbs.**.com
acl host_blog hdr_beg(host) -i blog.
use_backend server_www if host_www
use_backend server_bbs if host_bbs
use_backend server_app if host_blog
default_backend server_default
backend server_default
mode http
```

```
    option redispatch
    option abortonclose
    blance roundrobin
    cookie SERVERID
    option httpchk GET /check_status.html
    server default1 192.168.88.90:8000 cookie default1 weight 3 check inter 2000
rise 2 fall 3server default2 192.168.88.91:8000 cookie default2 weight 3 check
inter 2000 rise 2 fall 3
    backend server_www
    mode http
    option redispatch
    option abortonclose
    balance source
    cookie SERVERIDoption httpchk GET /check_status.jsp
    server www1 192.168.88.80:80 cookie www1 weight 6 check inter 2000 rise 2 fall 3
    server www2 192.168.88.81:80 cookie www2 weight 6 check inter 2000 rise 2 fall
3server www3 192.168.88.82:80 cookie www3 weight 6 check inter 2000 rise 2 fall 3

    backend server_bbs
    mode http
    option redispatch
    option abortonclose
    balance source
    cookie SERVERIDoption httpchk GET /check_status.php
    server bbs1 192.168.88.81:8080 cookie bbs1 weight 8 check inter 2000 rise 2
fall 3server bbs2 192.168.88.82:8090 cookie bbs2 weight 8 check inter 2000 rise
2 fall 3

    backend server_blog
    mode http
    option redispatch
    option abortonclose
    balance source
    cookie SERVERIDoption httpchk GET /check_status.php
    server blog1 192.168.88.85:80 cookie blog1 weight 5 check inter 2000 rise 2 fall 3
    server blog2 192.168.88.86:80 cookie blog2 weight 5 check inter 2000 rise 2 fall 3
```

需要重点注意的是，frontend 部分中关于 ACL 配置部分是实现虚拟主机的核心配置部分。另外，上述配置中定义了 server_www、server_bbs、server_blog、server_default 和 4 个个人服务器集群。对于 server_www 群和 server_bbs 群，采用了基于 IP 地址的负载均衡算法；对于 server_blog 群和 server_default 群，采用了基于权重进行轮询的调度算法。由于每个 backend 部分中都定义了 httpchk 的检测方式，因此必须保证这里定义的 URL 都是可以访问的。

为了验证负载均衡的功能，需要对后端真实服务器进行标记。这个架构（server_blog 群和 server_default 群）共包含了 9 台真实的后端服务器，共分为 4 组。这里将设置 server_www

群中的 3 台后端服务器的默认 Web 页面，具体如下：

```
www1: echo "This is www1 192.668.88.80" >/var/www/html/index.html
www2: echo "This is www2 192.668.88.81" >/var/www/html/index.html
www3:echo "This is www3 192.668.88.82" >/var/www/html/index.html

server_bbs
bbs1:echo "This is bbs1 192.668.88.83" >/var/www/html/index.html
bbs2:echo "This is bbs2 192.668.88.84" >/var/www/html/index.html
server_blog
blog1:echo "This is blog1 192.668.88.85" >/var/www/html/index.html
blog2:echo "This is blog2 192.668.88.86" >/var/www/html/index.html
server_default
default1:echo "This is default1 192.668.88.90" >/var/www/html/index.html
default2:echo "This is default2 192.668.88.91" >/var/www/html/index.html
```

准备好以上内容后，即可进行测试。

（1）启动 HAProxy；在安装完 HAProxy 后，会在安装根目录下生成一个可执行的二进制文件。HAProxy 的启动、关闭和重新启动操作都是通过这个文件来实现的。

（2）查看帮助。

```
haproxy -h
haproxy [-f <配置文件>] [-vdVD] [-n 最大并发连接数] [-N 默认的连接数]
```

查看帮助各参数的含义如下。

-v：版本信息。

-d：使进程以调试模式运行。其中，-db 表示禁用后台模式，使程序在前台运行。

-D：使程序以守护进程（daemon）模式启动。

-q：安静模式，程序没有任何输出。

-c：对 HAProxy 配置文件进行语法检查。

-n：最大并发连接数。

-m：限制可用内存的大小（单位为 MB）。

-N：默认连接数。

-p：HAProxy 的 PID 文件路径。

-de：不使用 epoll 模型。

-ds：不使用 speculaive epoll 模型。

-dp：不使用 poll 模型。

-sf：程序启动后向 PID 文件发送 FINISH 信号。这个参数位于命令行的后面。

-st：程序启动后向 PID 文件的进程发送 terminame 信号。这个参数位于命令行的后面，经常用于重新启动 HAProxy 进程。

关闭 HAProxy，操作命令如下：

```
kill -9 haproxy
```

若要平滑重新启动 HAProxy，则需要执行如下命令：

```
/usr/local/haproxy/sbin/haproxy -f > /usr/local/haproxy/conf/haproxy.cfg
-st ·cat /usr/local/haproxy/logs/haproxy.pid·
```

为了方便管理，可以把 HAProxy 封装成一个脚本。

接下来测试 HAProxy 实现虚拟主机和负载均衡的功能。

（1）以不同 IP 地址的客户端访问 www.**.com 或**.com。如果 HAProxy 运行正常，并且 ACL 规则设置正确，则会依次显示 server_www 群中的 3 台后端服务器默认的 Web 页面信息（这说明 HAProxy 对电商网站实现了负载均衡），同时不会显示其他后端服务器的默认 Web 页面信息（表明 ACL 规则生效，实现了虚拟主机功能）。

（2）以不同 IP 地址的客户端访问 bbs.**.com，server_bbs 群中的两台后端服务器，默认的 Web 页面信息会交替显示（这说明实现了论坛的负载均衡），同时不会显示其他后端服务器的默认 Web 页面信息（表明 ACL 规则生效，实现了虚拟主机功能）。按照同样的方法验证访问 blog.**.com 的效果。

（3）当以其他 IP 地址的主机访问 www.**.com（或**.com）、bbs.**.com、blog.**.com 时，网站请求将被调度至 server_www 群指定的两台真实的服务器。

12.3.3 测试 HAProxy 的故障转移功能

假设将 server_www 群中的一台后端服务器 192.168.88.82 的 httpd 服务停止，那么当通过 www.**.com 或**.com 域名访问网站时，这个失效的节点将不会被访问到。因为一旦 httpd 服务停止，HAProxy 将立即通过 httpchk 方式检测到此节点无法提供数据访问，从而屏蔽此节点对外提供服务的功能，实现故障转移。通过类似的方法可以测试其他节点的应用。

12.3.4 使用 HAProxy 的 Web 监控平台

虽然 HAProxy 实现了服务的故障转移功能，但是在主机或服务出现故障时，它并不能发送通知来告知运维人员。对及时性要求高的业务系统来说，这是非常不方便的。不过，HAProxy 似乎也考虑到了这一点。在新的版本中，HAProxy 推出了一个基于 Web 的监控页面。用户通过这个页面可以查看集群系统中所有后端服务器的运行状态。当后端服务或服务出现故障时，监控页面会以不同的颜色显示故障信息。这在很大程度上解决了后端服务器故障报警的问题。运维人员可通过监控这个页面第一时间发现节点故障，进而修复故障。HAProxy 监控页面如图 12-4 所示。

在这个监控页面中，详细记录了 HAProxy 中配置的 frontend、backend 等信息。在"Backend"栏中，包含各台后端真实服务器的运行状态。在正常情况下，所有后端服务器都显示为浅绿色；当某台服务器出现故障时，将显示为深橙色。

在这个监控页面中，还可以执行关闭自动刷新、隐藏故障状态的节点、手动刷新、导出数据为 CSV 文件等操作。在新版的 HAProxy 中，增加了对 backend 后端节点的管理功能，如用户可以通过在 Web 页面下执行 disable、enable、soft stop、soft start 等操作来管理后端节点。

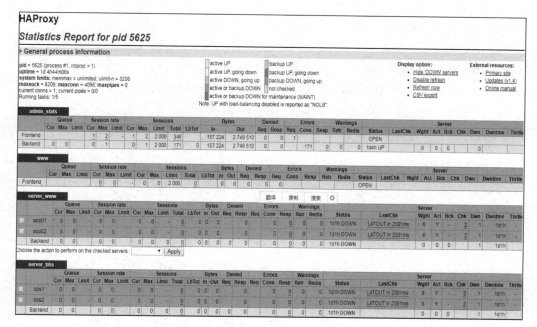

图 12-4 HAProxy 监控页面

任务 4 通过 HAProxy+Keepalived 实现 Web 服务器负载均衡的实训案例

12.4.1 安装和配置 HAProxy 服务器及 Keepalived

在使用 HAProxy 构建集群时，如后端代理两个 HTTP 服务，如果 HAProxy 宕机，后端的 HTTP 服务仍然可以正常运行，但网站会陷入瘫痪状态，这会导致单点故障。

这时，Keepalived 就登场了。Keepalived 基于 VRRP，在两台主机之间生成一个 VIP（也被称为漂移 IP 或浮动 IP 地址）。VIP 由主服务器承担。一旦主服务器宕机，备份服务器就会抢占 VIP，继续工作。这样可以有效地解决群集中的单点故障问题。

（1）搭建虚拟机环境。

要求如下。

3 台主机：HA01、HA02 和 HA03。

这 3 台主机处于同一网段。

关闭这 3 台主机的防火墙服务 firewalld，并禁止开机自启动，以避免因网络连接中断而导致 VIP 漂移失败。

关闭这 3 台主机的网络管理服务 NetworkManager，否则会出现问题。

IP 地址分配如下。

HA01: 192.168.131.11。

HA02: 192.168.131.12。

HA03: 192.168.131.13。

VIP: 192.168.131.20。

（2）安装和配置 HAProxy。

使用 yum 源方式安装 HAProxy，这是因为离线安装会遇到各种依赖（如 gcc、openssl/openssl-dev、zlib、perl 等依赖）缺失错误。安装命令为：

```
yum install -y haproxy
```

配置文件目录及结构：

```
/etc/haproxy/
└── haproxy.cfg
```

配置文件内容：

```
#---------------------------------------------------------------------
# Example configuration for a possible web application.  See the
# full configuration options online.
#
#   http://haproxy.1wt.eu/download/1.4/doc/configuration.txt
#
#---------------------------------------------------------------------


#---------------------------------------------------------------------
# Global settings
#---------------------------------------------------------------------
global
    # to have these messages end up in /var/log/haproxy.log you will
    # need to:
    #
    # 1) configure syslog to accept network log events.  This is done
    #    by adding the '-r' option to the SYSLOGD_OPTIONS in
    #    /etc/sysconfig/syslog
    #
    # 2) configure local2 events to go to the /var/log/haproxy.log
    #    file. A line like the following can be added to
    #    /etc/sysconfig/syslog
    #
    #    local2.*                       /var/log/haproxy.log
    #
    log         127.0.0.1 local2

    chroot      /var/lib/haproxy
    pidfile     /var/run/haproxy.pid
    maxconn     4000
    user        haproxy
```

```
    group        haproxy
    daemon

    # turn on stats unix socket
    stats socket /var/lib/haproxy/stats

#---------------------------------------------------------------------
# common defaults that all the 'listen' and 'backend' sections will
# use if not designated in their block
#---------------------------------------------------------------------
defaults
    mode            http
    log             global
    option          httplog
    option          dontlognull
    option http-server-close
    option forwardfor       except 127.0.0.0/8
    option          redispatch
    retries         3
    timeout http-request    10s
    timeout queue           1m
    timeout connect         10s
    timeout client          1m
    timeout server          1m
    timeout http-keep-alive 10s
    timeout check           10s
    maxconn         3000

#---------------------------------------------------------------------
# main frontend which proxys to the backends
#---------------------------------------------------------------------
frontend  main *:5000
    acl url_static        path_beg        -i /static /images /javascript
/stylesheets
    acl url_static        path_end        -i .jpg .gif .png .css .js

    use_backend static         if url_static
    default_backend           app

#---------------------------------------------------------------------
# static backend for serving up images, stylesheets and such
#---------------------------------------------------------------------
backend static
    balance     roundrobin
    server      static 127.0.0.1:4331 check
```

```
#---------------------------------------------------------------
# round robin balancing between the various backends
#---------------------------------------------------------------
backend app
    balance       roundrobin
    server  app1 127.0.0.1:5001 check
    server  app2 127.0.0.1:5002 check
    server  app3 127.0.0.1:5003 check
    server  app4 127.0.0.1:5004 check
```

（3）运行与查看命令。

```
systemctl start haproxy                              # 开启 haproxy 服务
# 其他命令
systemctl status haproxy -l                          # 查看 haproxy 服务的状态
```

（4）安装和配置 Keepalived。

使用 yum 源方式安装 Keepalived 的方法如下：

```
yum install -y keepalived
yum install socat                                    # 用于运行 check_alive.sh 脚本
```

使用源码编译方式安装 Keepalived 的方法如下。这里假设压缩包的路径为/home/keepalived- 2.1.5.tar.gz。

① 安装必需的依赖。

```
yum install gcc`-y
yum install openssl openssl-devel -y
```

② 解压缩。

```
tar -zxvf keepalived-2.1.5.tar.gz
```

③ 进行编译。

```
cd keepalived-2.1.5
./config
```

④ 开始安装。

```
make && make install
```

（5）配置文件目录及其结构。

```
/etc/keepalived/
├── check_alive.sh # 用于检查 haproxy 服务状态的脚本
├── keepalived.conf # 配置文件
└── keepalived.conf.bak
```

check_alive.sh 脚本的内容如下：

```
#!/bin/bash

# This will return 0 when it successfully talks to the haproxy daemon via the
socket
# Failures return 1

echo "show info" | socat unix-connect:/var/lib/haproxy/stats stdio > /dev/null
```

keepalived.conf 的内容如下：

```
vrrp_script check_alive {
    script "./check_alive.sh"    interval 2
    fall 2          # 2次检查失败后认为服务器不可用
    rise 10         # 10次检查正确后认为服务器可用
}

vrrp_instance kolla_internal_vip_50 {
    state BACKUP                 # 3台虚拟机均为 BACKUP 模式
    nopreempt                    # 非抢占模式
    interface ens33              # 网卡名。使用 ip a 命令可以查看网卡名
    virtual_router_id 50         # 3台机器的 virtual_router_id 需要保持一致
    # 优先级。该值越大，表示优先级越高。HA01 的优先级为 3，HA02 的优先级为 2，HA03 的优先级为 1
    priority 3
    advert_int 1
    virtual_ipaddress {          # 虚拟 IP 地址
        192.168.131.20 dev ens33
    }
    authentication {
        auth_type PASS
        auth_pass oP0Ah3clW4
    }
    track_script {               # 添加执行的脚本
        check_alive
    }
}
```

（6）一些常见命令。

```
# 在开启 keepalived 服务前，需要关闭 NetworkManager 服务，否则会出现问题
systemctl stop NetworkManager
systemctl start keepalived            # 开启 keepalived 服务
# 其他命令
systemctl status keepalived -l        # 查看 keepalived 服务的状态
```

12.4.2　测试 HAProxy+Keepalived 是否正常运行

在安装、配置 HAProxy 服务器和 Keepalived 完成后，即可进行测试。

（1）按照顺序启动主机 HA03、HA02、HA01。

（2）在启动主机 HA03 后，即可看到 VIP 在该主机中。

（3）在启动主机 HA02 后，即可看到 VIP 从 HA03 漂移到 HA02 中，因为 HA02 的优先级为 2，高于 HA03 的优先级 1。

（4）在启动主机 HA01 后，即可看到 VIP 从 HA02 漂移到 HA01 中。

（5）在关闭主机 HA01 后，即可看到 VIP 从 HA01 漂移到 HA02 中。

由此可知，在完成以上步骤后，HAProxy+Keepalived 是可以正常运行的。

参考文献

[1] 莫怀海. 操作系统安全加固技术研究[J]. 网络安全技术与应用，2019，(3).

[2] 冯昀，黎洁文. 计算机操作系统的安全加固探讨[J]. 广西通信技术，2013，(4).

[3] 范一乐. 计算机操作系统的安全加固探析[J]. 科技创新与应用，2015，(25).

[4] 安龙. Linux 操作系统的安全防护[J]. 中国电子商务，2010，(3).

[5] 刘行. 基于主机操作系统的安全加固研究和实现[J]. 华东电力，2010，38(10).

[6] 张律，郑永彬. Linux 服务器安全强化策略[J]. 科技风，2014，(8).

[7] 叶伟江. Linux 服务器安全策略探讨[J]. 科技经济导刊，2015，(6):65-66.

[8] 陈晓，李宏刚. 基于 Linux 系统的服务器安全性与实践[J]. 电脑迷，2018，(30):69.

[9] 柴育峰. 浅析服务器操作系统的安全加固[J]. 科技视界，2013，(5):38-39.

[10] 虞国全. 加固 Linux SSH 保证服务器安全[J]. 中国教育网络，2012，(05).

[11] 李科. 操作系统安全加固技术在重要信息系统安全保护中的作用[C]. 首届全国信息安全等级保护技术大会论文集，2012:15-23.

[12] 张伟丽. 信息安全等级保护现状浅析[J]. 信息安全与技术，2014，(9).

[13] 刘仁维，李杜，翟琛. Linux 系统安全与加固[J]. 网络安全技术与应用，2018，(11).